高等学校研究生系列教材

雷达技术与微波遥感基础

主 编 周 鹏

中国石油大学出版社
CHINA UNIVERSITY OF PETROLEUM PRESS

山东·青岛

图书在版编目(CIP)数据

雷达技术与微波遥感基础 / 周鹏主编. -- 青岛 ：
中国石油大学出版社，2024.4
ISBN 978-7-5636-8092-4

Ⅰ. ①雷… Ⅱ. ①周… Ⅲ. ①雷达技术②微波遥感
Ⅳ. ①TN95②TP722.6

中国国家版本馆 CIP 数据核字(2024)第 093622 号

中国石油大学(华东)研究生规划教材

书　　名：雷达技术与微波遥感基础
　　　　　LEIDA JISHU YU WEIBO YAOGAN JICHU
主　　编：周　鹏
责任编辑：高　颖(电话　0532-86983568)
责任校对：穆丽娜(电话　0532-86981531)
封面设计：悟本设计
出 版 者：中国石油大学出版社
　　　　　(地址：山东省青岛市黄岛区长江西路66号　邮编：266580)
网　　址：http://cbs.upc.edu.cn
电子邮箱：shiyoujiaoyu@126.com
排 版 者：青岛友一广告传媒有限公司
印 刷 者：日照日报印务中心
发 行 者：中国石油大学出版社(电话　0532-86983440)
开　　本：787 mm×1 092 mm　1/16
印　　张：13.25
字　　数：351千字
版 印 次：2024年4月第1版　2024年4月第1次印刷
书　　号：ISBN 978-7-5636-8092-4
定　　价：39.00元

前　言

近年来,雷达技术及其在微波遥感等方面的应用得到快速发展。对于从事雷达信号处理、微波遥感应用等方面研究的研究生、教师、工程技术人员等,需要适宜的教材开展学习或进行资料查阅。目前的雷达技术及微波遥感应用等方面的专业书籍常针对雷达原理、雷达系统、雷达分机、雷达信号处理、合成孔径雷达、微波遥感应用等方面的某一专题进行详细论述,缺乏综合性较强的入门书籍,不便于相关人员在较短的时间内对雷达技术及微波遥感形成概貌性的全面了解。为此,编者根据多年的教学、科研经验和经历,将雷达原理、雷达系统、雷达分机、雷达信号处理、合成孔径雷达、微波遥感应用等方面的基础知识融入本入门教材中。

全书共分为7章。第1章微波遥感概论,介绍微波遥感的基础知识、微波遥感技术的发展简史、微波遥感技术的主要应用和国内外主流微波遥感器简介等;第2章雷达技术基础,介绍雷达的定义、功能、分类、主要应用、基本原理、主要部件等;第3章雷达方程与雷达作用距离,介绍基本雷达方程、专用雷达方程等;第4章目标基本参数的测量,介绍目标距离和角度的测量原理;第5章雷达模糊函数,介绍雷达信号的复数表示、模糊函数的定义与性质、单脉冲固定载频信号的模糊函数、单脉冲线性调频信号的模糊函数等;第6章雷达成像技术基础,介绍合成孔径雷达的基本概念、脉冲压缩技术、距离多普勒成像算法、逆合成孔径雷达简介等;第7章非成像遥感器基础,介绍星载高度计技术基础、星载散射计技术基础、星载波谱仪技术基础等。

本书按照32学时授课而设计。书中大部分章节配备了知识点视频,读者可扫描书中的二维码进行浏览。除介绍理论知识外,书中还提供了若干综合实践训练环节供读者进行练习,读者可通过书中的二维码查看实践训练环节的参考材料。此外,书中附有部分课外拓展内容。

全书由中国石油大学(华东)周鹏主编。研究生尹晓舜、吴济辰、曹楚文、李谕汝、赵家兴、郑佳辉、宋栩潮、马潇、宋玉营、李肖珂、马明玉、王洁雨、孙鑫伟、蒋子仪、石丽波、王晓、刘建彬、李威、李文博、景泓远、黄浩、卢浩、侣佳乐、孙天澳、景维越、王广申等为本书的出版进行了大量的文字录入和校对等工作,在此表示感谢。

本书可作为高等学校信息与通信工程等相关学科、电子信息和资源与环境等专业领域的研究生教学用书,也可作为电子信息类高年级本科生的教学用书,还可供从事雷达技术和微波遥感技术研究的科技工作者参考。

由于编者水平有限,书中难免存在不足之处,殷切希望读者批评指正。E-mail:zhoupeng @upc.edu.cn。

编　者

2024 年 1 月

前言

目 录

1

第1章
微波遥感概论

1.1　微波遥感的基础知识

1.1.1　微波遥感的定义

一般来说,遥感定义为运用传感器/遥感器对物体的电磁波的辐射、反射特性进行探测,通过接收物体的电磁波辐射、反射信号来提取目标地物属性信息(如土壤湿度、森林覆盖率、海面风场等)的一种非接触的、远距离的探测技术。当然,这只是狭义遥感,广义遥感是指一切无接触的远距离探测,包括对电磁场、力场、机械波等的探测。本书中若无特别提醒,遥感均指狭义遥感。

根据遥感平台的不同,可以将遥感分为地面遥感、航空遥感、航天遥感等。地面遥感指将传感器设置于地面平台上,如车载、船载、手提、固定或活动高架平台等。航空遥感通常将传感器设置于航空器上,主要是飞机、气球等。而航天遥感则一般将传感器设置于环地球飞行的航天器上,如人造地球卫星、航天飞机、空间站、火箭等。

微波遥感中,传感器主要接收微波频段信号,其频率范围为 300 MHz～300 GHz,对应波长范围为 1 mm～1 m。需要说明的是,常将上述频率范围称为广义微波。目前,更常用的微波频段一般称为狭义微波频段,又可分为如 X,C,S,L,P 等波段。微波及相关频段的频率范围见表 1-1。

表 1-1　微波及相关频段的频率范围

频　段		频率范围	典型应用
频　段	X	8～12.5 GHz(波长 2.4～3.75 cm)	TerraSAR-X
	C(compromise)	4～8 GHz(波长 3.75～7.5 cm)	ERS-1 和 RADARSAT
	S(short)	2～4 GHz(波长 7.5～15 cm)	苏联 ALMAZ
	L(long)	1～2 GHz(波长 15～30 cm)	SEASET 和 JERS-1
	P(previous)	0.3～1 GHz(波长 30～100 cm)	JRS AIRSAR

频　段		频率范围	典型应用
其他频段	毫米波	$30\sim300$ GHz (Ku:12.5~18 GHz;Ka:26.5~40 GHz)	阿帕奇直升机 AN/AGP-78
	太赫兹	$0.1\sim10$ THz(1 THz=1 000 GHz)	人体扫描安检
	激　光	$(3.846\sim7.895)\times10^{14}$ Hz	巡航导弹 AGM-129
	高　频	<0.3 GHz	高频地波雷达 测速雷达

根据传感器探测波段的不同,可以将遥感分为紫外遥感、可见光遥感、红外遥感、微波遥感、多光谱遥感和高光谱遥感等。多光谱遥感是利用具有两个以上波谱通道的传感器对地物进行同步成像的一种遥感技术,它将物体反射、辐射的电磁波信息分成若干波谱段进行接收和记录。高光谱遥感是用很窄且连续的光谱通道对地物持续进行遥感成像的技术。在可见光到短波红外波段,其光谱分辨率高达 nm 数量级,具有波段多的特点,光谱通道数多达数十甚至数百个以上,而且各光谱通道间往往是连续的,因此高光谱遥感又常被称为成像光谱遥感。

多光谱遥感与高光谱遥感的区别在于:

(1) 分辨率不同。多光谱成像时,光谱分辨率处于 $\frac{\Delta\lambda}{\lambda}=0.1$($\Delta\lambda$ 为光谱波长范围中最大值与最小值之差,λ 为波长)的数量级,典型光谱分辨率为几十至几百 nm(可见光频率上限为 7.8×10^{14} Hz,波长下限为 4×10^{-7} m,不扩至紫外频段时的最高分辨率为 40 nm)。高光谱成像时,光谱分辨率处于 $\frac{\Delta\lambda}{\lambda}=0.01$ 的数量级,光谱分辨率最高可达 nm 级(可见光频率上限为 7.8×10^{14} Hz,波长下限为 4×10^{-7} m,不扩至紫外频段时的最高分辨率为 4 nm)。

(2) 波段数目不同。多光谱成像时,在紫外、可见光、近红外、中红外等区域一般只有 3～10 个波段,而高光谱成像时,在紫外、可见光、近红外、中红外等区域可达几十至数百个波段。

(3) 成像仪器不同。多光谱成像一般使用辐射计获取,而高光谱成像一般使用成像光谱仪获取。

对于遥感,还有其他的分类方式。例如,按照遥感的应用领域分类,可以分为资源遥感、环境遥感、农业遥感、林业遥感、渔业遥感、地质遥感、气象遥感、水文遥感、城市遥感、工程遥感、灾害遥感及军事遥感等;按照遥感资料是否为图像方式分类,可以分为成像遥感和非成像遥感;按照遥感器是否主动发射电磁信号分类,可以分为主动式遥感和被动式遥感。

1.1.2　大气衰减与频率的关系及频率选择原则

大气衰减是指电磁波在大气中传播时发生的能量衰减现象。各种波长的电磁波在大气中传播时,受大气中气体分子(水蒸气、二氧化碳、臭氧等)、水汽凝结物(冰晶、雪、雾等)及悬浮微粒(尘埃、烟、盐粒、微生物等)的吸收和散射作用,形成了电磁波辐射能量衰减的吸收带。

电磁波在大气中的传播受到大气的影响会发生能量的衰减,而且不同频率的电磁波在大气中衰减的程度是不同的。不同频率的电磁波在大气中的透射率如图 1-1 所示。

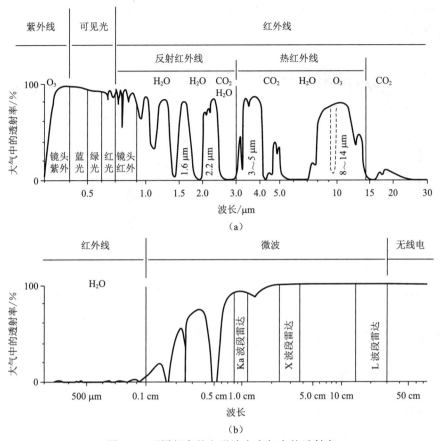

图 1-1　不同频率的电磁波在大气中的透射率

由图 1-1 可以看出,不同频率的电磁波在大气中的透射率有明显的差异,其中波长在 $0.7 \sim 15~\mu m$ 时,电磁波在大气中的传输率受到水、二氧化碳、臭氧等因素的干扰明显变差,而波长在 $0.5 \sim 30~cm$ 的微波波段时,电磁波在大气中的损失很小且非常稳定,即微波频段的电磁波在大气中的衰减较小。因为微波具有全天时、全天候的特点,因此在一些领域,微波遥感具有得天独厚的优势。

地球表面有 $40\% \sim 60\%$ 的区域经常被云层覆盖,尤其是广袤的海洋,因此如果想要探测云层以下的区域的情况,需要选取云层对电磁波影响较小的波段。由图 1-2 可以看出,在微波频段,电磁波对于云层的透射率很高,因此云层对微波频段传输的影响较小,这也是微波遥感的优势。

在实际的环境中,不仅云层对电磁波有一定的影响,而且雨水会对电磁波产生一定的影响。如图 1-3 所示,在微波频段,电磁波对于雨水的透射率较高,雨水对电磁波的影响较小。除与频率有关之外,雨水对于电磁波的传输衰减还与雨量、传输距离等因素有关。通过以上分析可以看出,频率低的信号具有较大的波长,能够穿透许多物体,如厚厚的云层、雨水等,而且频率低的信号容易实现大功率发射,从而作用距离可以很长。频率高的信号波长较短,能够实现精细观察,多用于高分辨率成像。

当选择微波遥感器的工作频段时,主要考虑其用途。例如,如果需要制作广阔地区的地图,常会选择 L 波段;如果需要识别建筑物,常会选择 X 波段;如果需要穿透植被,常会选择 P

波段。在海洋观测方面,由于电磁波无须穿透海洋本身,因此通常会选择 C 波段(该波段具有宽广的视场和高分辨率)。

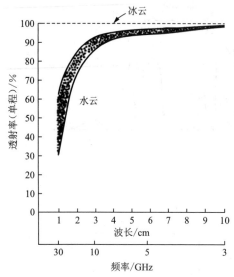
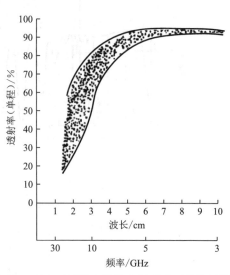

图 1-2　云层对无线电波从空间到地面传输的影响　　图 1-3　雨水对无线电波从空间到地面传输的影响

1.1.3　微波遥感器的分类

微波遥感可以探测辐射波长比红外辐射更长的微波辐射,工作波长在 $1 \sim 1\ 000$ mm 的电磁波段。它具有穿云破雾、夜间工作的能力,是一种全天候的遥感手段。微波遥感器按照工作方式可分为被动型微波遥感器和主动型微波遥感器。被动型遥感器如辐射计等,可以直接感测目标的微波辐射强度,以获取目标的参数。主动型微波遥感器如合成孔径雷达(synthetic aperture radar,SAR)、高度计、散射计、波谱仪等,可以主动向地面发射微波并捕获目标的回波,收获目标的图像或参数。微波遥感器按遥感资料获取的方式可分为成像型微波遥感器和非成像型微波遥感器。成像型微波遥感器有辐射计、合成孔径雷达等,而非成像型微波遥感器有高度计、散射计、波谱仪等。微波遥感器还可以分为单模态微波遥感器和多模态微波遥感器两类。单模态微波遥感器主要有 SAR、高度计、散射计、波谱仪、辐射计等。而多模态微波遥感器是根据地面的控制指令,分时实现多种遥感器的功能。例如,我国于 2002 年 12 月 30 日发射的“神舟四号”飞船搭载了可分时实现高度计模态、散射计模态和辐射计模态的多模态微波遥感器。按照搭载平台来分,微波遥感器可分为星载微波遥感器(如星载 SAR、星载高度计、星载散射计、星载波谱仪等)和机载微波遥感器(如机载 SAR、机载波谱仪、机载辐射计等)。

1.1.4　微波遥感系统的基本组成

1.1.4.1　脉冲雷达的基本组成

脉冲雷达的基本组成如图 1-4 所示。脉冲雷达主要由发射机、接收机、收发转换装置、信号处理机和显示装置组成。它们统一由时钟控制电路和电源控制。当雷达工作时,发射机发射雷达波,此时收发转换装置切换在发的状态。之后收发转换装置切换到收的状态,此时接收机接收雷达波,接着信号传输至信号处理机进行处理后传输至显示装置进行显示。

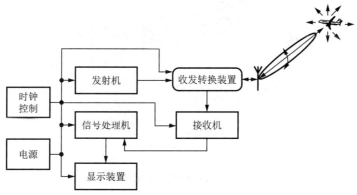

图 1-4 脉冲雷达系统框架图

1.1.4.2 连续波雷达的基本组成

连续波雷达的基本组成如图 1-5 所示。连续波雷达主要由发射机、接收机、信号处理机和显示装置组成,不设置收发转换装置,发射机发射雷达波后由接收机接收反射回来的雷达波。收、发天线之间一般要间隔一定的距离,这样近距离的干扰波对雷达回波的影响较小。连续波雷达系统与脉冲雷达系统相比,由于缺少收发转换装置,故系统的功率较小。

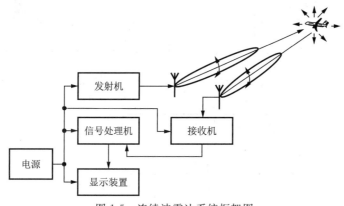

图 1-5 连续波雷达系统框架图

1.1.4.3 星载合成孔径雷达系统的基本组成

星载合成孔径雷达系统成像相当复杂,因而常常把它放到地面上进行。星载合成孔径雷达系统通常由空间段和地面段设备组成。图 1-6 所示为德国宇航中心(DLR)于 2007 年发射的 TerraSAR-X 卫星结构图。卫星上的主要部件有 X 波段的下行天线、SAR 单元、总线单元、SAR 天线、太阳能电池板、反作用轮(用于卫星姿态控制)、数据下传单元、推进器等。

图 1-7 所示为 TerraSAR-X 卫星雷达系统的组成图。TerraSAR-X 卫星由地面雷达基站控制,当有检测任务时,地面雷达基站会向卫星发送指令,卫星开始工作,而在其他时间卫星不工作。卫星可以接收商用订单,即可以预订卫星服务来进行科学研究和商业用途。卫星也可以通过图像数据下载链接与个人用户或者商业伙伴直接进行数据传输。

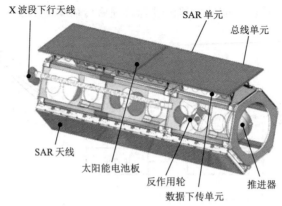

图 1-6　TerraSAR-X 卫星结构图

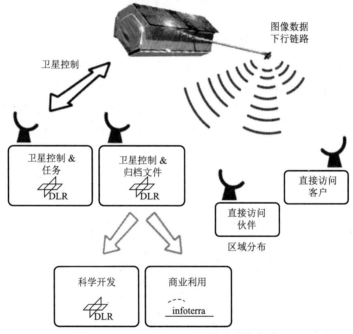

图 1-7　TerraSAR-X 卫星雷达系统组成

1.1.4.4　星载高度计系统的基本组成

　　星载高度计通过对海面高度、有效波高以及海面风速的测量,可以同时获取流速、浪高和潮汐等重要动力参数。星载高度计还可以应用于地球内部结构和海洋重力场的研究。随着观测精度的提高和数据处理方法的改进,星载高度计的应用范围越来越大,在海洋学、大地测量学、地球物理学和海洋测绘中发挥着重要的作用。图 1-8 所示的是美国宇航局(NASA)与法国国家空间研究中心(CNES)于 1992 年联合研制的 TOPEX/Poseidon 卫星。它主要由 GPS 接收天线、天顶全向天线、数字精细太阳敏感器、姿态控制器、推进器、能量单元、命令与处理单元、星下点全向天线、高度计天线、散热窗等组成。

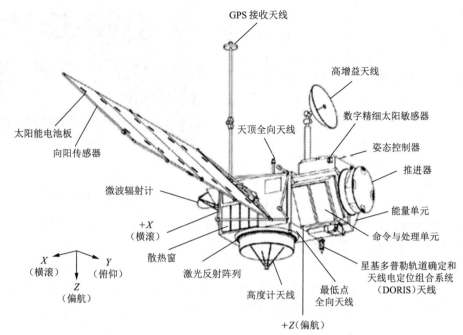

图 1-8　TOPEX/Poseidon 卫星系统的基本组成

1.1.4.5　星载散射计系统的基本组成

星载散射计是同时测量海面风速和风向的非常有效的遥感手段,可提供全球、全天候、高精度、高分辨率和短周期的海面风场数据。图 1-9 所示为欧洲太空局(简称欧空局)于 1991 年发射的 ERS-1 卫星。该卫星搭载了散射计、高度计、SAR 等。该卫星主要由散射计天线、SAR 天线、高度计天线、数据处理与传输单元、精确测距系统、太阳能电池板、沿轨扫描辐射计等组成。精确测距系统用于卫星精密定轨。沿轨扫描辐射计用于测量大气中水汽和液体含量,用以进行高度计等仪器的大气校正。

1.1.4.6　星载波谱仪系统的基本组成

图 1-10 所示为中国与法国于 2018 年发射的中法海洋卫星,其中波谱仪由法国研制,而散射计由中国研制。该卫星由太阳能电池板、海洋波谱仪、微波散射计等组成。

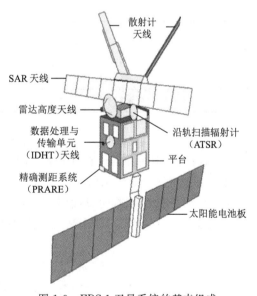

图 1-9　ERS-1 卫星系统的基本组成

1.1.5　微波图像的特点

雷达图像是二维场景后向散射系数的反演,反映场景中不同类型地物微波散射特性的差异,无色彩信息。现在,无论是军用还是民用领域,对地球表面的观测活动日益频繁,雷达成像在其中扮演着至关重要的角色。

雷达具有全天时、全天候观测的最大技术优势。相比于光学、红外等成像技术,雷达具有更广阔的成像范围、更强的穿透性,并能提供丰富的相位信息。目标的相位信息在对目标参数的反演过程中是不可或缺的数据,它蕴藏于雷达的微波图像中,而光学、红外等图像并不包含相位信息。

与其他遥感手段相比,雷达也存在一些明显的缺点:雷达图像结果通常不够理想,往往需要经过烦琐的人工处理才能呈现出直观的图像,并且

图 1-10 中法海洋卫星

会出现相干斑现象;雷达图像的分辨率不如光学图像的高,而且需要较大尺寸的天线。此外,雷达图像还可能受到叠掩、阴影和透视收缩等现象的影响。

成像雷达可按雷达平台、孔径类别、运动方式和辐射源进行分类,包括机载成像雷达、星载成像雷达、实孔径雷达、合成孔径雷达、微波全息成像雷达、逆合成孔径雷达、无源成像雷达和有源成像雷达等。本小节将详细介绍雷达成像的几个特点。

1.1.5.1 穿透性强

常见目标的雷达透射深度见表 1-2。

表 1-2 常见目标的雷达透射深度

目 标	透射深度
干 沙	30 m
冰 层	100 m
潮湿土壤	亚米级

毫米波雷达具有波长短、频带宽、穿透能力强、不受天气影响等优势。图 1-11(a)为 ERS-1 SAR 微波遥感卫星穿透云雾对地表观测的微波图像,图 1-11(b)为 LANDSAT 卫星受云层遮挡无法有效观测的光学图像。大气对雷达波段的传播具有衰减作用,而毫米波雷达无论在洁净空气中还是在雨雾、烟尘、污染中的衰减都弱于红外线、微波等,具有更强的穿透能力。毫米波雷达的波束窄、频带宽、分辨率高,在大气窗口频段不受白天和黑夜的影响,具有全天候的特点。

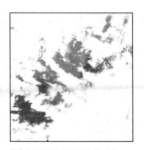

(a) ERS-1 SAR,11:25 a.m.　　　(b) LANDSAT TM,9:45 a.m.

图 1-11 多云条件下 SAR 图像与光学图像的效果对比示例

1.1.5.2 高程信息获取易

高程可以通俗地理解为某一点相对于基准面的高度。利用干涉合成孔径雷达(InSAR)可以完成高程信息的获取工作。它利用雷达向目标区域发射微波,然后接收目标反射的回波,得到同一目标区域成像的 SAR 复图像对,若复图像对之间存在相干条件,则 SAR 复图像对共轭相乘可以得到干涉图,根据干涉图的相位值可得出两次成像中微波的路程差,从而计算出目标地区的地形、地貌以及表面的微小变化,因此可通过它获取目标的高程信息,并且可用于数字高程模型的建立。

1.1.5.3 几何失真影响大

雷达是一个测距系统,离雷达近的目标的回波先于离雷达远的目标的回波被接收到。当地物目标高出地平面时,若其顶部比底部更接近雷达,则顶部会先于底部成像。这种现象称为叠掩,也有人称之为顶底倒置,如图 1-12 所示。并不是任何高出地面的目标都会产生叠掩,只有当雷达波束俯角与高出地面目标的坡度角之和大于 $90°$,也就是局部入射角 α 小于 $0°$ 时才有这种现象。因此,叠掩是一种主要发生在近距离内的现象。

$$\gamma = 90° - (\beta + \alpha) \tag{1-1}$$

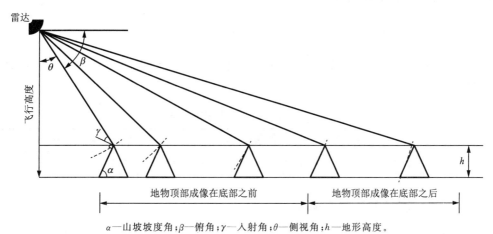

α—山坡坡度角;β—俯角;γ—入射角;θ—侧视角;h—地形高度。

图 1-12 叠掩现象原理

雷达波为直线传播,当雷达波束受山峰等高大目标阻挡时,这些目标背面的一定范围内无法照射到,因而也就不会有来自这个范围内的雷达回波,结果在图像的相应位置上出现了暗区,如图 1-13 所示,这些暗区称为雷达阴影。

无疑,雷达阴影出现在距离向上背离雷达的方向,其宽度与目标在雷达波束中所处的位置以及背坡的坡度角大小有关。当 $\alpha + \theta > 90°$ 时,地物目标会出现阴影现象,并且距离越远,入射角越大,阴影越长。图 1-14 展示了阴影现象的原理。

$$(90° - \alpha) + \beta = \theta \tag{1-2}$$

$$\alpha + \theta = 90° + \beta \tag{1-3}$$

图 1-13 雷达成像中的阴影现象

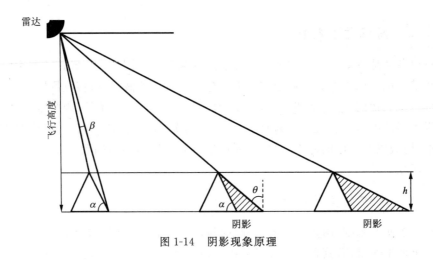

图 1-14　阴影现象原理

适当的阴影能增强图像的立体感,丰富地形信息;但在地形起伏大的地区,阴影会使许多地物信息丢失,因而要尽量避免。为了使阴影区的信息不至于丢失,也可以采取多视向雷达成像技术。

1.1.6　微波海洋观测基础

1.1.6.1　观测对象

适合于利用微波技术进行观测的海洋对象一般有两类:一类是海洋动力过程信息,另一类是海洋目标信息,见表 1-3。

表 1-3　常见微波海洋观测对象

海洋动力过程信息	海浪、海流、风场、内波、海水盐度、海水温度、潮汐、风暴潮、台风、灾害性海浪等
海洋目标信息	舰船、溢油、海冰、海岸带、石油平台、海岛、绿潮、浒苔、养殖场、水深、水下地形等

1.1.6.2　海浪与海浪谱基础

海浪(ocean wave)通常指海洋中由风产生的波浪,主要包括风浪、涌浪和海洋近海波。在不同的风速、风向和地形条件下,海浪的尺寸变化很大,通常周期为零点几秒到数十秒,波长为几十厘米至几百米,波高为几厘米至 20 余米,在罕见地形下,波高可达 30 m 以上。

海浪作为海洋固有的海水波动现象,在渔业捕捞、海上救援、航海运输、油污排解、近岸工程和军事航行等方面都有着重要的影响。目前微波遥感观测是最主要的观测手段。

1) 海浪的要素

(1) 波峰:波浪剖面高于静水面的部分,其最高点称为波峰顶。

(2) 波谷:波浪剖面低于静水面的部分,其最低点称为波谷底。

(3) 波峰线:垂直波浪传播方向上各波峰顶的连线。

(4) 波向线:与波峰线正交的线,即波浪传播方向。

(5) 波高:相邻波峰顶和波谷底之间的垂直距离,通常以 H 表示,单位为 m。波高的一半一般称为振幅,用 a 表示,$a = H/2$。在我国台湾海峡曾记录到波高达 15 m 的巨浪。

(6) 波长:两相邻波峰顶(或波谷底)之间的水平距离,通常以 λ 表示,单位为 m。海浪的波长可达上百米,而潮波的波长可达数千米。

(7) 波数:在波传播的方向 2π 长度上出现的全波数目,常写为 k,$k = 2\pi/\lambda$,单位为 m^{-1}。

(8) 波周期:波浪起伏一次所需的时间,或相邻两波峰顶通过空间固定点所经历的时间间隔,通常以 T 表示,单位为 s。在我国沿海,波周期一般为 $4\sim8$ s,曾记录到周期为 20 s 的长浪。$\omega = 2\pi/T$ 称为波的角频率,单位为 rad/s。

(9) 波陡:波高与波长之比,通常以 δ 表示,即 $\delta = H/\lambda$。海洋上常见的波陡范围在 $1/30\sim1/10$ 之间。波陡的倒数称为波坦度。

(10) 波速:波形移动的速度,通常以 v 表示,它等于波长除以周期,即 $v = \lambda/T$,单位为 m/s。

(11) 有效波高:单个海面波浪的波高值没有代表性,为此在任一个由 N 个波浪组成的波群中,将波列中的波高由大到小依次排列,确定前 $N/3$ 个波为有效波,如图 1-15 所示。有效波的波高等于这 $N/3$ 个波的平均波高。有效波高常用 $H_{1/3}$ 表示。

$$H_{1/3} = \frac{3}{N}\sum_{i=1}^{N/3}H_i, \quad H_1 \geqslant H_2 \geqslant \cdots \tag{1-4}$$

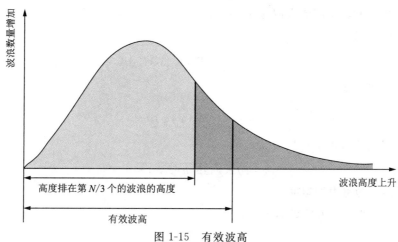

图 1-15　有效波高

有了以上描述海浪的参数,就可以用波动方程(1-5)对其进行定量描述。

$$\xi(x,t) = a\sin(kx - \omega t) \tag{1-5}$$

式中,ξ 表示海面高度(位移),x 表示空间位置,t 表示时间。

常见的海浪类型有风浪和涌浪两种:风浪由当地风产生,是一直处在风的作用之下的海面波动状态,其特点为波面不规则、波峰陡、波峰线短,浪大时有白浪;涌浪是由其他海区传来的,或当地风力减小、平息,或风向改变后海面上遗留下的波动,其特点为波面光滑、波峰线长、传播距离长。

2) 海浪谱的引入和 PM 谱

海浪可视作由无限多个振幅不同、频率不同、方向不同、位相杂乱的组成波组成的。这些组成波构成海浪谱(ocean wave spectrum)。海浪谱是描述海浪内部能量相对于频率和方向分布的图谱。从时空角度理解,海浪谱描述的是海面波浪能量的平均统计分布在空间尺度和时间尺度上的变化特性。海浪谱是研究海浪的重要概念,它不仅表明海浪的内部构成,还能给出海浪的外部特征。

对于各向同性的平稳波场,其波谱定义为:

$$W(\boldsymbol{K},\omega)=\frac{1}{(2\pi)^3}\int_{-\infty}^{\infty}\int_{-\infty}^{\infty}\rho(\boldsymbol{r},t)\exp[-j(\boldsymbol{K}\cdot\boldsymbol{r}-\omega t)]\,\mathrm{d}\boldsymbol{r}\,\mathrm{d}t \qquad (1\text{-}6)$$

其中:

$$\rho(\boldsymbol{r},t)=E[\boldsymbol{\xi}(\boldsymbol{x},t_0)\cdot\boldsymbol{\xi}(\boldsymbol{x}+\boldsymbol{r},t_0+t)] \qquad (1\text{-}7)$$

式中,$\rho(\boldsymbol{r},t)$ 为海面位移 $\xi(\boldsymbol{x},t)$ 的协方差函数,$\boldsymbol{x}$ 为空间间隔矢量,t 为时间间隔,ω 为频率,$\boldsymbol{K}$ 为波数矢量,$\boldsymbol{r}$ 为位置偏移矢量,E 为海面高度。

$$\boldsymbol{K}=(K,\varphi)=(K_x,K_y)=(K\cos\varphi,K\sin\varphi) \qquad (1\text{-}8)$$

式中,K 为海浪的空间波数,φ 为当前方向与参考方向(x 轴正向)之间的夹角,K_x 和 K_y 为 K 在 x 轴和 y 轴的投影分量。

方向波数谱(波高谱)定义为:

$$W(K)=W(K,\varphi)=W(K_x,K_y)=2\int_0^{\infty}W(K,\omega)\,\mathrm{d}\omega \qquad (1\text{-}9)$$

它代表波能量传播的真实波数方向分布。

方向频率谱定义为:

$$F(\omega,\varphi)=2\int_0^{\infty}W(K,\omega)K\,\mathrm{d}K \qquad (1\text{-}10)$$

全方向频率谱定义为:

$$F(\omega)=\int_{-\pi}^{\pi}F(\omega,\varphi)\,\mathrm{d}\varphi \qquad (1\text{-}11)$$

波数与频率之间有以下色散关系:

$$\omega=\sqrt{Kg\tan[h(Kh)]} \qquad (1\text{-}12)$$

式中,h 为水深,g 为重力加速度。

当 $h\gg\lambda$ 时,有以下近似色散关系:

$$\omega\approx\sqrt{Kg} \qquad (1\text{-}13)$$

PM 谱是根据 Pierson 和 Moskowitz 在 1964 年对北大西洋 1955—1960 年间进行的 460 次海洋观测数据进行谱分析得出的随机海浪的平均谱分布。

一维主波浪方向 PM 谱模型为:

$$S_{PM}(K)=\frac{a}{2K^4}\cdot\exp\left(-\frac{bg^2}{K^2U_{19.5}^4}\right) \qquad (1\text{-}14)$$

二维 PM 谱可表示为:

$$W_{PM}(K,\varphi)=\frac{a}{2K^4}\cdot\exp\left(-\frac{bg^2}{K^2U_{19.5}^4}\right)\cdot\cos^4\left(\frac{\varphi-\varphi_m}{2}\right) \qquad (1\text{-}15)$$

式中,$a=8.1\times10^{-3}$,$b=0.74$,$U_{19.5}$ 为海面上空 19.5 m 处的风速,φ_m 为风速方向与参考方向间的夹角(图 1-16)。

在不同风速下,一维 PM 谱随空间波数变化的曲线如图 1-17 所示,可见能量主要集中在"长"波浪上。

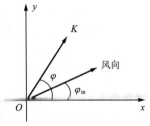

图 1-16 波数方向(风速方向)与参考方向间的角度关系

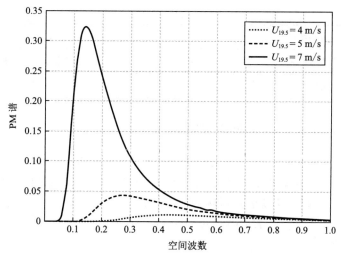

图 1-17　不同风速下的一维 PM 谱

此外,还有其他形式的的海谱模型,见表 1-4,在此不做展开介绍。

表 1-4　其他形式的海谱

海谱名称	海谱说明
Jonswap 海谱	英国、荷兰、美国、德国等国科学家根据 Jonswap 于 1968—1969 年在丹麦、德国西海岸以外对海浪数据的观察得出的
Fung 海谱	在 PM 谱模型的基础上,结合对海面雷达散射遥感数据的拟合,Fung 等提出的半经验海谱模型
DV 海谱	考虑风对波浪的能量输入与波浪的能量耗散相平衡,同时与海面遥感数据拟合
Apel 海谱	来源于水动力学数据,长波谱数据来自海面浮标测量数据,短波谱数据则来自造波池测量结果
NRL 海谱	建立在海洋测量数据的基础上,同时结合激光斜率计的测量数据,可较好地反映空气和海面的相互作用

1.1.6.3　根据海浪谱推算海面几何特征

设 $W(K,\varphi)$ 表示方向波数谱,$F(\omega)$ 表示全向频率谱,则根据表 1-5 中的方法能对海浪谱的几何特征进行推算。

表 1-5　海面几何特征推算

几何特征	推算方法
r 阶矩 m_r	$m_r = \int_0^\infty \omega^r F(\omega)\,\mathrm{d}\omega$
有效波高 $H_{1/3}$	$H_{1/3} = 4.005\sqrt{m_0}$,$m_0$ 为 0 阶矩
主波波数 K_p	$W(K,\varphi)$ 最大值处对应的 K 值
主波波长 λ_p	$\lambda_p = 2\pi/K_p$
主波波向 φ_p	$W(K,\varphi)$ 最大值处对应的 φ 值

几何特征	推算方法
主波圆频率 ω_p	$F(\omega)$ 最大值处对应的 ω 值
主波波周期 T_p	$T_p = 2\pi/\omega_p$

1.1.6.4 海面的镜面反射与布拉格散射

1) 镜面反射

镜面反射是指电磁波能量主要转入镜向方向（图 1-18）的电磁散射。假设有一长度为 L 且平行放置的平面元，则雷达波的入射场强度 E_i 为：

$$E_i(x) = E_0 \cdot \exp(-jKx\sin\theta) \tag{1-16}$$

其反射场强度 E_r 为：

$$E_r(x) = \rho E_0 \cdot \exp(-jKx\sin\theta) \tag{1-17}$$

其辐射场的强度 E_s 为：

$$E_s \sim p(\theta, \theta_s, L)\rho E_0 \tag{1-18}$$

式中，K 为波数；E_0 为振幅常数；ρ 为菲涅尔反射系数；$p(\theta, \theta_s, L)$ 为表面激发分布函数，$0 \leqslant p \leqslant 1$；$\theta_s$ 为辐射角。

雷达波与海表面作用的几何示意图如图 1-19 所示。考虑海面后向散射截面积可以视作由诸多平面元累积以及本地坡度角的影响下的综合效果，海面单元的（功率）后向散射截面积 σ 具有如下关系：

$$\sigma \sim \rho^2 \sum_i \{p[(\theta - \alpha_i), -(\theta - \alpha_i), L_i]\}^2 \tag{1-19}$$

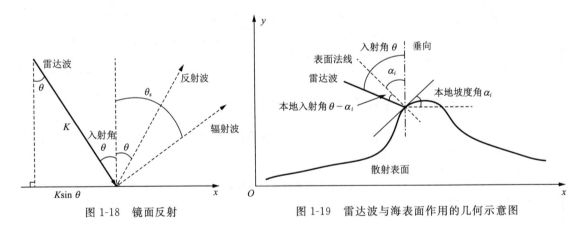

图 1-18　镜面反射　　　　图 1-19　雷达波与海表面作用的几何示意图

粗糙表面的雷达回波如图 1-20 所示。在数学上，按小平面计算归一化后向散射系数 σ^0 的方法称为正切平面近似法。可采用两种方法求解，即物理光学法和几何光学法。在此只对物理光学法做简要介绍，其原理是依据电磁场方程求解，得出海面单元镜面反射对应的归一化后向散射系数。本书中并未给出详细的推导过程。

镜向反射分量 σ_s^0 为：

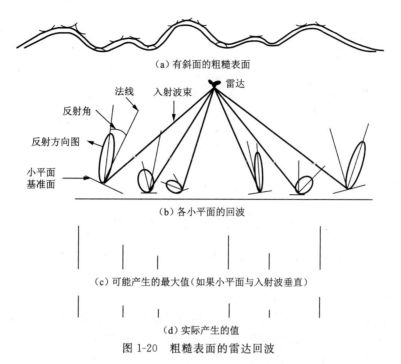

（a）有斜面的粗糙表面

（b）各小平面的回波

（c）可能产生的最大值（如果小平面与入射波垂直）

（d）实际产生的值

图 1-20　粗糙表面的雷达回波

$$\sigma_s^0 = \frac{|\varGamma|^2}{2\cos^4\theta_i \cdot S_u S_c} \exp\left[-\frac{1}{2}\tan^2\theta_i \cdot \left(\frac{\cos^2\varphi_i}{S_u^2} + \frac{\sin^2\varphi_i}{S_c^2} \right) \right] \tag{1-20}$$

$|\varGamma|^2$ 的表达式如下：

$$|\varGamma|^2 = \left| \frac{1-\sqrt{\varepsilon}}{1+\sqrt{\varepsilon}} \right| \tag{1-21}$$

S_u^2 的表达式如下：

$$S_u^2 = \int_0^{k/2} \int_0^{2\pi} K^3 W(K,\varphi)\cos^2\varphi \,\mathrm{d}\varphi \mathrm{d}K \tag{1-22}$$

S_c^2 的表达式如下：

$$S_c^2 = \int_0^{k/2} \int_0^{2\pi} K^3 W(K,\varphi)\sin^2\varphi \,\mathrm{d}\varphi \mathrm{d}K \tag{1-23}$$

式中，φ_i 为雷达视线与风向间夹角，θ_i 为入射角（非本地入射角），$|\varGamma|^2$ 为垂直入射时的菲涅尔反射系数，S_u^2 为顺风方向海面斜率的方差，S_u 为顺风方向海面斜率的标准差，S_c^2 为侧风方向海面斜率的方差，S_c 为侧风方向海面斜率的标准差，ε 为海水相对介电常数（复数），$W(K,\varphi)$ 为方向波数谱，K 表示波数，φ 表示方向角。

2）布拉格散射

布拉格散射是海面上另一种常见的散射类型，在雷达入射角为中等入射角（典型值为 $30°\sim$ $40°$）的情况下，布拉格散射一般起主要作用。在此直接给出能发生布拉格散射的条件和布拉格散射机理下海面后向散射系数的求解公式。布拉格共振的产生条件如图 1-21 所示。

$$2x = 2\varLambda \sin\theta = n\lambda \quad (n=1,2,3,\cdots) \tag{1-24}$$

式中，$2x$ 代表双程距离差，$\varLambda$ 为海水的波长，λ 表示雷达信号波长，θ 为雷达信号入射角。

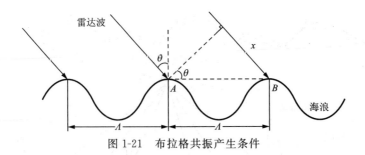

图 1-21 布拉格共振产生条件

$$\Lambda = n\frac{\lambda}{2\sin\theta} \qquad (1-25)$$

$$K_{\text{water}} = \frac{2\pi}{\Lambda} = \frac{2\pi\sin\theta}{n\lambda} = \frac{2\pi}{\lambda}\cdot\frac{2\sin\theta}{n} \qquad (1-26)$$

经过简单的数学推导,可以得到海浪波数 K_{water} 与雷达波波数 K 之间的波数关系为:

$$K_{\text{water}}n = 2K\sin\theta \qquad (1-27)$$

式(1-27)也是产生布拉格共振的条件。

在布拉格散射占主要成分的情况下,海面后向散射系数的计算公式为:

$$\sigma_{ij}^{0}(U_{10},0) = 8hK^{4}\cos^{4}\theta\,|\,g_{ij}(\theta)\,|^{2}\cdot W(2K\sin\theta,0) \qquad (1-28)$$

式中,U_{10} 表示风速;h 为海水表面起伏度,可以视为波高;$g_{ij}(\theta)$ 为与海水介电常数和入射角相关的参量。

$$g_{\text{hh}}(\theta) = \frac{\varepsilon_{\text{r}}-1}{(\cos\theta+\sqrt{\varepsilon_{\text{r}}-\sin^{2}\theta}\,)^{2}} \qquad (1-29)$$

$$g_{\text{vv}}(\theta) = \frac{(\varepsilon_{\text{r}}-1)\,[\,\varepsilon_{\text{r}}(1+\sin^{2}\theta)-\sin^{2}\theta\,]}{(\varepsilon_{\text{r}}\cos\theta+\sqrt{\varepsilon_{\text{r}}-\sin^{2}\theta}\,)^{2}} \qquad (1-30)$$

式中,ε_{r} 表示海水相对介电常数,下标 hh 代表水平极化,vv 代表垂直极化。

实际中的海浪往往多种散射并存,将其推广为二阶模型后,其组合表面模型如图 1-22 所示。

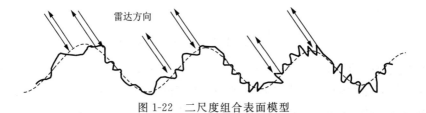

图 1-22 二尺度组合表面模型

组合表面模型情况下的后向散射系数计算需要考虑近垂直入射时的镜面反射和海面面元内各小单元的本地入射角并进行积分的布拉格散射。

$$\sigma^{0} = \sigma_{\text{s}}^{0} + \sigma_{\text{b}}^{0} \qquad (1-31)$$

式中,σ^{0} 为总的归一化后向散射系数,σ_{s}^{0} 为镜面反射分量,σ_{b}^{0} 为布拉格散射分量。

1.1.6.5 面波动对电磁波的调制效应

1)倾斜调制

倾斜调制是一种主要由大波浪引起的几何效应,可通俗地理解为海浪传播方向与雷达视线的关系。当波面朝向雷达时后向散射最强,背离时最弱。特别地,沿方位向传播的海浪没有倾斜调制影响。

值得注意的是,倾斜调制是一种线性调制。所谓线性调制,指的是回波频率相对于发射频率不变。

2)水动力学调制

水动力学调制也称为流体力学调制,是海面布拉格波的振幅受长波流体动力过程的调制。沿长波运动方向下降一侧出现幅聚,对应图像强度强;沿长波运动方向上升一侧出现幅散,对应图像强度弱。幅聚、幅散可以通俗地理解为波浪在上升和下降过程中水被"挤压"和"拉伸",进而影响雷达回波的强弱。水动力学调制也是一种线性调制。

3)速度聚束

速度聚束由长波的传播速度引起,叠加在长波上的微尺度波散射元产生上下运动,也就是水质点上下运动,形成多普勒频移。目标在 SAR 图像上的方位向位置会产生偏移,且移动方向相反。速度聚束是一种非线性调制。海面波动对电磁波的调制效应如图 1-23 所示。

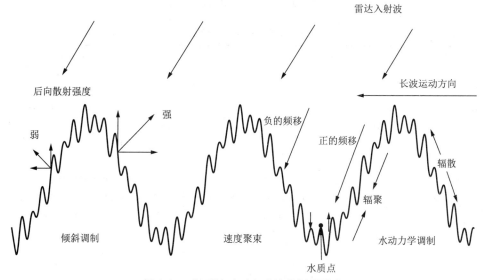

图 1-23 海面波动对电磁波的调制效应

1.1.6.6 观测主要海洋环境要素的合适遥感手段

海洋遥感技术是海洋环境监测的重要手段。卫星遥感技术的突飞猛进为人类提供了从空间观测大范围海洋现象的可能性。目前,美国、加拿大、俄罗斯、中国、欧空局等国家和机构已发射了多颗专用海洋卫星,为海洋遥感技术提供了坚实的支撑平台。目前,星载遥感器是针对海洋上主要环境要素最合适的遥感手段。表 1-6 详细列举了具体的卫星载荷及其观测对象。

表 1-6 观测海洋环境要素的遥感手段

环境要素	参　　数	合适的遥感手段
风	风速、风向	SAR(风速)、散射计、辐射计、高度计(风速)
海　浪	有效波高、海浪谱	SAR、波谱仪

环境要素	参　　数	合适的遥感手段
内　波	位置、振幅、传播方向、速度	SAR、光学
海　雾	范围、浓度	光　学
水　深	0～30 m 水深	光学、SAR
海　流	流速、流向	SAR、高度计
溢　油	位置、面积、漂移预测	SAR、高光谱
船　只	位置、速度、航向、类型	SAR、光学
海　冰	位置、类型、密集度、厚度、漂移预测	SAR、光学

1.1.6.7　海洋卫星的主要类型

海洋卫星分类见表 1-7。海洋水色卫星配备海洋水色水温扫描仪,用于观测海洋的水色(即海洋水体在可见光—近红外波段的光谱特性)和水温信息。

表 1-7　海洋卫星分类

卫星类型	卫星载荷	观测要素	常见卫星
海洋水色卫星 (光学)	海洋水色水温扫描仪 海岸带成像仪	海洋水色、叶绿素浓度、悬浮泥沙含量、可溶有机物、海表温度、海冰、赤潮、绿潮、污染物	美国的 SeaStar, NIMBUS-7, EOS-AM/PM,欧空局的 ENVISAT,日本的 ADEOS,中国的"海洋一号"(HY-1A, HY-1B, HY-1C, HY-1D)系列卫星
海洋动力环境卫星 (微波)	高度计 散射计 波谱仪 扫描微波辐射计 校正辐射计 AIS	海面风场、海面高度、有效波高、重力场、大洋环流、海面温度	美国的 Geosat 系列高度计和 Seawinds 散射计,美法联合研制的 T/P 系列高度计,欧空局的 ASCAT 散射计,中国的"海洋二号"(HY-2A,HY-2B,HY-2C,HY-2D)系列卫星,中法海洋卫星 CFOSAT
海洋环境监测卫星 (微波)	SAR	舰船、溢油、海冰、海岛、海上石油平台、海岸带、海面风速、海浪、海流、内波、绿潮、风暴潮、台风	美国的 Seasat,加拿大的 Radarsat-1 和 Radarsat-2,中国的 GF-3

海洋动力卫星配备高度计、散射计、波谱仪、扫描微波辐射计等遥感器,用于监测和调查海洋环境。

海洋环境卫星配备合成孔径雷达,具备主动微波成像功能,用于海洋权益维护、海洋防灾减灾、海岸带综合管理与海域使用管理、极地环境监测与航行保障等。

1.2　微波遥感技术的发展简史

1.2.1　微波遥感相关理论的发展简史

1.2.1.1　微波遥感理论发展简史

19 世纪以前,电、磁现象一直作为两种独立的物理现象,没有人发现它们之间的相互联系。但是有些研究,特别是伏特于 1799 年发明了电池,为电磁学理论的建立奠定了基础。

奥斯特从 1807 年开始研究电、磁之间的关系。1820 年,他发现电流以力作用于磁针。安培发现作用力的方向、电流的方向、磁针到通电导线的垂直方向是相互垂直的,并定量建立了若干数学公式。法拉第相信电、磁、光、热是相互联系的。在 1820 年奥斯特发现电流以力作用于磁针后,法拉第敏锐地意识到电可以对磁产生作用,磁也一定能够对电产生影响。1821 年他开始探索磁生电的实验,1831 年他发现当磁棒插入导体线圈时线圈中就会产生电流,这表明电与磁之间存在着密切的联系。麦克斯韦深入研究并探讨了电与磁之间发生作用的问题,发展了场的概念。在法拉第实验的基础上,麦克斯韦总结了宏观电磁现象的规律,引进了位移电流的概念。这个概念的核心思想是变化的电场能产生磁场,与变化的磁场产生电场相对应。在此基础上,他提出了一套偏微分方程来表述电磁现象的基本规律,即麦克斯韦方程组,它是经典电磁学的基本方程。

1887 年,德国科学家赫兹用火花隙激励一个环状天线,用另一个带隙的环状天线接收,证实了麦克斯韦关于电磁波存在的预言。这一重要的实验促成了后来无线电报的发明,从此开始了电磁场理论应用与发展时代,并且促使其发展成为当代最引人注目的学科之一。1903 年,德国科学家 Christian Hulsmeyer 发明了船用防撞雷达并获得了专利权,但这种雷达只能测量目标的距离。

1938—1939 年,英国的沃森·瓦特组织建造了世界上最早的防空雷达预警网。该预警网部署在英国东海岸,由 20 部雷达组成,作用距离为 200 km,常被称为"本土链"雷达,它在 1940 年的大不列颠空战中发挥了重要作用。这一时期是雷达真正走向实用的标志性时期。1951 年,美国 Goodyear 公司的数学家 Carl Wiley 发明了合成孔径雷达,并于 1954 年申请专利,1965 年获得批准。

"二战"期间,由于作战需要,雷达技术发展极为迅速。就使用的频段而言,战前的器件和技术只能达到几十兆赫。"二战"初期,德国首先研制出大功率三、四极电子管,把频率提高到 500 MHz 以上。这不仅提高了雷达搜索和引导飞机的精度,而且提高了高射炮控制雷达的性能,使高射炮有了更高的命中率。"二战"后期,美国进一步把磁控管的频率提高到 10 GHz,实现了机载雷达小型化并提高了测量精度。在高炮火控方面,美国研制的精密自动跟踪雷达 SCR-584 使高射炮命中率从战争初期的数千发炮弹击落一架飞机提高到数十发炮弹击落一架飞机。

20 世纪 40 年代后期,出现了动目标显示技术,它有利于在地杂波和云雨等杂波背景中发现目标。高性能的动目标显示雷达必须发射相干信号,于是人们研制了功率行波管、速调管、前向波管等器件。20 世纪 50 年代出现了高速喷气式飞机;60 年代出现了低空突防飞机和中、远程导弹以及军用卫星,促进了雷达性能的迅速提高;60—70年代,电子计算机、微处理器、微波集成电路和大规模数字集成电路等应用到雷达上,使雷达性能大大提高,同时减小了体积和重量,提高了可靠性。在雷达新体制、新技术方面,20世纪50年代较广泛地采用了动目标显示、单脉冲测角和跟踪以及脉冲压缩技术等,60年代出现了相控阵雷达,70年代固态相控阵雷达和脉冲多普勒雷达问世。

雷达是现代科学飞速发展的一大成就,它不但在军事方面获得了广泛应用,在民用方面也具有广阔的市场。合成孔径雷达集中体现了雷达技术的进步,它的出现扩展了原始的雷达概念,使雷达具有了对目标进行成像和识别的能力。合成孔径雷达是一种获得高分辨率图像的雷达模式,利用雷达载机的运动来模拟大孔径天线,其突出特点是具有很高的方位分辨率。

1.2.1.2　微波遥感理论的基本框架

微波遥感是用微波设备来探测、接收被测物体在波长为1mm~1m的微波波段的电磁辐射和散射特性,以识别远距离物体的技术。现有体制下的微波遥感系统主要包括散射计、高度计、波谱仪、成像雷达和辐射计。散射计通过测量海线表面后向散射系数获得海表面粗糙度信息,进而反演得出海表面风矢量;高度计通过发射尖脉冲并接收返回脉冲信号测量目标区域的高度分布和变化等信息;波谱仪主要用于海浪谱的观测和估计;成像雷达用于对目标进行成像和识别等;辐射计主要用于中小尺度天气现象如暴风雨、闪电、强降雨、雾、冰冻及边界层紊流的观测。

在得到微波遥感系统的回波后,就可以处理得到目标的图像特点,比如重要参数、几何特点及信息特点,而目视解译就是利用图像的影像特征(色调或色彩,即波谱特征)和空间特征(形状、大小、阴影、纹理、图形、位置和布局)与多种非遥感信息资料相组合,运用生物地学相关规律,将各种目标地物识别出来,并进行定性和定量分析,以获得所需要的各种地面信息。辐射定标一般也可称为校准,其主要目的是保证传感器获取遥感数据的准确性。几何处理主要包括变形分析、构像方程、几何校正、几何定位与测量4个处理过程。

微波遥感系统具有全天候昼夜工作的能力,能穿透云层,不易受气象条件和日照水平的影响;能穿透植被,具有探测地表下目标的能力;获取的微波图像能提供可见光成像和红外遥感以外的信息。微波遥感系统被广泛应用于农业、测绘、海洋、林业、地质、水文、国土等方面,同时由于需求不同,还发展出干涉雷达、极化雷达、层析雷达等新型雷达。具体的微波遥感理论基本框架如图1-24所示。

1.2.2　微波遥感器的发展简史

1.2.2.1　微波遥感器发展主要历程表

(1) 20世纪50年代,出现了以军用侦察为主要目的的侧视机载雷达(side looking airborne radar,SLAR)。

(2) 1952年,美国的Carl Wiley提出了多普勒波束锐化技术(Doppler beam sharpening,DBS),该技术是合成孔径雷达技术的雏形。

(3) 1957年,密歇根大学采用光学处理方式,获得了第一张全聚焦SAR图像。

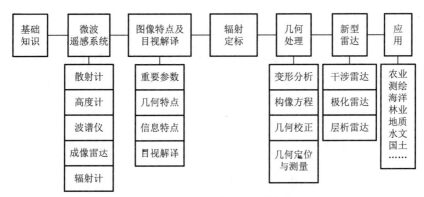

图 1-24　微波遥感理论基本框架

（4）1968 年,苏联卫星用 Cosmos 243 搭载 4 台下视微波辐射计进行大气观测。

（5）1969 年,微波高度计被用作阿波罗（Apollo）计划登陆月球时的导航装置。

（6）1972 年,美国 Nimbus-5 卫星搭载 NEMS 下视微波辐射计用于探测大气温度。

（7）1973 年,美国天空实验室空间站（Skylab）计划利用 S-193 微波散射计用于开展空间观测实验。

（8）1978 年,美国发射海洋卫星（Seasat）,搭载微波高度计、多波束散射计、星载合成孔径雷达,用于海洋方面的研究。

（9）1991 年和 1995 年,欧空局发射 ERS-1 和 ERS-2 卫星。

（10）1995 年,加拿大发射 Radarsat-1 卫星。

（11）2000 年,欧空局发射 Envisat/ASAR 卫星。

（12）2006 年,日本发射 ALOS PALSAR 卫星。

（13）2007 年,德国发射 TerraSAR-X 卫星。

（14）2007 年,加拿大发射 Radarsat-2 卫星。

（15）2010 年,意大利完成 Cosmo-SkyMed 星座（4 颗卫星）的发射。

（16）2012 年,中国发射了由航天东方红卫星有限公司抓总研制的首颗民用的"环境一号"HJ-1C SAR 卫星。

（17）2016 年 8 月 10 日,中国发射"高分三号"卫星。

（18）2018 年,中、法联合发射中法海洋卫星。

（19）2019 年,加拿大发射"雷达卫星星座任务"（RCM）星座。RCM 星座为"雷达卫星"（RadarSat）系列的后续系统。

1.2.2.2　微波遥感器发展概况

（1）合成孔径成像雷达方面。该技术起源于 20 世纪中后期。早在 20 世纪 70 年代,美国先后发射了名为 Seasat-A,Sir-A,Sir-B 的 SAR 卫星。欧空局也在 20 世纪末发射了工作在 C 频段的 SAR 卫星 ENVISAT 和 ERA-1/2。意大利的 Cosmo-Skymed 与德国的 TerraSAR-X 的空间分辨率达到了 1 m。我国于 2006 年发射了名为"HJ-1C"的星载 SAR 系统,工作在 S 频段,其扫描分辨率达到了 20 m,条带分辨率为 5 m。目前,国外的机载 SAR 主要有:美国的 AN/APD-10,ERIMX/SIR,ERIM/CCRS;德国的 E-SAR;丹麦的 SAR 系列;等等。已发射的星载 SAR 主要有:美国的 SEASAT-A,SIR-A,SIR-B,SIR-C 及"曲棍球"雷达成像卫星;欧空局的 ERS-1;日本的 JERS-1;加拿大的 RADARSAT;等等。

(2) 高度计方面。美国利用 Skylab(1973)进行了高度计的原理验证,测高精度可达 $1\sim2$ m。1975—1978 年,美国 NASA 将一部 Ku 波段(13.9 GHz)雷达高度计装载在 GEOS-3(geodynamics experimental ocean satellite)卫星上,进行了长达 3 年的实验,测高精度达到 50 cm 量级。Seasat(1978)卫星上也搭载有高度计,测高精度达到 10 cm 量级。Geosat(美国,1985)高度计的测高精度达到 5 cm 量级。ERS-1(欧空局,1991)、Topex/Poseidon(美国、法国,1992)、ERS-2(欧空局,1995)、EOS(美国,1998)、Envisat(欧空局,2003)、HY-2A(中国,2011)、Jason-3(美国、法国,2016)、HY-2B(中国,2018)卫星等都搭载了高度计,测量精度最高可达 2 cm。

(3) 散射计方面。在 Skylab(1973)和 Seasat(1978)中均搭载有散射计。ERS-1 和 ERS-2 中也都搭载有散射计,并发展了 CMOD 3,4,5 算法。1996 年,日本和美国 NASA 联合研制搭载于 ADEOS 的 NSCAT 散射计,工作于 Ku 波段。1999 年,美国 NASA 研制搭载于 QuikSCAT 的 SeaWinds 散射计,工作于 Ku 波段,刈幅达到 1 800 km。2011 年,中国发射"海洋二号"A 卫星(HY-2A),搭载有工作于 Ku 波段的散射计。2018 年,中国发射"海洋二号"B 卫星(HY-2B)。2018 年,中、法联合发射中法海洋卫星,其中的散射计由中国研制。

(4) 波谱仪方面。1978 年,美国 NASA 研制的海表高度雷达(surface contour radar,SCR)进行了机载实验,其工作频率为 36 GHz,入射角为 $-15°\sim15°$,是世界上第一个小入射角下可测量海浪方向谱的雷达。后来又陆续出现了美国 NASA 的 ROWS(radar ocean wave spectrometer),法国 CNES 的 RESSAC 和 STORM 等机载波谱仪。2007 年中法卫星合作项目(中法海洋卫星 CFOSAT)启动,历经 11 年,于 2018 年 10 月 29 日在酒泉成功发射,其中的波谱仪 SWIM 由法国研制,它是世界上首台星载波谱仪。

(5) 辐射计方面。1946 年,狄克(Dicke)首先研制出世界上第一台测量微波辐射的装置,称为狄克式辐射计。现在的各种微波辐射计都是在狄克型接收机基础上改进而成的,有零平衡型辐射计、双参考温度辐射计、自动反馈型辐射计、相关型辐射计、扫描型辐射计等。

拓展阅读

我国探月工程"嫦娥"系列的
过去、现在与未来

1.3 微波遥感技术的主要应用

1.3.1 微波遥感技术的主要应用范围

微波遥感具有全天候、全天时和穿透能力的优势,正是基于其自身具有的独特的优越性,且具有迅速发展的相关技术的支持,目前已被广泛应用于农业监测、林业监测、海洋监测、城市规划、灾害观测、太空观测、考古观测、航空物探、卫星观测等方面。

　　微波遥感在农业监测方面,主要用于监测耕地面积、对农作物分类、估算农业产量等;在林业监测方面,主要用于监测森林覆盖率、监测土壤湿度等;在海洋监测方面,主要用于监测船只、海冰、溢油、风、浪、流、海面高度等;在城市规划方面,主要用于绘制高精度地图、地面沉降监测等;在灾害观测方面,主要用于监测地震、洪水、泥石流等;在太空观测方面,主要用于月球探测、行星探测等;在考古观测方面,主要用于探测地表浅层下的遗迹等;在航空物探方面,主要用于勘探矿产等;在卫星观测方面,主要用于在地面跟踪太空中的卫星等。

1.3.2　微波遥感技术的应用示例

1.3.2.1　进行农作物普查

　　在农业方面,可利用全极化 SAR 图像进行农作物普查。例如,可以将对植被敏感的极化通道用 RGB 图像中的绿色通道分量进行表示,将对土壤敏感的极化通道用 RGB 图像中的红色通道分量进行表示。若对比同一区域某两天的全极化图像时发现某处的绿色通道分量增加、红色通道分量减小,则表示该处的田地可能已耕作;若对比同一区域某两天的全极化图像时发现某处的红色通道分量增加、绿色通道分量减小,则表示该处的农作物可能已被收割。

1.3.2.2　绘制全球森林分布图

　　林业工作离不开地图,每个林业管理部门都必须制作和使用林相图和森林分布图等林业专题图。森林分布图是表示森林种类、空间分布及其与自然地理条件的关系的一种专门植被图。美国波士顿大学伍兹霍尔研究中心通过将遥感技术和实测数据相结合,绘制了全球森林分布图。该分布图中利用不同类型地物微波特性的差异进行分类,通过色标区分森林分布量。

1.3.2.3　监测城市地面沉降

　　城市地面沉降是目前城市发展中的主要灾害之一,是制约城市发展和威胁城市安全的重要因素之一。目前,干涉合成孔径雷达(InSAR)技术已成功应用在城市地面沉降监测中。InSAR 是利用两个平台进行高度或形变测量的技术,包括图像配准、求干涉相位、去平地效应、滤波、相位解缠等处理环节。InSAR 可利用同一平台不同时间测量出的高度信息估算形变速度,其图像通过色标区分不同地理位置的地面沉降速度。

1.3.2.4　检测海面船只

　　从 SAR 图像中检测舰船目标有着广泛的应用前景。在军事领域,对船只目标进行位置检测有利于战术部署,提高海防预警能力;在民用领域,对某些偷渡、非法捕鱼船只进行检测,有助于海运的监测与管理。SAR 船只检测的原理是在暗背景中寻找亮目标。由于陆地和海岸带会对船只检测造成干扰,所以需首先进行海陆分割。在成像时,船只周围经常出现十字旁瓣,为保证良好的船只检测效果,需对十字旁瓣进行抑制。在风浪较大或船只回波较弱的情况下,船只检测具有较大难度。

1.3.2.5　监测海冰

　　研究和探测冰雪分布、生成、消融及演变十分重要,它关系到海洋洋流分析、水源水害分析、大气环流分析和气候演变分析,对人类生存环境和农业生态、经济发展关系极大。在监测海冰方面,SAR 常用于监测海冰的位置、类型、密集度、厚度并进行漂移预测等,对海水与海冰的区分主要依赖强度。SAR 海冰影像图的示例如图 1-25 所示。可通过影像分割和图像分类对海冰进行分类。影像分割图如图 1-26 所示。可按照海水、初生冰、灰冰、灰白冰、固定冰、陆地进行分类,在分类图中通过色标区分不同的对象。

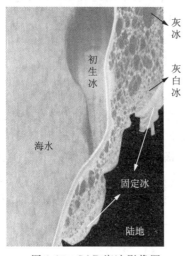

图 1-25　SAR 海冰影像图

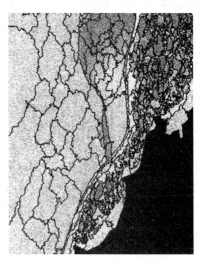

图 1-26　影像分割图

1.3.2.6　监测海上溢油

海洋溢油作为当今海洋污染最严重的问题之一,早已引起各国政府及相关职能机构的高度重视。多年来,国内外都在积极探索研究溢油污染精细监测方法,遥感溢油监测技术是其中的研究热点之一。通过 SAR 监测海上溢油的原理是在相对亮的背景中寻找暗斑,主要难点是将溢油与类油膜、低风速区等进行区分,主要监测重点为溢油出现的区域、面积、厚度,并进行漂移预测。SAR 溢油图像的示例如图 1-27 所示。

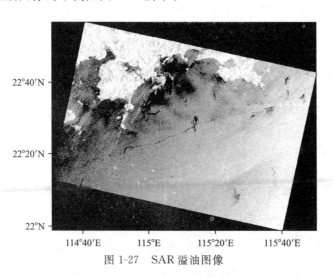

图 1-27　SAR 溢油图像

1.3.2.7　监测海面高度变化

卫星高度计数据依靠大尺度、全天时、全天候的优势,可实时对海面高度变化进行监测。通常高度计下视工作,小入射角散射。高度计可测量瞬时距离、后向散射系数、回波波形,从而获取海面高度、有效波高、海面风速信息,进而提取海浪、潮汐、中尺度涡与环流、海平面变化、海洋重力异常等信息。

1.3.2.8　反演海面风场

在海洋学中,海面风场是一个重要的物理参数,影响着海洋和大气的各种现象。卫星遥感技术的发展为获取大面积海面风场信息提供了可能,加强对卫星遥感反演海面风场的应用研究将会提高对未来海面风场的预报能力。其中,微波散射计是一种重要的遥感器,它可以全天候地测量海面风速和风向。近年来随着国内外对微波散射计研究的深入,利用散射计反演海面风场的技术日趋成熟,能够为研究大气、海洋和气候提供大量的重要数据,例如中法海洋卫星中搭载的微波散射计实现了全球海面风场反演,通过色标区分不同的风速。微波散射计工作于中等入射角,可通过测量海面后向散射系数间接测量海面风速和风向。目前的海面风速典型精度约为 2 m/s,海面风向约为 ±20°,典型风速测量范围为 2~24 m/s,典型刈幅为 1 800 km,每天可以覆盖全球海洋面积的 90%,最高分辨率达到 12.5 km。

1.3.2.9　反演海浪谱

海浪是人们十分熟悉却又十分复杂的现象,海浪的研究对海洋工程、海洋开发、交通航运、海洋捕捞与养殖等活动具有重大意义。海浪方向谱用于描述海浪内部能量相对于频率和方向的分布,是海浪研究中的重要概念。海浪波谱仪是专门用于海浪谱探测的新型遥感器,它的出现弥补了现阶段对海浪观测的不足。海浪波谱仪为采用小入射角、窄脉冲、圆锥形多波束扫描的真实孔径雷达,对雷达的发射功率和天线的增益要求低,可探测海面波长大于 40 m 的波浪,其探测海浪谱的原理是通过测量海面后向散射系数反演海浪谱。波谱仪一般以极坐标的方式显示海浪谱,极半径表示波数,角度对应方位角,通过色标图可以读取出能量最强处对应的波长和角度,从而得到主波长和主波向。

1.3.2.10　反演海流

海流是海洋科学研究中最基本的要素,也是海水的重要运动形式之一。海流研究对于海洋减灾、海上搜救、海岸带建设、渔业、航运、污染物扩散等都有重要的研究意义。顺轨干涉(along-track interferometric,ATI)合成孔径雷达具有全天时、全天候、宽测绘带、高分辨率的优点,可以获取大面积、高分辨率、高精度的海洋表面流速信息。TerraSAR-X 等卫星处于 ATI 模式时,接收天线分为左右两半,由两个通道分别进行接收。对于静止地物,理想情况下两幅 SAR 图像的差异很小;对于运动目标,两幅 SAR 图像的干涉相位含有速度信息。

1.3.2.11　解译灾区受灾情况

由于机载 SAR 具有全天候、机动灵活的特点,因此在灾后勘测中可发挥重要作用。例如,当获取了机载 SAR 初步解译图后,结合当地地形图,经过专业训练的微波图像解译人员可在地图上圈出受灾相关信息(例如震后的倒塌居民点、倒塌学校、受损河道、受损大坝、滑坡体等)。

1.3.2.12 探测月壤厚度

我国的"嫦娥一号"绕月卫星于 2007 年 10 月 24 日发射,在世界上首次搭载多通道微波辐射计,反演月壤厚度分布是其主要科学目标之一,这是国际上首次以微波手段探测月壤厚度。而后复旦大学金亚秋院士团队建立了月壤厚度的正演与反演模型,通过辐射计测量的亮温反演月壤厚度。反演结果表明,月海地区月壤厚度小,平均值约为 4.5 m;月陆地区的月壤厚度大,其中中纬度地区平均值约为 7.6 m。

1.3.2.13 探测地下矿藏

航空物探是把地球物理勘探技术与航空技术结合的一门新技术,是一种获取并研究岩石圈,特别是与地壳有关的多种地球物理信息的方法手段。利用航空物探手段探测地下矿藏是一种相对经济的浅层勘探手段。一般使用 L 波段进行探测。1981 年 11 月 12 日,美国"哥伦比亚"号航天飞机搭载 SIR-A 在 260 km 高处获得分辨率为 40 m 的 L 波段撒哈拉沙漠的地下古河道图像,成为 SAR 的重大发现之一。

1.3.2.14 进行空间卫星成像

空间目标探测是利用各种天、地基探测设备(卫星、光电、雷达等)对所有人造天体向空间进入、在空间运行及离开空间的过程进行探测、关联、特性测定和测轨,并结合情报资料,综合处理分析出目标轨道、功能、威胁等信息,掌握空间态势,向各类航天活动等提供空间目标信息。德国的弗劳恩霍夫高频物理和雷达技术研究所的研究人员使用跟踪和成像雷达(TIRA)对空间中的卫星成像。ISAR 被用于 TIRA 进行成像,其成像原理是利用静止平台对运动目标进行成像。相比于 ISAR,SAR 的成像原理是利用运动平台对静止场景进行成像。ISAR 能够成像的前提条件是运动目标有三维转动,也就是偏航、俯仰和横滚。

1.4 国内外主流微波遥感器简介

1.4.1 国内外主流星载合成孔径雷达简介

星载合成孔径雷达是一种主动式微波成像传感器,它搭载于运动平台,可以全天时、全天候进行高分辨率对地观测。它在方位向采用合成孔径技术,在距离向采用脉冲压缩技术,并且相比于实孔径雷达,它的方位分辨率更高。自 1978 年美国发射第一颗星载 SAR 以来,星载 SAR 作为一种稳定、高效的 SAR 数据获取手段已经受到各国的重视,并且在民用和军用领域都得到了广泛的应用。它的发展可分为 4 个阶段:第一阶段,20 世纪 50 年代至 80 年代,合成孔径雷达思想初步提出并初步开展试验,此阶段也称为试验阶段;第二阶段,20 世纪 90 年代,星载 SAR 工作模式增多并开始采集多样化数据,发展也逐步趋于成熟,此阶段也称为单波段、单极化业务运行阶段;第三阶段,21 世纪以来,星载 SAR 工作模式越来越丰富,开始获取多极化 SAR 图像,分辨率也越来越高,轨道重复周期越来越短,逐步形成大规模应用,此阶段也称为高分辨率、多极化、多工作模式业务运行阶段;第四阶段,2020 年以来,小卫星组网优势逐步体现,并且形成热门态势,众多国家和公司构筑了自己的组网计划,此阶段也称为小卫星 SAR 组网的雏形阶段。

1.4.1.1　试验阶段(20 世纪 50 年代至 80 年代)主要历程

(1) 1951 年,美国 Goodyear 公司的 Carl Wiley 发明 SAR 技术。

(2) 1952 年,诞生机载验证系统 DOUSER。

(3) 20 世纪 50 年代至 60 年代,Goodyear 公司研制首台业务运行的 SAR、第一台大规模 SAR 数据处理系统。

(4) 1978 年,美国发射 Seasat 卫星,观测到海浪、海冰、内波、涡、锋面、水下地形、暴风雨、风条纹等众多海洋和大气现象。

(5) 1981 年、1984 年,美国开展了两次航天飞机 SAR 实验,搭载 SIR-A 和 SIR-B 两部雷达,发现了撒哈拉沙漠下的古河道。

1.4.1.2　单波段、单极化业务运行阶段(20 世纪 90 年代)主要历程

(1) 1991 年,欧空局发射 ERS-1 卫星,搭载 C 波段、VV 极化 SAR,稳定工作 10 年。

(2) 1992 年,日本发射 JERS-1 卫星,搭载 L 波段、HH 极化 SAR,稳定工作 6 年。

(3) 1994 年,美国与德国、意大利合作,利用"奋进"号航天飞机两次搭载 SIR-C/X-SAR 进行试验,工作于 C,L,X 波段。

(4) 1995 年,欧空局发射 ERS-2 卫星,稳定工作 16 年。

(5) 1995 年,加拿大发射 Radarsat-1 卫星,搭载 C 波段、HH 极化 SAR,稳定工作 17 年,首创扫描模式(测绘带宽最高可达 500 km)。

1.4.1.3　高分辨率、多极化、多工作模式业务运行阶段(21 世纪以来)主要历程

(1) 2000 年,美国、德国联合开展航天飞机地形测量任务(SRTM),在 11 d 内采用双天线干涉,测量全球约 80% 的陆地高程。空间分辨率为 30 m,高程精度为 16 m。

(2) 2002 年,欧空局发射 Envisat 卫星,最高分辨率为 10 m,具备成像模式、交替极化模式、宽幅模式、全球观测模式、波模式等多种工作模式。

(3) 2006 年,日本发射 ALOS-1 卫星,最高分辨率为 7 m,具备高分辨率、扫描、全极化等多种模式。

(4) 2007 年,意大利发射 Cosmo-SkyMed 星座中的第一颗卫星,工作于 X 波段,最高分辨率为 1 m,具备条带、聚束、扫描等模式;2010 年,4 颗卫星组网成功,时间分辨率约为 12 h,可获得准实时干涉图像(前后间隔约 20 s)。

(5) 2007 年,德国发射 TerraSAR-X 卫星,工作于 X 波段,最高分辨率为 1 m,具备条带、聚束、扫描等模式,可提供全极化产品。

(6) 2010 年,TerraSAR-X 的姊妹星 TanDEM-X 成功发射;2015—2016 年间,双星编队系统生产的 DEM 产品的覆盖性及精度均优于 SRTM 产品。

(7) 2007 年,加拿大发射 Radarsat-2 卫星,工作于 C 波段,最高分辨率为 1 m,具备 10 余种工作模式。

（8）2014 年，日本发射 ALOS-2 卫星，最高分辨率为 1 m，工作模式有 7 种。

（9）2014 年和 2016 年，欧空局陆续发射 Sentinel-1A 和 Sentinel-1B 卫星，它们可组网工作，向全球提供免费数据。

（10）2016 年 8 月 10 日，中国成功发射"高分三号"卫星 GF-3，工作于 C 波段，陆海观测兼用，最高分辨率为 1 m，工作模式达 12 种。

（11）2021 年 11 月 23 日、2022 年 4 月 7 日，中国分别成功发射"高分三号"02 星、03 星。相比于 GF-3，它们看得更久、看得更清、看得更频繁，增加了 AIS 接收机和实时处理功能。

（12）2022 年 1 月 26 日、2 月 27 日，中国分别成功发射"陆地探测一号"01 组 A 星、B 星，工作于 L 波段，为差分干涉（利用同一地区不同时相的 SAR 影像获取地表形变）方式。

（13）2023 年 8 月 13 日，世界首颗同步轨道 SAR 随"陆地探测四号"01 星在西昌卫星发射中心顺利升空。

1.4.1.4 小卫星 SAR 组网雏形阶段（2020 年以来）主要历程

（1）近年来，美国的 Capella Space 公司、Umbra Lab 公司和 PredaSAR 公司，芬兰的 ICEYE 公司，日本的 Synspective 公司，我国的电子科技集团有限公司和航天宏图信息技术股份有限公司等都发布了商业 SAR 小卫星星座计划。

（2）美国的 Capella Space 公司规划在 2020 年后陆续部署由 36 颗小卫星 SAR 构成、运行在 12 个轨道面上的低轨道卫星星座，实现全球任意地区的最大 1 h 重访，图像最高分辨率为 0.5 m。截止到 2023 年 8 月，已有 11 颗卫星在轨，卫星平均质量在 100 kg 左右。

（3）芬兰的 ICEYE 公司自 2018 年 1 月 12 日发射了世界上第一颗 100 kg 以下的 SAR 小卫星——ICEYE-X1 起，截止到 2023 年 8 月，已有 20 余颗卫星在轨运行，图像分辨率最高可达 0.25 m，目前已较好地形成了小型雷达卫星的星座组网和商业化运营服务能力。

（4）我国已于 2020 年 12 月 22 日成功发射首颗商业小卫星 SAR"海丝一号"，整星质量小于 185 kg，方位向最高分辨率为 1 m。2021 年 9 月我国发布了"天仙星座"计划，规划建设由 96 颗小卫星构成的星座。2022 年 2 月 27 日，第二颗卫星"巢湖一号"成功发射。航天宏图信息技术股份有限公司近年来发布了"女娲星座"计划，并于 2023 年 3 月 30 日首发"中原一号""鹤壁一号""鹤壁二号""鹤壁三号"4 颗遥感卫星。该组卫星是全球首个采用四星车轮式编队构型的多星分布式干涉合成孔径雷达卫星系统，由"1 颗主星＋3 颗辅星"组成，具备全球范围高分宽幅成像、高精度测绘及形变监测等能力。

1.4.2 国内外主流星载高度计简介

星载高度计采用下视工作，天线指向星下点，通过发射线性调频信号并跟踪接收海面回波，可测得瞬时距离、后向散射系数、回波波形等数据，再通过回波波形数据反演提取得到海面高度、有效波高、海面风速，由此信息进而提取海浪、潮汐、中尺度涡与环流、海平面变化、海洋重力异常等海洋信息。国内外主流星载高度计的发展可分为两个阶段：第一阶段，20 世纪 70年代，高度计首次被发明，此阶段也称为试验阶段；第二阶段，20 世纪 80 年代以来，高度计发展逐步成熟，并为人类提供业务化信息，此阶段也称为业务化运行阶段。

1.4.2.1　试验阶段(20世纪70年代)主要历程

(1) 1973年,美国发射天空实验室空间站Skylab,搭载世界上首台试验雷达高度计(S-193),实际测高精度仅为1 m。

(2) 1975年,美国发射GEOS-3(GEophysical Satellite-3)卫星,搭载了一部Ku波段的雷达高度计,实际测高精度为20~50 cm,运行了3年半。

(3) 1978年,美国发射海洋卫星Seasat,搭载了SAR、高度计等载荷,由于电池故障仅在轨运行100 d左右,测高精度达到20~30 cm。

1.4.2.2　业务化运行阶段(20世纪80年代以来)主要历程

1) Geosat系列

(1) 1985年,美国发射Geosat卫星,搭载Ku波段雷达高度计,测高精度达到10~20 cm。

(2) 1998年,美国发射后继卫星GFO,稳定工作10年。

2) ERS系列

(1) 1991年、1995年,欧空局先后发射ERS-1和ERS-2卫星,搭载Ku波段雷达高度计,测高精度达到10 cm。

(2) 2002年,欧空局发射Envisat卫星,搭载Ku波段和S波段双频高度计,用于降低电离层效应的影响。

(3) 2016年,欧空局发射Sentinel-3A卫星,搭载一台双频(C和Ku波段)合成孔径雷达高度计,可提供更高分辨率的海面高度、海浪波高和海面风速等数据。

3) T/P系列

(1) 1992年,美、法联合发射高度计专用卫星TOPEX/Poseidon(T/P),其中TOPEX为C和Ku波段双频高度计,Poseidon为实验性单频固态雷达高度计,测高精度达到2~3 cm,稳定工作14年。

(2) 2001年、2008年、2016年,美国发射后继星Jason-1,Jason-2,Jason-3,目标是保持卫星数据连续性。

4) 其他系列

(1) 2002年12月30日,我国发射"神舟四号"(SZ-4)飞船,搭载我国自行研制的高度计。

(2) 2010年,欧空局发射用于极地观测的Cryosat-2测高卫星。

(3) 2011年8月16日,我国发射首颗海洋环境动力卫星"海洋二号"(HY-2A),搭载双频(C波段和Ku波段)高度计。

(4) 2018年10月25日、2020年9月21日、2021年5月19日,我国陆续发射HY-2B,HY-2C,HY-2D卫星。

1.4.3　国内外主流星载散射计简介

海面风场在海洋-大气相互作用、海洋环流、海洋生态系统、区域和全球范围天气变化、气候变化等自然动力过程中扮演着重要的角色,因此,全球的海面风场资料是影响人类安全、高效地从事涉海活动的基本物理参数之一。卫星遥感具有大面积同步测量、覆盖范围广和重访周期短等特点,是获取全球海面风场信息的主要方式。而在诸多卫星遥感方式中,卫星散射计以其能够全天候观测、反演风矢量、测量精度高等独有特点成为到目前为止获取全球海面风场观测资料最主要的卫星传感器。

早载散射计于20世纪70年代初开启试验阶段,20世纪70年代中期至今开启业务化运行阶段,是一种工作在中等入射角的真实孔径雷达,通过海面布拉格散射得到回波信号,利用回波强度对不同风速下海面粗糙度的响应和多角度观测提取海面风场信息。

1.4.3.1　试验阶段(20世纪70年代初)主要历程

(1) 1966年,Morre教授提出利用散射计测量海面风场的概念。

(2) 1973年,美国发射了天空实验室空间站Skylab,除搭载高度计外,还搭载了星载散射计S-193,验证了利用星载散射计测量风场的可能性。

1.4.3.2　业务化运行阶段(20世纪70年代中期以来)主要历程

1) Seasat/SASS

1978年,美国发射Seasat卫星,搭载星载散射计SASS。在卫星运动方向两侧各有两幅天线。风场探测的最高分辨率为50 km,风速观测范围为4~26 m/s,精度为2 m/s或10%(取大者),风向测量精度为±20°。

2) ERS系列/AMI

1991年、1995年,欧空局陆续发射ERS-1和ERS-2卫星,所搭载的主动微波装置(AMI)都具有散射计模态。它们使用三根扇形波束天线,风场探测的最高分辨率为25 km,风速观测范围为4~24 m/s,精度为2 m/s或10%(取大者),风向测量精度为±20°。

3) ADEOS-1/NSCAT

1996年,美国的NSCAT散射计搭载在日本的ADEOS-1卫星上发射升空,作为SASS散射计的延续。卫星两侧都使用三根扇形波束天线,前、后波束为VV极化,中间为双极化。风场探测的最高分辨率为25 km,风速观测范围为3~30 m/s,精度为2 m/s或10%(取大者),风向测量精度为±20°。

4) QuicSCAT,ADEOS-2/Seawinds

作为NSCAT散射计的延续,美国于1999年和2002年发射了两台Seawinds散射计,分别搭载于QuicSCAT和ADEOS-2卫星。不同于以往,Seawinds采用的是笔形波束圆锥扫描天线,分内、外波束,双极化,扫描刈幅提高至1 800 km。风场探测的最高分辨率为12.5 km,风速观测范围为3~30 m/s,精度为2 m/s或10%(取大者),风向测量精度为±20°。

5) Metop/ASCAT

作为AMI散射计的延续,欧空局于2006年发射了搭载ASCAT散射计的Metop-1卫星。ASCAT在卫星运动方向另一侧增加了3个相同的波束,将刈幅增加到1 100 km。风场探测的最高分辨率为25 km,风速观测范围为4~24 m/s,精度为2 m/s或10%(取大者),风向测量精度为±20°。

6)"海洋二号"系列

2011年8月16日,我国发射了第一颗海洋动力环境监测卫星(HY-2A),搭载微波散射计。2018年10月25日、2020年9月21日、2021年5月19日,我国陆续发射HY-2B、HY-2C、HY-2D卫星。风场探测采用笔形波束圆锥扫描方式,分内、外波束,双极化,刈幅为

1 780 km。风场探测的最高分辨率为 25 km,风速观测范围为 2～24 m/s,精度为 1.5 m/s,风向测量精度为±20°。

7) 中法卫星 CFOSAT

2018 年 10 月 29 日,CFOSAT 搭载于"长征二号"C 火箭,在酒泉卫星发射中心成功发射。所搭载的散射计(SCAT,SCATterometer)是国际首台采用扇形波束旋转扫描体制的散射计,适合于小卫星平台。风速观测范围为 4～24 m/s,精度为 2 m/s 或 10%(取大者),风向精度为±20°,最高分辨率为 12.5 km,刈幅为 1 000 km。CFOSAT 在国际上首次实现了海洋表面风、浪的大面积、高精度同步联合观测。

1.4.4　国内外主流波谱仪简介

为解决 SAR 反演海浪过程中出现的问题,人们提出了波谱仪的概念。由于波谱仪采用的是小入射角下发射短脉冲的工作模式,电磁波与海面的作用可视为准镜面散射,不必像 SAR 一样去确定复杂的非线性关系,模型简单且利于计算。由于波谱仪采用的是旋转扫描的方式,可以避开 SAR 方位向截止的问题,并且不需要输入任何的额外信息。对于 SAR 反演海浪遇到的问题,波谱仪可以很好地避免,实现高精度的海浪反演,因而波谱仪作为一种新型的海浪探测传感器越来越受到重视,逐渐成为海浪探测的主要手段。

20 世纪 70 年代至 90 年代为理论探索与机载波谱仪试验阶段,21 世纪以来则进入星载波谱仪准业务化运行阶段。

1.4.4.1　理论探索与机载波谱仪试验阶段(20 世纪 70 年代至 90 年代)主要历程

(1) Miller 于 1983 年、Jackson 于 1985 年先后提出了在小入射角、非成像体制下对海浪进行遥感。

(2) 在机理研究的基础上,美国于 1985 年研制了机载试验系统 ROWS(radar ocean wave spectormeter)。

(3) 20 世纪 90 年代,法国研制了机载试验系统 RESSAC,采用 FMCM 技术。

(4) 2000 年,法国对 RESSAC 进行了改进,并更名为 STORM,可提供双极化数据。

1.4.4.2　星载波谱仪准业务化运行阶段(21 世纪以来)主要历程

(1) 2007 年,CFOSAT 合作项目启动。卫星平台由中方提供,中方负责研制散射计,法方负责研制波谱仪。

(2) 2018 年 10 月 29 日,CFOSAT 在酒泉成功发射,所搭载的海浪波谱仪 SWIM 是世界上第一台星载波谱仪。它的波高测量精度为 10%或优于 0.5 m(取大者),可探测波长范围为 70～500 m,波向测量精度为±15°。

大作业1　微波遥感的历史、应用与发展趋势综述及我国微波遥感事业的奋进之路

题目:微波遥感的历史、应用与发展趋势综述及我国微波遥感事业的奋进之路

要求：

（1）通过阅读资料、从互联网搜索、从图书馆的电子数据库（IEEE，CNKI等）搜索等途径广泛查阅资料，总结微波遥感的历史、应用与发展趋势及我国微波遥感事业的奋进之路。

（2）按模板撰写大作业。其中，封面、目录和参考文献（按规定格式）采用电子版进行编辑，正文部分手写（字数不少于5 000字，页码手写）。

大作业1：微波遥感的历史、应用与发展趋势综述及我国微波遥感事业的奋进之路　　大作业1示例　　大作业模板

本章教学视频

微波遥感的基础知识（上）　　微波遥感的基础知识（下）　　微波遥感技术的发展简史　　微波遥感技术的主要应用

微波海洋观测技术基础（上）　　微波海洋观测技术基础（中）　　微波海洋观测技术基础（下）　　国内外主流微波遥感器简介

第2章
雷达技术基础

2.1 雷达的定义、功能与分类

2.1.1 雷达的定义

雷达是 Radar 的音译词,Radar 的全称是 radio detection and ranging,意为无线电检测与测距,即用无线电判断探测过程中有无目标存在并测量目标的距离。

美国电气与电子工程师协会(IEEE)对雷达的最新定义是:通过发射电磁波信号,接收其覆盖范围内的物体(目标)的回波,并从回波中提取位置和其他信息,从而实现目标检测和定位的电磁系统。

随着电子技术的不断进步,雷达的功能也在迅速扩展,不仅仅局限于对目标位置的测量,还包括对目标速度的测量,以及从回波中提取更多的有关目标信息。总的来说,可以将雷达的主要功能分为常规功能和扩展功能两大类。常规功能包括目标检测、目标定位(目标测距、目标测角和目标测速)等。扩展功能包括目标跟踪、场景成像、目标分类和目标识别等。

2.1.2 雷达的功能

下面简要介绍雷达的常见功能。

2.1.2.1 目标检测

目标检测为雷达最基础的功能。雷达利用目标对电磁波的反射现象来发现目标。电磁波在传播过程中遇到目标时,目标受到激励而产生二次辐射,二次辐射中的一小部分电磁波返回雷达,为天线所收集,称为回波信号。接收机将回波信号放大或变换后,送到显示器上显示,从而探测到目标的存在。

2.1.2.2 目标定位

当雷达探测到目标后,就会从目标中提取有用信息,目标测距、测角、测速三者共同构成了雷达的目标定位过程。测距实际上是测量发射脉冲与回波脉冲之间的时间差,由于电磁波的能量是以光速传播的,因此经过公式计算即可得到目标的精确距离;测角是指对方位角或俯仰角的测量;有些雷达除需确定目标的位置外,还需测定运动目标的相对速度,测速利用的就是雷达自身和目标之间有相对运动而产生的频率多普勒效应原理。

2.1.2.3 目标跟踪

目标跟踪是指连续跟踪目标并测量目标坐标,同时提供目标的运动轨迹。在众多领域,比如军事上的预警机监视、战斗机空中格斗,民用上的交通管制、反制无人机、海上船只探测,目标跟踪都是一种重要的应用。

2.1.2.4 场景成像

如果雷达测量具有足够高的分辨率,目标可视为具有多个散射点的复杂目标,那么这时可提供目标轮廓的探测,一般即指合成孔径雷达成像,其显著特点是主动发射电磁波,具有不依赖太阳光照及气候条件的全天时、全天候对地观测能力,并对云雾、小雨、植被及干燥地物有一定的穿透性。除能提供目标轮廓、内部细节等详细信息外,合成孔径雷达还可以对较大范围场景内的所有地物进行成像。

2.1.2.5 目标分类和识别

随着雷达技术的发展,只具有探测和跟踪功能的雷达已不能满足现代化的需要,雷达目标分类和识别成为现代雷达的重要发展方向。雷达目标分类和识别是指利用雷达获得的目标信息,通过综合处理,得到目标的详细信息,例如某飞机是战斗机还是多引擎轰炸机,某船是货轮还是油轮等。如果雷达已经确定所检测到的目标是飞机,则要进一步精细分类以确定其具体型号。

2.1.3 雷达的分类

雷达的种类繁多,分类方法也非常复杂。通常可以按照雷达的用途分类,如防空雷达、火控雷达、警戒雷达、预警雷达、成像雷达、测高雷达和测速雷达等。按照不同的分类方式,表2-1给出了较为全面的总结。

表 2-1 雷达的常见分类

分类方式	雷达名称
使用途径	防空雷达、火控雷达、警戒雷达、预警雷达、成像雷达、气象雷达、导航雷达、测高雷达、测速雷达等
使用领域	军用雷达、民用雷达
信号形式	连续波雷达、脉冲雷达等
搭载平台	星载雷达、机载雷达、船载雷达、地基雷达等
天线配置	单基地雷达、双/多基地雷达
定位方法	有源雷达、半有源雷达、无源雷达
角跟踪方式	单脉冲雷达、圆锥扫描雷达、隐蔽圆锥扫描雷达等
目标测量参数	测高雷达、二坐标雷达、三坐标雷达、多站雷达等
天线扫描方式	机械扫描雷达、相控阵雷达等

2.2　雷达的主要应用

雷达是现代科学技术飞速发展的重要成就,已广泛应用于地面、空中、海上、太空等领域。雷达具有白天、黑夜均能探测远距离目标的优点,且不受雾、云和雨的阻挡,具有全天候、全天时的特点,并有一定的穿透能力。因此,它不仅成为军事上必不可少的电子装备,还广泛应用于社会经济发展(如气象预报、资源探测、环境监测等)和科学研究(天体研究、大气物理、电离层结构研究等)等方面。

下面分别说明雷达在几个重要领域的应用情况。

2.2.1　军事应用

第二次世界大战期间,作为主要探测手段的雷达应运而生,当时雷达的主要任务是发现目标的存在,测量目标的坐标位置(即目标的距离、方位和仰角)。目标距离依靠测量雷达辐射信号从雷达到目标往返所需的传播时间来确定。第二次世界大战后,雷达技术有了更进一步的发展,并在海、陆、空 3 个领域获得了更为广泛的应用。

如今,雷达在信息化战争中更是得到了广泛应用。雷达是防空和作战系统的重要组成部分,其战略地位和作用可谓举足轻重。现代新型军用雷达种类繁多,主要应用范围有目标探测、目标跟踪、火炮控制、导弹制导和远程预警等。其中,火炮控制雷达又称炮瞄雷达,它在自动跟踪过程中连续不断地测出目标的方位角、高低角和距离,并将这些坐标数据传给指挥仪,从而控制火炮瞄准射击;导弹制导的功能是测量、计算导弹实际飞行路线和理论飞行路线的差别,形成制导指令,控制导弹的飞行路线,以允许的误差(脱靶距离)靠近或命中目标;远程预警雷达是指用于对战略轰炸机和远程弹道导弹等目标进行探测、发现和告警的远距离监视警戒雷达。

2.2.2　民事应用

随着雷达技术的发展和社会发展的需求,雷达在民事领域的应用也越来越广泛,如气象观测、空中交通管制(ATC)和液位测量等。应用雷达技术探测和观察暴风雨和云层的位置、特性及其移动速度和轨迹是气象预报的重要任务之一;空中交通管制的主要作用是针对机场周围以及航路上的飞机实行严格的飞行安全管制,具有警戒和引导雷达的作用,同时还需对雨区进行观测测绘,引导飞机避开雷雨等极端气象区域;液位测量是指利用水位雷达进行水利监测、污水处理和防洪预警等。

2.2.3　遥感观测

雷达遥感一般指合成孔径雷达遥感,它可以主动发射电磁波,具有全天时、全天候和高分辨率的特性,并对云雾、小雨、植被和干燥地物等有一定的穿透性。雷达遥感可用于勘探农业情况、森林覆盖、冰覆盖层、水资源及环境污染等,同时还可用于地图描绘、海洋监测和灾害观测等。

2.2.4 太空观测

太空观测主要是指对月球的探测和行星的探测等,大型地面雷达可用于对卫星和其他太空物体进行探测和跟踪。另外,在天文学领域,可以利用地基雷达系统帮助理解流星性质及建立天文单位的精确测量。

2.3 雷达的基本原理

雷达有两个基本功能:一个是发现目标的存在,另一个是测量目标的参数。前者被称为雷达目标检测,后者被称为雷达目标参数测量。本节将对雷达的这两个功能的基本原理进行介绍。

2.3.1 目标检测基础

在雷达探测目标的过程中,存在许多干扰,包括地杂波、海杂波、系统噪声以及军事对抗中的恶意干扰等。因此,在雷达检测系统输入端的信号可能是目标回波与干扰信号的叠加,也可能仅有干扰信号。而雷达目标检测的任务就是对输入信号进行处理,并与门限值相比较,从而判断目标是否存在。

所谓门限值,是指用来判断目标是否存在的一个门限电平。如图 2-1 所示,如果信号幅度高于门限值,那么认为目标存在;反之,则认为目标不存在。但是,当目标信号幅度低于门限值时,其无法被检测到,这就是我们常说的漏检。而当干扰信号幅度高于门限值时,将会被误认为目标存在,也就是我们所说的虚警。因此,雷达在检测目标是否存在时可能出现 4 种情况:

(1)目标存在,且被检测到;

(2)目标不存在,且未检测到;

(3)目标存在,但未检测到,即漏检;

(4)目标不存在,但检测到,即虚警。

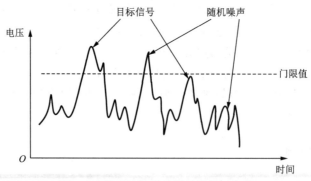

图 2-1　基于门限值判断目标是否存在

门限值的大小至关重要,它影响着雷达目标检测的准确程度。如图 2-2 所示,设 $p(x|H_0)$ 是无目标时的概率密度曲线,$p(x|H_1)$ 是有目标时的概率密度曲线。其中,H_0 表示无目标的

假设,H_1 表示有目标的假设,x 表示信号的随机强度。若设定判决门限值为 β,则判决门限值左面阴影部分为漏检概率,右面阴影部分为虚警概率。可以看出,如果增大判决门限值 β,则漏检概率上升,虚警概率下降;反之,则漏检概率下降,虚警概率上升。因此,在雷达目标检测时,需要根据实际需求设定门限值的大小。

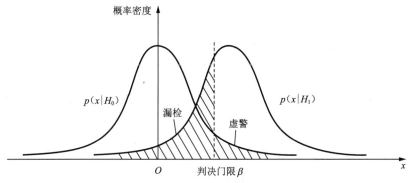

图 2-2　目标检测的概率密度曲线

2.3.2　目标参数测量基础

雷达在发现目标存在的基础上可以对目标的参数进行测量。如图 2-3 所示,雷达需要测量的主要参数包括距离 R、方位角、俯仰角以及速度 v。下面将分别进行介绍这几种参数的测量原理。

2.3.2.1　距离测量基础

以常用的脉冲雷达为例,首先由雷达发射脉冲信号,然后信号以电磁波的形式在空气中传播,当电磁波

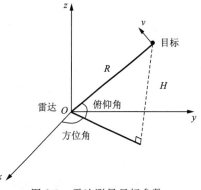

图 2-3　雷达测量目标参数

接触到目标以后被反射回雷达,从而又被接收。假设这个过程中雷达发射脉冲到接收脉冲的时间为 t_r,那么电磁波在雷达与目标之间往返一次所需的时间为 t_r,即回波信号脉冲滞后于发射脉冲的时间为 t_r,而电磁波以光速 c 进行传播,则有:

$$R \approx \frac{ct_r}{2} \tag{2-1}$$

式(2-1)就是雷达测距公式,其中 R 为雷达与目标之间的距离。该公式基于以下假设:电磁波沿直线传播、传播速度恒定且为真空中的光速。

图 2-4 是理想情况下的雷达回波示意图。对于实际的雷达回波,由于噪声的影响,回波会出现一定幅度的起伏,如图 2-5 所示。

由式(2-1)可以看出,若要测量目标距离,就要先知道 t_r,而 t_r 等于雷达脉冲到达时刻和脉冲发射时刻的差值。由于雷达主动发射脉冲,因此脉冲的发射时刻易于测量,而实际情况下脉冲近似为钟形,脉冲的到达时刻就没那么容易测量了。在早期的脉冲雷达中,主要有两种测量脉冲到达时刻的方法:一种是以回波脉冲前沿为准,但这种方法易受噪声影响,因此较少使用;另一种是以回波脉冲中心为准,这种方法的精度较高,因此使用得较为普遍。

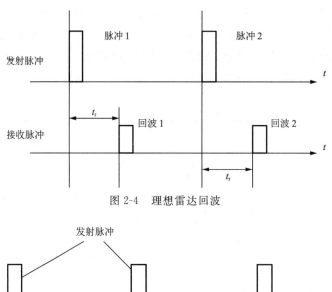

图 2-4　理想雷达回波

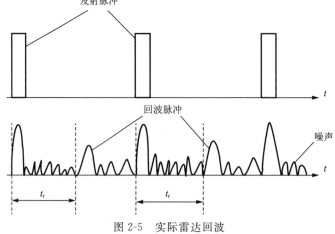

图 2-5　实际雷达回波

早期脉冲雷达测读脉冲中心时刻的流程如图 2-6 所示。天线接收的回波信号首先经过混频器与本振信号进行混频,输出一个中频信号;然后经过中频放大器将混频器输出的中频信号放大,再经过匹配滤波器减小噪声的影响,提高信噪比;接着通过包络检波提取出钟形脉冲,并让钟形脉冲通过门限检测器以避免噪声等的影响;同时对钟形脉冲进行微分,微分后的零点对应脉冲峰值,利用过零点检测即可得到回波脉冲的中心时刻。得到雷达脉冲的发射时刻和回波脉冲到达时刻后即可求得 t_r,进而可计算出距离。

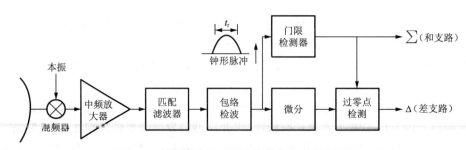

图 2-6　早期脉冲雷达测读脉冲中心时刻流程图

现代雷达通常采用数字化处理方式,对距离测量值会进行量化,因此就诞生了距离门这一概念。可以举例来进行说明。例如,如果目标的实际位置为 337.6 m,距离门为 10 m,则雷达的显示结果为 335 m;如果距离门为 1 m,则雷达的显示结果为 337.5 m。可以看出,距离门与最终显示结果的精度有关,距离门越小,显示结果的精度越高。

距离门是对单个目标来说的,而距离分辨率是描述雷达将两个距离非常接近的目标检测为不同目标的能力,这两个概念非常容易混淆。如图 2-7 所示,雷达发射脉冲的持续时间为 T_r,脉冲重复时间为 PRI。当存在两个目标时,接收回波中目标 1 的两个时刻为 $\frac{2R_1}{c}$ 和 $\frac{2R_1}{c}+T_r$,接收回波中目标 2 的两个时刻为 $\frac{2R_2}{c}$ 和 $\frac{2R_2}{c}+T_r$,那么当 $\frac{2R_2}{c}=\frac{2R_1}{c}+T_r$ 时,目标 1 和目标 2 可临界分辨,因此雷达的距离分辨率 ρ_r 可表示为:

$$\rho_r = \frac{cT_r}{2} \tag{2-2}$$

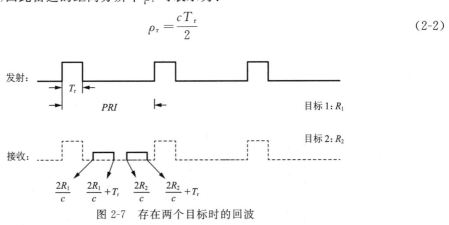

图 2-7 存在两个目标时的回波

雷达的距离分辨率是从距离向出发定义的,而地距分辨率是从地距向出发定义的。如图 2-8 所示,地距分辨率 ρ_g 与距离分辨率 ρ_r 有以下关系:

$$\rho_g = \frac{\rho_r}{\sin \eta} \tag{2-3}$$

可以看出,入射角 η 越小,地距分辨率越差。

在脉冲雷达测距中,还有两个非常重要的概念,即最小可检测距离和最大不模糊距离。在雷达发射脉冲到接收机开始采样的这段时间内,由于没有回波脉冲,因此雷达无法测得这段时间电磁波走过的距离,俗称雷达盲区。而最小可检测距离与雷达盲区相等,即图 2-9 中的 R_{min},其表达式为:

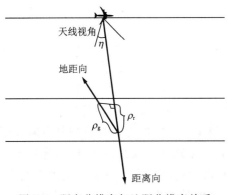

图 2-8 距离分辨率与地距分辨率关系

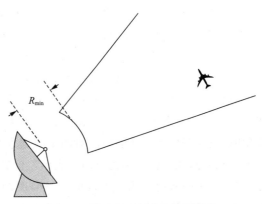

图 2-9 脉冲雷达最小可检测距离

$$R_{\min} = \frac{c(T_r + t_{safe})}{2} \qquad (2-4)$$

式中，t_{safe} 为发射脉冲后沿到接收机开始采样的开关恢复时间。

由于雷达持续发射和接收脉冲，因此发射脉冲与接收脉冲需要一一对应起来。如图 2-10 所示，T_1，T_2，T_3 是发射脉冲，E_1 和 E_2 是目标回波，由于无法分辨 E_1 是 T_1 的回波还是 T_2 的回波，就出现了测距模糊现象，所以需要引入最大不模糊距离这一概念以避免以上问题。最大不模糊距离 $R_{u,max}$ 是指当雷达发出的一个脉冲遇到该距离处的目标物产生的回波脉冲返回到雷达时，下一个雷达脉冲刚好发出。也就是说，雷达电磁波传播到位于最大不模糊距离处的目标物，然后其回波再返回雷达所用的时间刚好是两个脉冲之间的时间间隔，可用公式表示为：

$$R_{u,max} = \frac{c \cdot PRI}{2} \qquad (2-5)$$

式中，PRI 为脉冲重复间隔，c 为光速。

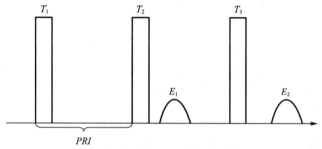

图 2-10　雷达测距模糊现象

2.3.2.2　角度测量基础

为了确定目标的空间位置，雷达在大多数情况下不仅要测定目标的距离，还要测定目标的方向，即测定目标的角坐标，其中包括目标的方位角和高低角（俯仰角）。

雷达对目标角度的测量包括方位角和俯仰角，最常用的方法有：

（1）利用电磁波的直线传播特性；

（2）利用天线波束的方向性；

（3）利用波束扫描，回波最强方向为目标方向。

雷达测角的物理基础是电磁波在均匀介质中传播的直线性和雷达天线的方向性。由于通常假设电磁波沿直线传播，目标散射或反射电磁波波前到达的方向即目标所在的方向。但在实际情况下，电磁波并不是在理想均匀介质中传播的，如大气密度、湿度随高度的不均匀性造成传播介质的不均匀，复杂的地形地物的影响等，因而电磁波传播路径会发生偏折，从而造成测角误差。通常在近距测角时，由于误差不大，仍可近似认为电磁波是沿直线传播的。在远程测角时，应根据传播介质的情况对测量数据进行必要的修正。天线的方向性可用其方向性函数或根据方向性函数画出的方向图表示。但方向性函数的准确表达式往往很复杂，为便于工程计算，常用一些简单函数来近似。方向图的主要技术指标是半功率波束宽度及副瓣电平。在角度测量时，半功率波束宽度的值表征了角度分辨能力并直接影响测角精度，副瓣电平则主要影响雷达的抗干扰性能。

除此之外,还有比幅法、比相法等。雷达测角方法的原理将在第 4 章详细介绍,这里不再赘述。

2.3.2.3　速度测量基础

当平台与目标之间存在相对运动时,接收信号的频率将不等于发射信号的频率,这就是多普勒效应。多普勒效应是雷达测速的依据,在生活中也很常见。比如,当火车从远处驶来时,火车的声音会变得尖锐;而当火车远离时,声音又会变得低沉。多普勒效应造成的发射信号和接收信号的频率之差称为多普勒频率。

如图 2-11 所示,雷达平台以速度 v 做匀速直线运动,其运动方向与雷达和目标之间连线的夹角为 θ,R_0 为雷达与目标之间的初始距离,$R(t)$ 为雷达与目标之间的瞬时距离。设雷达的发射信号 $s_T(t)$ 为:

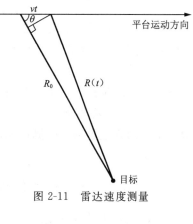

图 2-11　雷达速度测量

$$s_T(t) = \cos(2\pi f_0 t) \tag{2-6}$$

式中,f_0 为载波频率。

假设满足远场条件,那么雷达的接收信号 $s_R(t)$ 为:

$$
\begin{aligned}
s_R(t) &= s_T\left[t - \frac{2R(t)}{c}\right] = \cos\left\{2\pi f_0\left[t - \frac{2R(t)}{c}\right]\right\} \\
&\approx \cos\left\{2\pi f_0\left[t - 2 \cdot \frac{R_0 - vt\cos\theta}{c}\right]\right\} \\
&\approx \cos\left\{2\pi f_0\left[\left(1 + \frac{2v\cos\theta}{c}\right)t - \frac{2R_0}{c}\right]\right\}
\end{aligned}
\tag{2-7}
$$

从式(2-7)中可以看出,$\dfrac{2v\cos\theta}{c}$ 是由速度引入的影响因子,因此多普勒频率 f_d 表示为:

$$f_d \approx \frac{2vf_0\cos\theta}{c} = \frac{2v\cos\theta}{\lambda} \tag{2-8}$$

式(2-8)就是多普勒频率公式,利用该公式可以计算出雷达与目标之间的相对速度。值得注意的是,由于公式中存在 $\cos\theta$,因此仅依靠雷达只能测量出径向速度,并且角度的不同也影响着多普勒频率。如图 2-12 所示,有 3 架飞机朝不同方向以 v 匀速飞行,那么三者的多普勒频率是不相同的。其中,飞机 1 的角度 θ_1 为 90°,因此多普勒频率 $f_{d1} = 0$;而飞机 2 和 3 的角度关系为 $\theta_2 < \theta_3 < 90°$,因此有 $f_{d2} > f_{d3} > 0$。

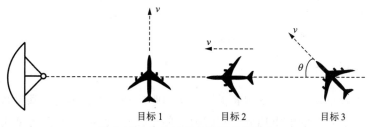

图 2-12　方向对多普勒频率的影响

2.4 雷达的主要部件

雷达通常是一种有源设备,主要由发射机、天线、接收机、信号处理机、数据处理机和显示器组成,其基本构成如图 1-4 所示。首先由发射机产生能量并传输给天线,通过天线耦合到大气中;然后经目标反射,返回的电磁波由天线接收并传输到接收机;接着接收机将接收到的回波信号传输给信号处理机和数据处理机进行处理;最后处理结果通过显示器输出。

2.4.1 发射机

雷达发射机的任务是为雷达系统提供一种满足特定要求的高能量、高频率稳定度的微波信号,经过馈线和收发开关并由天线辐射到空间。根据雷达系统的要求,结合现代雷达发射机的技术发展水平,需要对雷达发射机提出一些具体的技术要求,也就是说,必须对发射机规定一些主要的质量指标。由这些质量指标即可确定发射机的类型及相关组成。发射机的主要质量指标有:工作频率、输出功率、信号形式、信号的稳定度和工作效率。在目前的雷达技术中,应用最多的雷达发射机是脉冲调制发射机,通常又被分为单级振荡式发射机和主振放大式发射机两类。

2.4.1.1 波段及工作频率的选择

雷达发射机的频率是按照雷达的用途确定的。为了提高雷达系统的工作性能和抗干扰能力,有时需要发射机能在多个频率或多个波段上跳变工作或同时工作。选择雷达发射机的工作频率时需要考虑很多的因素,如气候条件、雷达的精度与分辨率、应用环境(地面、机载、舰载或太空)、微波功率管的技术水平等。

对于地面防空、远程警戒雷达,一般不受体积和质量的限制,可选用较低的工作频率。对于精密跟踪雷达,多选用较高的工作频率。对于机载雷达,一般受限于体积和质量,因而选用 X 波段的工作频率。

早期的远程警戒雷达工作频率为 VHF,UHF 频段,发射机大多采用真空三极管、四极管。而对于 1 000 MHz 以上(如 UHF,L,S,C 和 X 等波段)的发射机,根据工作需求可以采用磁控管、大功率调速管、行波管和前向波管等。

随着微波硅双极晶体管的迅速发展,固态放大器的应用技术逐渐成熟,目前工作在 S 波段的雷达已大量采用全固态发射机,而 C 波段、X 波段的发射机仍以真空管为主。近年来,随着砷化镓场效应晶体管放大器技术的进步并与成熟的有源相控阵技术相结合,C 波段和 X 波段的全固态有源相控阵发射机已从研究阶段逐步走向实用。

2.4.1.2 输出功率

雷达发射机的输出功率直接影响着雷达的探测距离和抗干扰能力。通常规定发射机送至馈线系统的功率为发射机的输出功率。有时为了便于测量,也可以规定在保证馈线上一定电压驻波比的条件下送至测试负载上的功率为发射机的输出功率。

雷达发射机的输出功率可分为峰值功率 P_t 和平均功率 P_{av}。P_{av} 是指脉冲重复周期内输

出功率的平均值。如果发射机波形是简单的矩形射频脉冲段,脉冲宽度为 τ,脉冲重复周期为 T_r,则有:

$$P_{av} = P_t \frac{\tau}{T_r} = P_t \tau f_r \qquad (2-9)$$

式中,$f_r = 1/T_r$ 是脉冲重复频率,$\tau/T_r = \tau f_r$ 是雷达的工作比。

2.4.1.3 信号形式

根据雷达体制的不同,需选用不同响应的信号形式。表 2-2 展示了常用的几种信号波形的调制方式和它们的工作比 τ/T_r。

表 2-2 雷达的常用信号形式

波 形	调制类型	工作比/%
简单脉冲	矩形振幅调制	0.1~1
脉冲压缩	线性调制	1~10
	脉内相位编码	
高工作比多普勒	矩形调幅	30~50
调频连续波	线性调频	100
	正弦调频	
	相位编码	
连续波		100

目前存在 3 种应用较多的典型雷达信号形式和调制波形,如图 2-13 所示。图 2-13(a)为简单的常规脉冲信号波形,其中 T_r 为脉冲宽度,PRI 为脉冲重复周期;图 2-13(b)为脉冲压缩雷达中所用的线性调频信号;图 2-13(c)展示了相位编码脉冲压缩雷达中使用的相位编码信号,其中 τ_0 为子脉冲宽度。

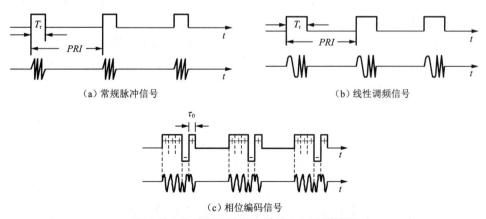

(a)常规脉冲信号　　　　　　　　　　(b)线性调频信号

(c)相位编码信号

图 2-13 3 种典型雷达信号形式和调制波形

2.4.1.4　信号的稳定度

信号的稳定度是指信号的各项参数即信号的振幅、频率(相位)、脉冲宽度及脉冲重复频率等随时间变化的程度。由于信号参数的任何不稳定性都可能影响雷达工作的性能,因而对信号稳定度提出了严格的要求。

雷达发射信号 $s(t)$ 可表示为:

$$s(t) = \begin{cases} [E_0 + \varepsilon(t)]\cos[2\pi f_c t + \varphi(t) + \varphi_0], \\ \qquad (t_0 + n \cdot PRI + \Delta t_0) \leqslant t \leqslant (t_0 + n \cdot PRI + \Delta t_0 + T_r + \Delta T_r) \quad (n = 0,1,2,\cdots) \\ 0, \qquad\qquad\qquad\qquad\qquad\qquad 其余时间 \end{cases}$$

(2-10)

式中,E_0 为等幅射频信号的振幅,$\varepsilon(t)$ 为叠加在 E_0 上的不稳定量,f_c 为射频载波频率,$\varphi(t)$ 为相位的不稳定量,φ_0 为信号初始相位,t_0 为信号的期望初始时刻,T_r 为脉冲宽度,Δt_0 为信号初始时刻的不稳定量,ΔT_r 为脉冲宽度的不稳定量,n 为脉冲序号,PRI 为脉冲重复周期。

信号的瞬时频率 f 可表示为:

$$f = \frac{1}{2\pi} \cdot \frac{\mathrm{d}}{\mathrm{d}t}[2\pi f_c t + \varphi(t) + \varphi_0] = f_c + \frac{\dot{\varphi}(t)}{2\pi}$$

(2-11)

式中,$\dot{\varphi}(t)$ 为 $\varphi(t)$ 的导数。

这些不稳定量通常都很小,即 $\left|\dfrac{\varepsilon(t)}{E_0}\right|$,$|\varphi(t)|$,$\left|\dfrac{\dot{\varphi}(t)}{2\pi f_c}\right|$,$\left|\dfrac{\Delta t_0}{t_0}\right|$ 和 $\left|\dfrac{\Delta T_r}{T_r}\right|$ 都远小于 1。这些不稳定量可以被分为确定的不稳定量和随机的不稳定量。确定的不稳定量是由电源的波纹、脉冲调制波形的顶部波形和外界有规律的机械振动等因素产生的,通常随时间呈周期性变化;随机的不稳定量是由发射机的噪声、调制脉冲的随机起伏等原因造成的,需要用统计的方法进行分析。

图 2-14 为矩形脉冲调制信号的理想频谱。实际上,由于发射机各部分的不稳定性,发射信号会在理想的梳齿状谱线之外产生寄生输出。图 2-15 表示了实际发射信号的频谱。从图 2-15 中可以看出,存在两种类型的寄生输出:一类是离散型寄生输出,另一类是分布型寄生输出。前者对应于具有一定规律性的不稳定性,后者对应于随机的不稳定性。对于离散型寄生输出,信号频谱纯度定义为该离散分量的单边带功率与信号功率之比,以分贝(dB)计。对于分布型寄生输出,信号频谱纯度定义为以偏离载频若干赫兹(Hz)的傅里叶频率(以 f_m 表示)上每单位频带的单边带功率与信号功率之比,其单位以 dB/Hz 计。由于分布型寄生输出对于 f_m 的分布是不均匀的,所以信号频谱纯度是 f_m 的函数,通常用 $L(f_m)$ 表示。通常测量设备

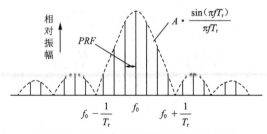

图 2-14　矩形脉冲调制信号的理想频谱

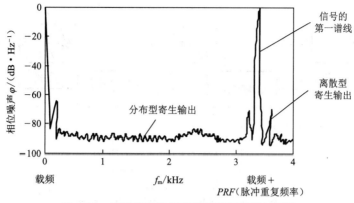

图 2-15　矩形脉冲调制信号的实际频谱(示例)

的有效带宽不是 1 Hz,而是 ΔB(Hz),那么所测得的 dB 值与 $L(f_m)$ 的关系可近似表示为:

$$L(f_m) = 10\lg \frac{\Delta B \text{ 带宽内的单边带功率}}{\text{信号功率}} - 10\lg \Delta B \text{(dB/Hz)} \tag{2-12}$$

现代雷达对信号的频谱纯度提出了很高的要求。例如,对于脉冲多普勒雷达发射机频谱纯度的典型要求是 -80 dB,为了满足这一要求,发射机需要精心设计。

2.4.1.5　发射机效率

发射机效率通常是指发射机输出射频功率与发动机输入功率之比。连续波雷达的发射机效率较高,一般为 $20\%\sim30\%$。常见的高峰值功率、低工作比的脉冲雷达发射机效率较低。目前存在的各种类型的发射机的工作效率是不同的,例如速调管、行波管的发射机的效率较低,磁控管单级振荡式发射机、前向波管发射机的效率较高,分布式全固态发射机的效率也比较高。

需要指出的是,由于雷达发射机在雷达系统中成本最昂贵、耗电量最多,因此提高发射机尤其是单级振荡器或末级功率放大器的效率,对于系统的节能降耗和降低成本都有着重要的意义。

2.4.1.6　单级振荡式发射机和主振放大式发射机

脉冲雷达发射机主要分为单级振荡式发射机和主振放大式发射机两类。下面分别对它们的工作原理、基本组成和特点进行介绍。

1) 单级振荡式发射机

单级振荡式发射机的基本组成如图 2-16 所示,主要包括大功率射频振荡器、脉冲调制器和电源等部分。发射机中的大功率振荡器在米波一般采用超短波真空三极管;在分米波采用真空微波三极管、四极管以及多腔磁控管;在厘米波至毫米波则常用多腔磁控管与同轴磁控管。常用的脉冲调制器主要有线形(软性开关)调制器、刚性开关调制器和浮动板调制器 3 类。图 2-16 还展示了单级振荡式发射机的各级波形。振荡器产生大功率的射频脉冲输出,它的振荡受调控脉冲控制。图 2-16 中的 T_r 为脉冲宽度,PRI 为脉冲重复周期。

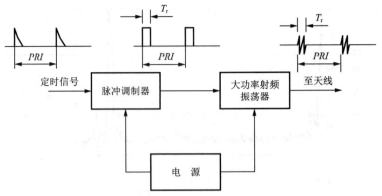

图 2-16 单级振荡式发射机的基本组成

单级振荡式发射机主要具有结构简单、轻便、效率较高和成本低等优点,因此时至今日仍有一些雷达系统使用磁控管单级振荡式发射机。但它的缺点是频率稳定性差,难以产生复杂的信号波形,并且相继的射频脉冲信号之间的相位不相等,因而很难满足脉冲压缩、脉冲多普勒等现代雷达系统的需求。磁控管振荡器频率稳定性一般为 10^{-4},采用稳频装置以及自动频率调整系统后也只有 10^{-5}。

2) 主振放大式发射机

主振放大式发射机的组成如图 2-17 所示,主要由射频放大链、脉冲调制器、固态频率源及高压电源等组成。其中,射频放大链是主振放大式发射机的核心部分,主要由前级放大器、中间射频功率放大器和输出射频功率放大器组成。前级放大器一般采用微波硅双极功率晶体管;中间射频功率放大器和输出射频功率放大器则采用高功率速调管放大器、高增益行波管放大器或高增益前向波管放大器等,或者根据功率、带宽和应用等条件的需要将它们组合构成。固态频率源是雷达系统的重要组成部分,主要由高稳定的基准频率源、频率合成器、波形产生器和发射激励(上变频)等部分组成。固态频率源为雷达系统提供射频发射信号频率 f_{RF}、本振信号频率 f_L、中频相干振荡频率 f_{COHO}、定时触发脉冲频率 f_r 以及时钟频率 f_{CLK}。这些信号频率受高稳定的基准源控制,它们之间有确定的相位关系,通常称为全相干信号。

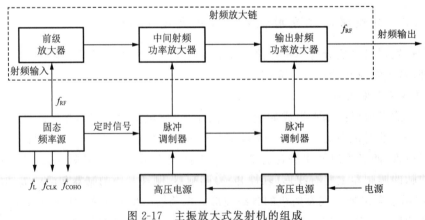

图 2-17 主振放大式发射机的组成

脉冲调制器也是主振放大式发射机的重要组成部分。对脉冲雷达而言,在定时脉冲(即触发脉冲,重复频率为 f_r)的作用下,各级功率放大器受对应的脉冲调制器控制,将频率源送来的发射激励信号进行放大,最后输出较大功率的射频脉冲信号。

2.4.2　天　线

2.4.2.1　天线的功能

人们常把用来发现、识别、跟踪空中或海上目标的雷达称为"千里眼",而天线是雷达名副其实的"眼睛",甚至在很大程度上成为雷达的鲜明标志。凡是利用电磁波来传递信息的设备都离不开天线,天线是雷达的重要部件之一。

天线的功能是将发射机发射的能量转化为电磁波向空间辐射,或反之。近年来,天线和雷达都有快速的发展,但基本原理没有重大突破。目前,天线的种类和形态层出不穷,性能要求越来越高,应用领域不断扩展。军事装备和国民经济的迫切需求推动和牵引着天线理论和技术日新月异地发展。

2.4.2.2　天线的分类

天线的种类繁多,常见的分类有以下几种:① 发射天线、接收天线及收发一体天线;② 全向天线和定向天线;③ 机械天线和相控阵天线;④ 抛物面天线、阵列天线、波导缝隙天线、八木天线以及微带贴片天线等。

1)抛物面天线

为了实现高增益、低交叉极化等各项指标,在雷达设备中广泛采用反射面天线,其中应用广泛的一种类型就是抛物面天线。抛物面天线主要由照射馈源和抛物反射面两部分组成。抛物面依靠馈源的照射实现能量的分布,馈源照射到抛物反射面上,使抛物面上每一面元表面激励起电流,这些受激励的面源则起到能辐射出宽波束能量基本振子的作用。此时电流在空间的分布使得抛物面的所有面元在所需方向的场相位一致,从而获得波束宽度窄的方向图。

随着雷达技术的发展,抛物面天线很难获得快速、多目标、多角度的波束扫描,且自身重量过大、体积庞大等缺点使其不能满足现代雷达技术的要求,加上在微波和毫米波频段中天线表面特殊的曲线加工精度(特别是在更高的微波频段上)难以实现的劣势也日益显现,因此在实际应用中受到了一定的限制。

2)阵列天线

阵列天线由大量阵元构成线阵、平面阵等形式,利用电磁场的叠加原理,通过有序排布相同的天线单元以获得其电磁场矢量和,从而有效地改善和加强天线辐射场的方向性,且通过利用相控阵技术有序地控制阵列天线中各天线单元的馈电相位,达到快速改变天线指向、提高波束扫描灵活性的目的。

3)波导缝隙天线

波导是一种传输电磁波的装置。波导分为各种形状的空心金属波导管和表面波波导。波导的高特性阻抗使其很容易与半波缝隙天线匹配,所以波导成为缝隙天线馈电的理想传输线。当波导中传输微波信号时,在金属波导内壁表面上将产生感应电流。波导缝隙开在波导壁上,当缝隙切断波导壁上的电流时就有电流流到波导外壁,同时在缝间激励起电场。缝间的电场可等效为沿缝轴的面电流分布。波导外壁的电流及缝上的磁流将向空间辐射电磁波。缝隙的长度约为半个工作波长,即缝隙处于谐振状态。改变缝隙在波导壁上的位置可以很方便地控制缝隙的激励幅度,利用这种特性可以设计具有规定振幅变化的波导缝隙阵。

4)八木天线

八木天线作为一种典型的端射式天线,自 20 世纪 20 年代由日本的八木秀次和宇田新太郎共同发明至今,一直被广泛用于米波与分米波的通信、雷达及其他无线通信设备中。相比于偶极子天线,八木天线具有更好的方向性,能够获得更高的辐射增益。八木天线一般由一个有源天线振子、一个无源反射振子(或反射器)以及若干无源引向振子(或引向器) 3 部分组成,且所有的天线振子按一定间距并列排列在同一平面内。

5)微带贴片天线

微带贴片天线是在带有导体接地板的介质基片上贴加导体薄片而形成的天线。它利用微带线或同轴线等馈线馈电,在导体贴片与接地板之间激励起射频电磁场,并通过贴片四周与接地板间的缝隙向外辐射。通常介质基片的厚度与波长相比是很小的,因而实现了小型化。导体贴片一般是规则形状的面积单元,如矩形、圆形或圆环形薄片等。

微带贴片天线体积小、质量轻、剖面低,能与载体共形,制造简单,能得到单方向的宽瓣方向图,易于和微带线路集成,因此得到越来越广泛的应用。

2.4.2.3　天线的波束宽度

波束宽度是指以轴线方向为基准,幅度(功率)下降 3 dB 的两方向间的夹角。波束宽度如图 2-18 所示。

波束宽度 β 的表达式为:

$$\beta = K \frac{\lambda}{L} \tag{2-13}$$

式中,K 为系数,$K \approx 0.88$;λ 为波长;L 为天线尺寸。

图 2-18　波束宽度示意图

2.4.2.4　天线增益和有效面积

在天线辐射过程中存在着功率损耗,这些功率损耗主要是由材料损耗、传输损耗、表面波损耗、阻抗不匹配等原因造成的。因此,天线的实际辐射性能要用天线的增益来表示。

天线增益定义为在天线的远场区,天线的最大辐射方向上某点的功率密度与相同输入功率的全向天线在同一点的功率之比,如图 2-19 所示,表达式如下:

$$G(\theta) = \frac{p(\theta)}{p_f} \tag{2-14}$$

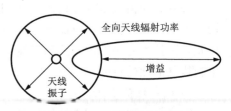

图 2-19　天线增益示意图

式中,G 为天线增益;θ 为偏离天线轴向的角度;$p(\theta)$ 为定向天线在角度 θ 处的功率密度;p_f 为全向天线功率密度。

需要说明的是,上面提到的全向天线是一种理想模型,其增益处处为 1。但实际的全向天线无法实现上述理想特性,其在水平方向图上一般表现为 360°均匀辐射,在垂直方向图上表现为有一定宽度的波束且形状多呈类似苹果状。

天线增益的单位通常用分贝表示,即

$$G(\mathrm{dB}) = 10\lg G \tag{2-15}$$

天线的有效面积表示接收天线接收空间电磁波的能力。天线的有效面积 A_e 可以表示为:

$$A_e = \frac{G\lambda^2}{4\pi} \tag{2-16}$$

2.4.2.5　天线有效孔径和物理孔径之间的关系

天线有效孔径与物理孔径之间的关系表达式为:

$$A_e = \rho A \quad (0 \leqslant \rho \leqslant 1) \tag{2-17}$$

式中,ρ 为天线效率,常取为 0.7;A 为物理面积。

2.4.2.6　天线方向图

天线方向图是指描述天线增益随偏离波束主轴的角度变化而变化的函数 $F(\theta)$,即
高斯型:

$$F(\theta) = \mathrm{e}^{-\frac{\theta^2}{a^2}} \tag{2-18}$$

辛克型:

$$F(\theta) = \frac{\sin(b\theta)}{b\theta} \tag{2-19}$$

式中,F 为天线方向图函数;θ 为偏离波束主轴的角度;a,b 为控制方向图形状的系数。

天线方向图描绘了天线的远场辐射特性,通过它可以直观地看到天线辐射出去的能量在空间的分布情况。将天线方向图函数的最大值归一化就可以得到天线的归一化方向图,可用来对比不同方向图的性能。

天线方向图可以用极坐标绘制,也可以用笛卡儿坐标绘制。图 2-20 和图 2-21 分别给出了不同坐标系下的天线方向图。天线方向图一般由若干波瓣组成,其中增益最大的波瓣为主瓣,即沿天线主辐射方向的波瓣,其他的波瓣为副瓣。天线的主瓣宽度一般是指半功率主瓣宽度。当方向图单位为场强时,主瓣宽度定义为最大场强值的 0.707 倍两方向之间所对应的夹角;当方向图单位为功率时,主瓣宽度定义为最大功率值的 0.5 倍两方向之间所对应的夹角,因此主瓣宽度也被称为半功率波束宽度(half power beam width,HPBW),常被记为 $\theta_{0.5}$;当方向图单位为 dB 时,定义为天线功率最大值降低 3 dB 两方向之间所对应的夹角,因此主瓣宽度也被称为 3 dB 波束宽度。天线增益为第一零点处两方向之间的夹角时称为零功率波束宽度(first null beam width,FNBW),其值一般约为半功率波束宽度的 2 倍。天线的辐射能量越集中,天线的波束宽度越窄,定向性越强,增益越高。

天线往往有若干副瓣,紧靠主瓣的副瓣称为第一副瓣,随着偏离角度的增加依次为第二副瓣、第三副瓣……与主瓣方向相反的副瓣又称为背瓣或后瓣。

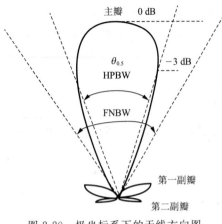

图 2-20　极坐标系下的天线方向图

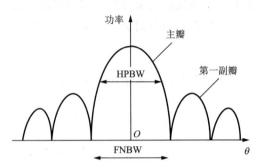

图 2-21　笛卡儿坐标下的天线方向图

2.4.2.7　常见天线波束形状和波束扫描方式

1）天线波束形状

一般的天线方向图通常有两个或多个波束,其中辐射强度最大的波束称为主瓣,其余的波束称为副瓣或旁瓣。常见的天线波束形状主要分为 3 种,分别是扇形波束、针状波束及余割平方波束。

（1）扇形波束。

扇形波束天线是各种探测雷达中经常采用的天线形式,例如在机载 SAR 系统中为了在距离向获得宽刈幅以及避免方位向多普勒模糊,经常采用扇形波束天线。扇形波束是指在水平面上一个方向波束较窄,另一个方向波束较宽的波束,如图 2-22 所示。

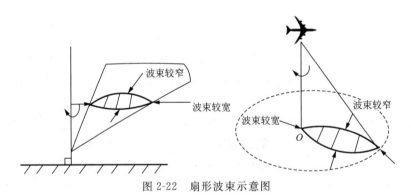

图 2-22　扇形波束示意图

在工作频率较高时,扇形波束天线通常采用波导缝隙阵或者喇叭天线构成馈源阵列,用抛物柱面作为反射面来实现;在工作频率比较低时,通常采用对称振子天线阵作为馈源,用抛物柱面作为反射面的形式。

（2）针状波束。

针状波束在垂直面内和水平面内宽度都很窄,扫完一定的空域需要的时间较长,即雷达搜索能力较差。但针状波束可以同时测量目标的距离、方位和仰角,且方位角和仰角的分辨力、精度都很高。针状波束如图 2-23 所示。

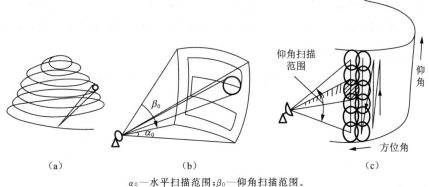

（a）　　　　　　　　（b）　　　　　　　　（c）

α_0—水平扫描范围；β_0—仰角扫描范围。

图 2-23　针状波束示意图

（3）余割平方波束。

余割平方波束的特点是当目标在波束内以恒定的高度移动时，接收机输入端的功率保持不变。因此，余割平方波束的天线能为其波束覆盖范围内同一高度各处提供等幅度的功率覆盖，从而广泛应用于搜索雷达。图 2-24 所示为雷达观测的几何示意图。其中，俯仰角为 β，目标高度为 H，斜距为 R。

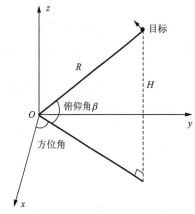

图 2-24　余割平方波束示意图

接收天线的功率可以通过下面的公式计算：

$$P_r = K \frac{G^2}{R^4} \tag{2-20}$$

$$R = H \csc \beta \tag{2-21}$$

式中，P_r 为接收功率，G 为天线增益，K 为任意常数。将式 (2-21) 代入式 (2-20)，可得：

$$P_r = K \frac{G^2}{H^4 \csc^4 \beta} \tag{2-22}$$

因此，为保证同一高度处接收功率相等，天线增益应与俯仰角的余割平方成正比。在同一高度上，目标俯仰角越小，则目标距离越远，为保证接收功率相等，天线增益需越大。

2）天线波束扫描方式

波束扫描在许多方面都具有一定的优势，被广泛应用于多目标跟踪雷达、电子对抗等领域。波束扫描的形式多种多样，主要分为圆周扫描、螺旋扫描、光栅扫描、波束切换及圆锥扫描。

（1）圆周扫描。

雷达波束在固定的俯仰角上，在水平面上做 360° 圆周扫描，即圆周扫描方式。圆周扫描的波束在水平面上通常较窄，因而具有较高的方位角测量精度和分辨率；在垂直面上的波束通常较宽，可保证同时监视较大的俯仰角空间。

（2）螺旋扫描。

在水平面上扫描的同时，在俯仰面上也进行扫描，形成螺旋扫描，扫描轨迹如图 2-25 所示。

（3）光栅扫描。

光栅扫描是类似电视和计算机显示屏的扫描方式，既可以逐行扫描，也可以隔行扫描。光栅扫描在水平方向上通常是连续的,在俯仰方向上通常是离散的,如图 2-26 所示。与电视扫描不同的是,光栅扫描在水平方向上一般没有快速回程,而是沿相反的方向交替扫描。

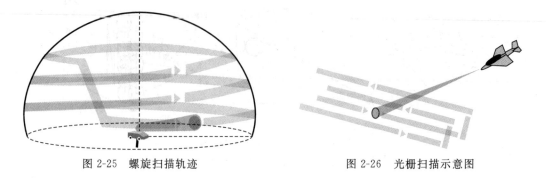

图 2-25　螺旋扫描轨迹　　　　　图 2-26　光栅扫描示意图

（4）波束切换。

波束切换可以根据目标指向不同自动改变波束方向。波束切换如图 2-27 所示。图中,波束可以在 1,2,3,4 这 4 个固定波束中切换,以达到高增益的效果。

（5）圆锥扫描。

当需要连续跟踪空中目标的角度时,有时会使用圆锥扫描方式。圆锥扫描指的是雷达天线发射的波束在扫描时的形态是圆锥形的。圆锥扫描如图 2-28 所示。图中,波束的最大辐射方向 $O'B$ 偏离等信号轴(天线旋转轴)$O'O$ 一个角度 δ,当波束以一定角速度绕 $O'O$ 旋转时,波束最大辐射方向 $O'B$ 就在空中画出一个圆锥。

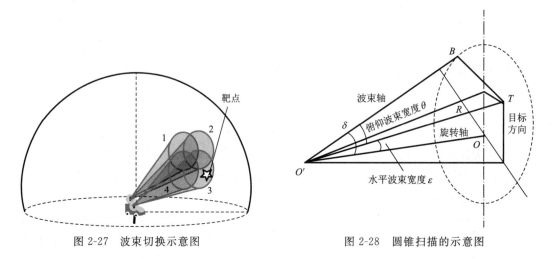

图 2-27　波束切换示意图　　　　　图 2-28　圆锥扫描的示意图

当目标处于天线旋转轴方向时,波束旋转一周,天线接收的信号幅度保持不变。当目标偏离旋转轴方向时,波束旋转一周,信号幅度时强时弱,通常呈现周期性变化。信号幅度的变化特性与目标偏离天线旋转轴的角度有关。当根据信号幅度的变化特性测量出目标偏离角度后,天线伺服机构会驱动旋转轴指向目标所在方向。如果目标是运动的,则目标会在短时间内偏离原方向一个小的角度,这时再重新进行测量,不断地周而复始,从而形成对目标角度的跟踪。

2.4.2.8　机械性扫描的常见实现方式

利用整个天线系统或其某一部分的机械运动来实现的波束扫描称为机械性扫描。机械性扫描的优点是简单,缺点是机械运动惯性大、扫描速度低。这里介绍两种机械性扫描的实现方式:馈源不动、反射体动的机械性扫描和风琴管式扫描器。

1) 馈源不动、反射体动的机械性扫描

馈源不动、反射体动的机械性扫描是利用反射体相对于馈源反复运动实现波束扇扫,波束偏转的角度为反射体旋转角度的 2 倍。图 2-29 为馈源不动、反射体动的机械性扫描方式。

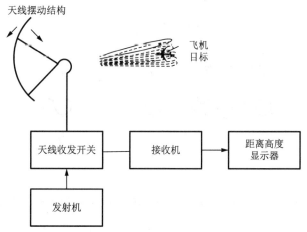

图 2-29　馈源不动、反射体动的机械性扫描示意图

2) 风琴管式扫描器

风琴管式馈源由一个输入喇叭和两排等长波导组成,波导输出按直线排列,作为抛物面反射体的一排辐射源。当输入喇叭转动依次激励各波导时,这排波导的输出也依次以不同的角度照射反射体,形成波束扫描,相当于反射体不动、馈源左右摆动实现波束扫描。图 2-30 为风琴管式扫描器示意图。

2.4.2.9　采用电扫描的相控阵天线

1) 相控阵天线实现电扫描的原理

在需要跟踪快速机动目标、洲际导弹、人造卫星等时,要求雷达采用高增益极窄波束,因此天线口径面往往做得非常庞大,同时要求波束扫描的速度很高。但

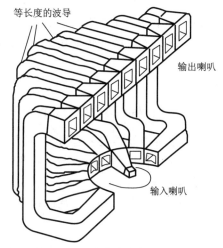

图 2-30　风琴管式扫描器示意图

因为机械性扫描具有机械运动惯性大、扫描速度不高的缺点,无法满足上述要求,所以必须采用电扫描。

电扫描时,天线反射体、馈源等不必做机械运动。因为无机械惯性限制,扫描速度可大大提高,波束控制迅速、灵便,所以该方法特别适用于要求波束快速扫描或巨型天线的雷达中。电扫描的主要缺点是扫描过程中波束宽度将展宽,因而天线增益会减小,扫描的角度范围有一定的限制。另外,天线系统一般比较复杂。

根据实现扫描所用基本技术的差别,电扫描法可分为相位扫描法、频率扫描法、时间延迟法等,这里重点介绍相位扫描法。

在阵列天线上采用控制移相器相移量的方法来改变各阵元的激励相位,从而实现波束的电扫描,称为相位扫描法,它也是最常用的方法。图 2-31 所示为 N 阵元移相器天线阵,阵元间距为 d。先假设每个阵元为无方向性的点辐射源,所有阵元的馈线输入端为等幅同相馈电,各移相器的相移量为 $0,\varphi,2\varphi,\cdots,(N-1)\varphi$,即相邻阵元激励电流之间的相位差为 φ。

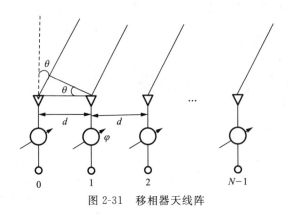

图 2-31　移相器天线阵

远区偏离法线 θ 方向上某点的电场强度为各阵元在该点的辐射场矢量和,即

$$E(\theta) = E_0 + E_1 + \cdots + E_i + \cdots + E_{N-1} = \sum_{k=0}^{N-1} E_k \tag{2-23}$$

式中,$E(\theta)$ 为随 θ 变化的电场强度,E_i 表示阵源 i 的电场强度。因等幅馈电,且忽略各阵元到该点距离上的微小差别对振幅的影响,所以可认为各阵元在该点辐射场的振幅相等,统一用 E 表示。若以 0 号阵元辐射场 E_0 的相位为基准,则有:

$$E(\theta) = E \sum_{k=0}^{N-1} e^{jk(\psi-\varphi)} \tag{2-24}$$

式中,$\psi = \dfrac{2\pi}{\lambda} d \sin \theta$,为由于波程差引起的相邻阵元辐射场的相位差;$\varphi$ 为相邻阵元激励电流相位差;$k\psi$ 为由波程差引起的 E_k 对 E_0 的相位超前;$k\varphi$ 为由激励电流相位差引起的 E_k 对 E_0 的相位滞后。同时考虑波程与激励相位的差异后,任一阵元辐射场与前一阵元辐射场之间的相位差为 $\psi - \varphi$。

按等比级数求和并运用欧拉公式,式(2-24)可简化为:

$$E(\theta) = E \frac{\sin\left[\dfrac{N}{2}(\psi-\varphi)\right]}{\sin\left[\dfrac{1}{2}(\psi-\varphi)\right]} e^{j\left[\frac{N-1}{2}(\psi-\varphi)\right]} \tag{2-25}$$

由式(2-25)可以看出,当 $\psi = \varphi$ 时,各分量同相相加,场强幅值最大,显然有:

$$\left| E(\theta) \right|_{\max} = NE \tag{2-26}$$

因此,归一化方向性函数为:

$$F(\theta) = \frac{\left| E(\theta) \right|}{\left| E(\theta) \right|_{\max}} = \left| \frac{1}{N} \frac{\sin\left[\dfrac{N}{2}\left(\dfrac{2\pi}{\lambda} d \sin \theta - \varphi\right)\right]}{\sin\left[\dfrac{1}{2}\left(\dfrac{2\pi}{\lambda} d \sin \theta - \varphi\right)\right]} \right| \tag{2-27}$$

当 $\varphi = 0$ 时,各阵元等幅同相供电,由式(2-27)可知,$\theta = 0$ 时,$F(\theta) = 1$,方向图最大方向为阵列法线方向;当 $\varphi \neq 0$ 时,各阵元非同相供电,式(2-27)可知,$\theta = \theta_0$ 时,$F(\theta_0) = 1$,方向图最大方向偏离阵列法线方向。由式(2-27)可知,当满足条件

$$\varphi = \psi = \frac{2\pi}{\lambda} d \sin \theta_0 \qquad (2\text{-}28)$$

时,在 θ_0 方向上,各阵元的辐射场之间,由于波程差引起的相位差正好与移相器引入的相位差抵消,导致各分量同相相加获最大值。其中,θ_0 为波束指向角,当改变 φ 时,θ_0 随之变化,形成波束扫描的效果。

将式(2-28)代入式(2-27)中,可得:

$$F(\theta) = \left| \frac{1}{N} \frac{\sin\left[\frac{N\pi d}{\lambda}(\sin\theta - \sin\theta_0)\right]}{\sin\left[\frac{\pi d}{\lambda}(\sin\theta - \sin\theta_0)\right]} \right| \approx \left| \frac{\sin\left\{\frac{N\pi d}{\lambda}\cos\left[\theta_0(\theta - \theta_0)\right]\right\}}{\frac{\pi d}{\lambda}\cos\left[\theta_0(\theta - \theta_0)\right]} \right| \qquad (2\text{-}29)$$

由天线不扫描时的波束宽度 $(BW)_0 = \dfrac{\lambda}{Nd}$ 可知:

$$(BW)_{\theta_0} = \frac{\pi d}{\lambda} \frac{1}{\cos\theta_0} = \frac{(BW)_0}{\cos\theta_0} \qquad (2\text{-}30)$$

因此,当相控阵天线扫描时,波束将展宽。一般将扫描范围控制在 $\pm 60°$。

2) 相控阵天线实现多波束的原理

当目标做较强的机动飞行时,机械扫描雷达常难以跟踪目标。相控阵雷达通过生成多个波束,可实现对强机动性目标的跟踪。相控阵雷达通常以增加硬件量为代价实现多个波束。相控阵天线实现多波束的原理如图 2-32 所示。

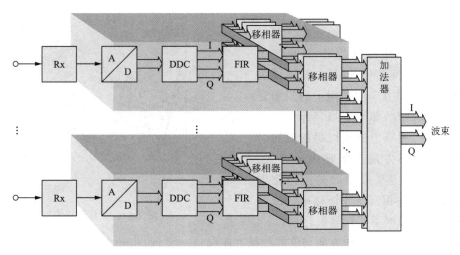

Rx—接收机;A/D—模数转换器;DDC—数字下变频单位;

FIR—有限脉冲响应滤波器;I—同相支路;Q—正交支路。

图 2-32　多波束形成示意图

N 个阵元对应 N 个通道,每个阵元都连接有接收机,共有 $N \times M$ 个移相器,加权网络输出形成 M 个波束。一般而言,阵元的数目 N 应大于波束的个数 M。相比于只支持单个波束的相

控阵天线,所使用移相器的数量变为了原来的 M 倍。

2.4.2.10 天线(电磁波)的极化

1)极化方向的定义

天线向周围空间辐射电磁波。电磁波由电场和磁场构成。人为规定,电场强度的方向为天线(电磁波)的极化方向。极化方向如图 2-33 所示。图中,E 表示电场强度方向,B 表示磁感应强度方向,c 表示电磁波传播方向。

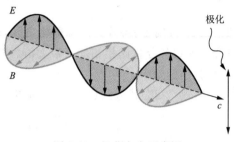

图 2-33 极化方向示意图

2)线极化

如果电场强度矢量的端点随时间变化的轨迹是直线,则称为线极化。

当电场 E_x 和 E_y 的初相相同时,即相位 $\varphi_x = \varphi_y$ 时,两电场分类可简化为:

$$\left.\begin{array}{l} E_x = E_{xm}\cos(\omega t + \varphi_x) \\ E_y = E_{ym}\cos(\omega t + \varphi_y) \end{array}\right\} \tag{2-31}$$

式中,E_{xm} 和 E_{ym} 分别表示电场在 x,y 方向的振幅;ω 为圆频率。

合成场强大小为:

$$E = \sqrt{E_x^2 + E_y^2} = \sqrt{E_{xm}^2 + E_{ym}^2}\cos(\omega t + \varphi_x) \tag{2-32}$$

合成场强大小随时间不断变化,即合成场强的轨迹是一条直线。线极化又可以分为水平极化和垂直极化两种。垂直极化波沿地面传播时,其衰减系数小于水平极化,因此来自地面处的电磁干扰的主要成分是垂直极化波。

3)圆极化

当电磁波的极化面与大地法线之间的夹角从 $1° \sim 360°$ 周期性变化时,即电场大小不变、方向随时间变化,电场矢量末端的轨迹在垂直于传播方向的平面上的投影是一个圆,称为圆极化,如图 2-34 所示。

圆极化信号是指电磁波以螺旋旋转的方式传播,其传播方向决定其极化方式。一些早期发射的卫星采用的是圆极化方式。圆极化电磁波相对于线极化电磁波的最主要优点是接收时不用调整极化角。

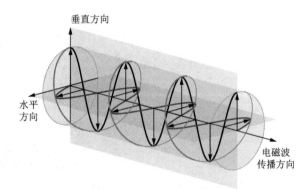

图 2-34 圆极化示意图

如果右手大拇指所指的方向与波的传播方向保持一致,四指转向的方向与电场矢量轨迹的转向保持一致,满足右手螺旋定理,则这样的圆极化称为右旋圆极化;反之,当满足左手螺旋关系时,则称为左旋圆极化。

4)椭圆极化

椭圆极化是指不同时刻的电场强度端点轨迹构成一个椭圆。当振幅及初相没有任何关系时,合成波的方程为:

$$\frac{E_x^2}{E_{xm}^2} + \frac{E_y^2}{E_{ym}^2} - 2\frac{E_x E_y}{E_{xm}E_{ym}}\cos(\varphi_y - \varphi_x) = \sin^2(\varphi_y - \varphi_x) \tag{2-33}$$

这是椭圆方程,满足此方程的合成波称为椭圆极化波。椭圆极化波的特点是振幅、相位均无任何限制。

左旋极化和右旋极化的判别方法与圆极化的判别方法一致。椭圆极化同样有两个方向:一个是波的传播方向,另一个是电场轨迹的旋转方向。

5) 发射单极化波与发射双极化波(分时发射)的对比

单极化雷达只发射水平或垂直极化波,双极化雷达分时发射双极化波。单极化波和双极化波如图 2-35 所示。

6) 水平极化、垂直极化、双极化、全极化的对比

水平极化是水平发射、水平接收(HH)的极化方式;垂直极化是垂直发射、垂直接收(VV)的极化方式;双极化则分为水平发射、水平接收(HH)及水平发射、垂直接收(HV)极化方式,或者垂直发射、垂直接收(VV)及垂直发射、水平接收(VH)极化方式;全极化则分为 4 种,分别是水平发射、水平接收(HH),水平发射、垂直接收(HV),垂直发射、垂直接收(VV)及垂直发射、水平接收(VH)极化方式。不同极化如图 2-36 所示。相比于单极化雷达,双极化和全极化雷达获取目标信息更丰富。

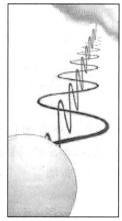

(a) 传统雷达　　　　(b) 双极化雷达

图 2-35　单极化波和双极化波示意图

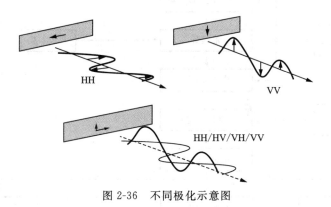

图 2-36　不同极化示意图

2.4.3　接收机

2.4.3.1　功能与基本组成

雷达接收机用于接收并放大微弱的目标回波信号,减弱噪声的影响,并经过检波、放大、滤波最终将信号送往雷达终端设备。接收机有高频部分、中频放大器、检波器、视频放大器等主要组成部件。

图 2-37 显示了超外差式雷达接收机的基本组成。当超外差式雷达中频固定、载频变化

时,本振子自动变化。高频部分又称为接收机前端,包括接收机保护器、低噪声高频放大器、混频器和本机振荡器。高频信号自天线输入,通过接收机保护器滤掉近强目标,之后利用低噪声高频放大器对高频小信号进行放大,再与本振信号进行混频得到中频信号。中频放大器包括匹配滤波器,即将滤波器特性与信号匹配,可最大限度地去除噪声,然后经过检波器取出信号的包络部分,最后经过视频放大器对信号的包络进行放大后送至信号检测装置。

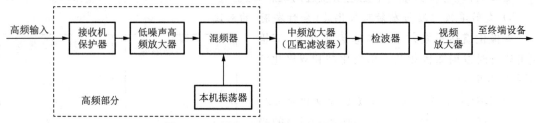

图 2-37 超外差式雷达接收机简化方框图

图 2-38 详细介绍了超外差式雷达接收机的各组成部分。为避免近距离的强回波使接收机过载,近程增益控制(STC)按距离的平方的规律控制功率增益,使回波强度与回波距离无关,通常跟随着一个低噪声高频放大器(LNA)。相参接收机的发射信号、本振信号、相干本

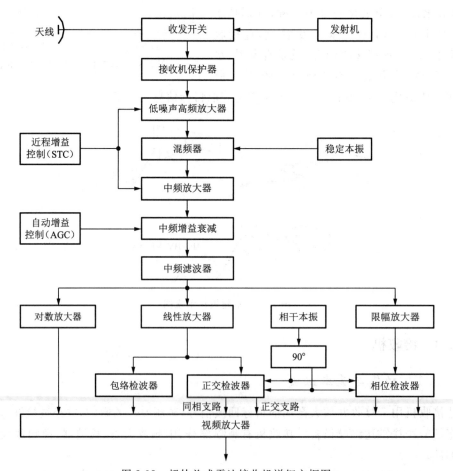

图 2-38 超外差式雷达接收机详细方框图

振信号、脉冲重复频率信号等均由统一的频率合成器提供,而非相参接收机由自动频率控制(AFC)电路保证中频的稳定性。自动增益控制(AGC)电路分成增益受控放大电路和控制电压形成电路两部分,可自动调整接收机增益,保证接收机的输出电平在固定范围内。当要求宽动态范围时,一般采用对数放大器。对于相干处理,可采用同步(正交)检波,得到幅度和相位信息;若只需要相位信息,则可仅用相位检波器。对于非相干检测,可采用线性放大器和包络检波器,为检测设备提供信息。

2.4.3.2 相干解调

相干指脉冲之间初始相位具有确定性,第一个脉冲初相可能是随机的,但后来的脉冲和第一个脉冲之间的相位具有确定性。为提高检测概率,常对多个脉冲的回波进行积累。当需要用到回波(复信号)的相位信息时,应进行相干积累。为进行相干积累,系统的载波频率、中频频率、脉冲重复频率等需保持严格的时间关系(保持整数倍),这种特性称为相干性。只有满足这种相干性,才能保证发射出来的脉冲为相干脉冲。

接收机的相干解调需要配备相干本振信号。假设回波信号为 $a(t)\cos[2\pi f_0 t + \theta(t)]$,其中 $a(t)$ 表示信号幅度,f_0 表示信号载频,$\theta(t)$ 表示信号相位。通过相干解调,可以提取出信号幅度 $a(t)$ 和相位 $\theta(t)$ 信息。回波信号与两路正交的本振信号相乘后可得:

$$a(t)\cos[2\pi f_0 t + \theta(t)] \cdot \cos(2\pi f_0 t) \xrightarrow[\text{滤波}]{\text{低通}} I(t) = a(t)\cos\theta(t) \tag{2-34}$$

$$a(t)\cos[2\pi f_0 t + \theta(t)] \cdot \sin(2\pi f_0 t) \xrightarrow[\text{滤波}]{\text{低通}} Q(t) = a(t)\sin\theta(t) \tag{2-35}$$

式中,$I(t)$ 表示经正交解调后的同相支路信号,$Q(t)$ 表示经正交解调后的正交支路信号。

利用同相、正交两个支路信号,可得回波包络 $a(t)$ 和相位 $\theta(t)$ 分别为:

$$a(t) = \sqrt{I^2(t) + Q^2(t)} \tag{2-36}$$

$$\theta(t) = a\tan\frac{Q(t)}{I(t)} \tag{2-37}$$

2.4.3.3 灵敏度

接收机的灵敏度表示接收机接收微弱信号的能力。能接收的信号越微弱,则接收机的灵敏度越高,雷达的作用距离越远。灵敏度通常用最小可检测信号功率 $S_{i,min}$ 表示,它与接收机噪声系数 F 呈正比。$S_{i,min}$ 的定义式如下:

$$S_{i,min} = kT_0 B_n FM \tag{2-38}$$

式中,$k \approx 1.38 \times 10^{-23}$ J/K,为玻尔兹曼常数;M 是识别系数,与多种因素有关,当 $M=1$ 时,对应临界灵敏度;B_n 为噪声的宽度;T_0 为标准室温(一般取 290 K)。

如果不存在噪声,则不管目标回波多小,理论上都能被检测到。实际系统不可避免地存在噪声,因此接收机的输入信号功率大于 $S_{i,min}$,信号可被检测到;当输入信号功率小于 $S_{i,min}$ 时,目标就会完全被淹没在噪声中,如图 2-39 所示,则信号无法被检测到。$S_{i,min}$ 既与噪声有关,又与检测概率和虚警

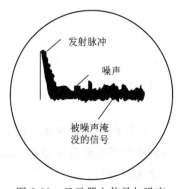

图 2-39 显示器上信号与噪声

概率有关,要想提高灵敏度,可以降低噪声电平或保证接收机有足够的增益。

目前,超外差式雷达接收机的灵敏度一般为 $10^{-14} \sim 10^{-12}$ W,所需增益为 $120 \sim 160$ dB(放大倍数为 $10^6 \sim 10^8$),这个增益主要由中频放大器完成。

在噪声背景下检测目标时,接收机输出端不仅要使信号放大到足够的数值,更重要的是使其输出信噪比达到所需的数值。通常雷达终端检测信号的质量取决于信噪比。

2.4.3.4 噪声系数

噪声系数是接收机输入端的信噪比与输出端的信噪比之比,其定义为:

$$F = \frac{S_i / N_i}{S_o / N_o} \tag{2-39}$$

式中,F 为噪声系数;S_i,N_i 分别为接收机输入端的信号功率、噪声功率;S_o,N_o 分别为接收机输出端的信号功率、噪声功率。

噪声系数的大小反映了接收机内部的噪声水平,它的另一种定义是接收机输出实际噪声功率与无噪声接收机输出噪声功率的比值,即

$$F = \frac{N_o}{N_i G_a} \tag{2-40}$$

式中,G_a 为接收机功率增益。因为接收机输出的实际噪声功率可以转换为输出噪声功率加内部噪声在输出端的输出功率 ΔN,所以有:

$$F = \frac{N_i G_a + \Delta N}{N_i G_a} = \frac{k T_0 B_n G_a + \Delta N}{k T_0 B_n G_a} \tag{2-41}$$

可化简为:

$$F = 1 + \frac{\Delta N}{k T_0 B_n G_a} \geqslant 1 \tag{2-42}$$

实际情况下,噪声系数总大于 1,若该值为 1,则噪声的输出功率为 0,此时接收机内无噪声,为理想接收机。

噪声系数只适用于接收机的线性电路和准线性电路,对于非线性电路,要考虑输出信号与噪声的交叉向。为使噪声系数具有单值确定性,规定输入噪声以天线等效电阻在室温 290 K 时产生的热噪声为标准,通常用 dB 表示。

2.4.3.5 热噪声

接收机热噪声是由导体中自由电子的无规则热运动形成的噪声。因为导体具有一定的温度,导体中每个自由电子的热运动方向和速度不规则地变化,所以在导体中形成了起伏噪声电流,在导体两端呈现起伏电压。根据奈奎斯特定律,电阻 R 在温度为室温 T 时产生的起伏噪声电压均方值 $\overline{u_n^2}$ 为:

$$\overline{u_n^2} = 4k T R B_n \tag{2-43}$$

电阻的噪声电压关于时间的函数为实函数,因此其在频域上为正负对称的,负频域部分叠加到正频域上就是单边功率谱。电阻热噪声的单边功率谱密度 $p(f)$ 是表示噪声频谱分布的重要统计特性,其表示式为:

$$p(f) = 4kTR \qquad (2\text{-}44)$$

2.4.3.6 额定噪声功率

根据电路基础理论,对于电动势为 E_s、内阻抗为 $Z = R + jX$ 的信号源,当其负载阻抗与信号源内阻匹配(图 2-40),即其值 $Z^* = R - jX$ 时,信号源输出的信号功率最大,此时输出的最大信号功率称为额定信号功率 S_a。

$$S_a = \left(\frac{E_s}{2R}\right)^2 R = \frac{E_s^2}{4R} \qquad (2\text{-}45)$$

同理,若把一个内阻抗 $Z = R + jX$ 的无源二端网络看作一个噪声源,则由电阻 R 产生的起伏噪声电压均方值为 $\overline{u_n^2} = 4kTRB_n$。假设接收机高频前端的输入阻抗 Z^* 为这个无源二端网络的负载(图 2-41),显然,当负载阻抗 Z^* 与噪声源内阻抗 Z 匹配,即 $Z^* = R - jX$ 时,噪声源输出最大噪声功率,称为额定噪声功率 N_o。

$$N_o = \frac{\overline{u_n^2}}{4R} = kTB_n \qquad (2\text{-}46)$$

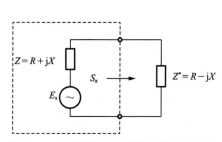
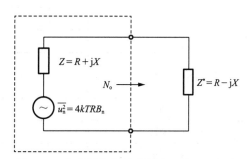

图 2-40　负载阻抗与信号源内阻匹配电路　　图 2-41　负载阻抗与噪声源内阻抗匹配电路

由式(2-46)可以看出,任何无源二端网络的额定噪声功率只与其温度 T 和带宽 B_n 有关。

2.4.3.7 天线噪声

天线噪声是外部噪声,包括天线的热噪声和宇宙噪声等,前者是由天线周围介质微粒的热运动产生的噪声,后者是由太阳及银河星系射线产生的噪声,这些起伏噪声被天线吸收后进入接收机。天线噪声的大小用天线噪声温度 T_A 表示,天线等效电阻用 R_A 表示,则天线噪声的电压均方值 $\overline{u_{nA}^2}$ 为:

$$\overline{u_{nA}^2} = 4kT_AR_AB_n \qquad (2\text{-}47)$$

2.4.3.8 噪声宽度

功率谱均匀的白噪声通过具有频率选择性的接收系统后,输出的功率谱 $p_{no}(f)$ 就不再是均匀的了。为了分析和计算方便,用 $p_{ni}(f)$ 表示高斯白噪声的功率谱,通常把这个不均匀的噪声功率谱等效为在一定频带内均匀的功率谱,即

$$\int_0^\infty p_{no}(f)\mathrm{d}f = p_{no}(f_0) \cdot B_n \qquad (2\text{-}48)$$

式中，B_n 为等效噪声功率谱宽度，一般简称为噪声带宽，如图 2-42 所示。

当信号载频为 f_0 时，噪声带宽 B_n 为：

$$B_n = \frac{\int_0^\infty p_{no}(f)\mathrm{d}f}{p_{no}(f_0)} = \frac{\int_0^\infty |H(f)|^2 \mathrm{d}f}{|H(f_0)|^2} \qquad (2\text{-}49)$$

式中，$H(f)$ 为传输函数。

噪声带宽与信号带宽（设计接收机时希望接收的带宽）比较见表 2-3。

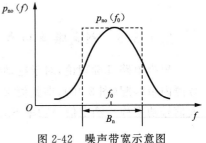

图 2-42　噪声带宽示意图

表 2-3　噪声带宽与信号带宽比较

电路形式	级　数	B_n/B
单调谐	1	1.571
	2	1.220
	3	1.155
	4	1.129
	5	1.114
双调谐或两级参差调谐	1	1.110
	2	1.040
三级参差调谐	1	1.048
四级参差调谐	1	1.019
五级参差调谐	1	1.010
高斯型	1	1.065

由表 2-3 可以看出，谐振电路级数越多，噪声带宽 B_n 越接近于信号带宽，而实际接收机谐振电路级数较多，因此常用信号带宽代替噪声带宽。

2.4.3.9　等效噪声温度

若将天线噪声等效为噪声源，接收机可以看作负载，则接收机外部噪声的额定功率 N_A 为：

$$N_A = kT_A B_n \qquad (2\text{-}50)$$

为了更直观地比较内部噪声与外部噪声的大小，可以把接收机内部噪声在输出端呈现的额定噪声功率 ΔN 等效到输入端来计算，这时内部噪声可以看成是天线电阻 R_A 在温度 T_e 时产生的热噪声，即

$$\Delta N = kT_e B_n G_a \qquad (2\text{-}51)$$

式中，G_a 为接收机功率增益，温度 T_e 称为接收机等效噪声温度或简称为接收机噪声温度。此时，接收机变成没有内部噪声的理想接收机，其等效电路如图 2-43 所示。

将 ΔN 代入噪声系数公式(2-42)，可得：

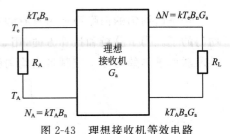

图 2-43　理想接收机等效电路

$$F = 1 + \frac{kT_eB_nG_a}{kT_0B_nG_a} = 1 + \frac{T_e}{T_0} \tag{2-52}$$

由式(2-52)可得：

$$T_e = (F-1)T_0 = (F-1) \cdot 290 \text{ K} \tag{2-53}$$

T_e 与 F 二者不独立，可相互转换。式(2-53)即接收机噪声温度的定义式。它的物理意义是将接收机内部噪声等效为输入端的热噪声，从而可以将接收机等效为理想接收机。系统的噪声温度 T_s 由天线噪声温度和接收机噪声温度两部分组成，即

$$T_s = T_A + T_e \tag{2-54}$$

接收机噪声温度与噪声系数的对照关系可参考表 2-4。当噪声水平较低时，利用噪声温度描述接收机的噪声水平相比于利用噪声系数进行描述更能反映差异程度。例如，当噪声系数由 1.05 增加到 1.1 时，给人的直观感觉是噪声水平只是略微增加，但如果换算成噪声温度，则会发现噪声水平实际上增加了 1 倍。

表 2-4　接收机噪声温度与噪声系数的对照表

F	1	1.05	1.1	1.5	2	5	8	10
F/dB	0	0.21	0.41	1.76	3.01	6.99	9.03	10
T_e/K	0	14.5	29	145	290	1 160	2 030	2 610

2.4.3.10　级联电路的噪声系数

图 2-44 显示了两个单元电路级联的情况。设级联电路噪声系数为 F_0，电路 1 和电路 2 的增益分别为 G_1 和 G_2，则电路 2 的额定噪声功率为：

$$N_o = kT_0B_nG_1G_2F_0 \tag{2-55}$$

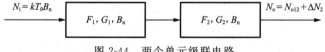

图 2-44　两个单元级联电路

电路 1 的输出噪声在电路 2 输出端呈现的额定噪声功率 N_{o12} 为：

$$N_{o12} = kT_0B_nG_1F_1G_2 \tag{2-56}$$

电路 2 的内部噪声在输出端呈现的额定噪声功率 ΔN_2 为：

$$\Delta N_2 = (F_2-1)kT_0B_nG_2 \tag{2-57}$$

级联电路的输出等于 N_{o12} 和 ΔN_2 之和，即

$$N_o = N_{o12} + \Delta N_2 \tag{2-58}$$

经推导可得两个单元级联时的总噪声系数为：

$$F_0 = F_1 + \frac{F_2-1}{G_1} \tag{2-59}$$

同理可得，n 级电路级联时，接收电路的总噪声系数为：

$$F_0 = F_1 + \frac{F_2-1}{G_1} + \frac{F_3-1}{G_1G_2} + \cdots + \frac{F_n-1}{G_1G_2 \cdots G_{n-1}} \tag{2-60}$$

由式(2-60)可以看出，为降低总噪声系数，要求各级电路的噪声系数小、功率增益高。级

数越靠前,对总噪声系数的影响越大(其中第一级的影响最大)。

2.4.3.11 匹配滤波器

匹配滤波器是在高斯白噪声背景中检测信号的最佳线性滤波器,其输出信噪比在某个时刻可以达到最大。如果已知输入信号 $s(t)$,且 $t>0$,其频谱为 $S(\omega)$,使滤波器物理可实现的延迟时间为 t_0,则匹配滤波器在时间域和频率域的特性分别为:

$$h(t) = Ks^*(t_0 - t) \tag{2-61}$$
$$H(\omega) = KS^*(\omega)e^{-j\omega t_0} \tag{2-62}$$

式中,$h(t)$ 为滤波器的冲激响应,$H(\omega)$ 为滤波器的频率响应,K 为滤波器的增益。匹配滤波的作用是去除输入信号的相位谱,使滤波后信号的相位谱为线性谱。为简化起见,记 $|S_m(\omega)| = K|S(\omega)|^2$,即有:

$$S_m(\omega) = |S_m(\omega)|e^{-j\omega t_0} \tag{2-63}$$

式中,$S_m(\omega)$ 为匹配滤波器输出信号的频谱。

根据傅里叶逆变换公式,可得匹配滤波器的输出信号为:

$$s_m(t) = \frac{1}{2\pi}\int_{-\infty}^{\infty} |S_m(\omega)|e^{-j\omega t_0} \cdot e^{j\omega t} d\omega \tag{2-64}$$

当 $t=t_0$ 时,$s_m(t)$ 的所有频率分量保持同相,此时 $s_m(t)$ 取得最大值;当 $t \neq t_0$ 时,$s_m(t)$ 明显变小。t_0 时刻附近输出信号幅度的快速变化体现出脉冲压缩的效果。当不考虑延时 t_0 和增益 K 时,匹配滤波器的特性可简化为:

$$h(t) = s^*(-t) \tag{2-65}$$
$$H(\omega) = S^*(\omega) \tag{2-66}$$

设信号能量为 E,匹配滤波器输入端白噪声的功率谱密度为 $\frac{N_0}{2}$,则匹配滤波器在输出端的最大信噪比为:

$$\left(\frac{S}{N}\right)_{max} = \frac{2E}{N_0} = \frac{E}{N_0/2} \tag{2-67}$$

多数常规雷达采用简单矩形脉冲调制。设矩形脉冲的幅度为 A,宽度为 T_r,其波形如图2-45(a)所示,则发射信号波形 $s_i(t)$ 为:

$$s_i(t) = \begin{cases} A\cos\omega_0 t, & |t| \leqslant \frac{T_r}{2} \\ 0, & |t| > \frac{T_r}{2} \end{cases} \tag{2-68}$$

式中,ω_0 为信号的角频率。

经过如图2-45(b)所示的匹配滤波器进行处理后,对应匹配滤波器的频率特性可表示为:

$$H(\omega) = S_i^*(\omega) = \frac{AT_r}{2}\left[\frac{\sin\left[(\omega-\omega_0)\frac{T_r}{2}\right]}{(\omega-\omega_0)\frac{T_r}{2}} + \frac{\sin\left[(\omega+\omega_0)\frac{T_r}{2}\right]}{(\omega+\omega_0)\frac{T_r}{2}}\right] \tag{2-69}$$

2.4.4 信号处理机基础

早期雷达基本不需要单独的信号处理机,雷达回波的处理都是由接收机(高放→混频→中

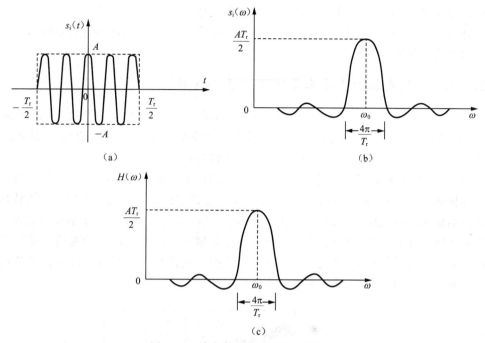

图 2-45　单个矩形中频脉冲匹配滤波

放→检波→视频放大)完成的。而现代雷达(相参雷达)通常采用相干检波进行工作,然后对检波后的同相支路(I 通道)及正交支路(Q 通道)进行信号处理。信号处理通常是为了减弱不需要的噪声、杂波以及外界的干扰,并加强目标的回波信号。常见的处理包括动目标显示/动目标检测(MTI/MTD)、机载脉冲多普勒雷达的多普勒滤波、信号的脉冲压缩处理等。

2.4.4.1　MTI 和 MTD 概述

雷达要探测的目标一般是运动的物体,例如空中的飞机、导弹、舰船与车辆等。在实际的应用中,目标的周围环境经常存在各种不可避免的背景,例如各种地物、云雨、海浪以及敌人施放的金属丝等。这些背景可能是完全不动的,也可能是缓慢运动的。由这些背景所产生的回波被称为杂波或无缘干扰。

当杂波和运动目标回波在雷达显示器上同时显示时,会使目标的观察变得很困难。如果目标存在杂波背景内,弱的目标将被淹没在强的杂波中,发现目标十分困难。当目标不存在于杂波背景内时,要在成片杂波中很快分辨出运动目标回波也不容易。如果雷达终端采用自动检测和数据处理系统,则大量杂波的存在将引起终端过载或者不必要地增大系统的容量和复杂性。因此,无论从抗干扰的角度还是从改善雷达工作质量的角度来看,选择运动目标回波而抑制固定杂波背景都是一个很重要的问题。

区分运动目标和固定杂波的基础是它们速度上的差别。由于运动速度不同而引起回波信号频率产生的多普勒频移是不相等的,所以可以从频率上区分不同速度目标的回波。在 MTI 和 MTD 雷达中使用了各种滤波器,滤去固定杂波而取出目标的回波,大大改善了在杂波背景下检测运动目标的能力,提高了雷达的抗干扰能力。MTI 和 MTD 的主要区别是:MTI 采用脉间内模拟方式进行信号处理,操作人员在屏幕上可以看到动目标信息;而 MTD 采用数字方式进行信号处理,系统自动检测并给出相关的速度信息。

此外,在某些实际应用中还需要准确地知道目标的运动速度,利用多普勒效应所产生的频率偏移达到准确测速的目的。

2.4.4.2　机载脉冲多普勒雷达的多普勒滤波

20 世纪 60 年代以来,为了解决机载雷达的下视难题,人们对脉冲多普勒(pulse Doppler, PD)雷达体制进行了研究。机载雷达下视时将会遇到很强的地杂波或海杂波,在这种杂波背景下检测运动目标主要依靠雷达在多普勒频域上的检测能力。

如图 2-46 所示,载机平台以速度 v_p 向前飞行,向前下方辐射电磁波进行动目标检测。为扩大雷达探测区域,一般在平台前方、侧前方一定角度范围内进行天线波束扫描。机载脉冲多普勒雷达的地面杂波区域被分为主杂波区、旁瓣杂波区、高度线杂波区。主杂波是指天线波束主瓣照射区域反射的杂波,对应的地面区域称为主杂波区。旁瓣杂波是指视角范围宽广的天线旁瓣照射区域反射的杂波,对应的地面区域称为旁瓣杂波区。高度线杂波是指雷达正下方地面所反射的回波,对应的地面区域称为高度线杂波区。

图 2-46　机载雷达的天线信号

机载脉冲多普勒雷达的典型地杂波谱如图 2-47 所示。图中,f_0 为载波频率,f_{MB} 为主杂波的中心频率,$f_{c,max}$ 为杂波多普勒频率的最大可能值,f_T 为目标的多普勒频率。根据图 2-47,可总结出的特点主要包括:

(1) 杂波包括主杂波、高度线杂波、旁瓣杂波;

(2) 主杂波最强,高度线杂波其次;

(3) 运动目标可能出现在杂波区或无杂波区,取决于目标速度;

(4) 对于主杂波和高度线杂波,常通过专门的滤波器进行抑制;

(5) 对于运动目标,滤波器组的滤波特性与其匹配,从而抑制旁瓣杂波。

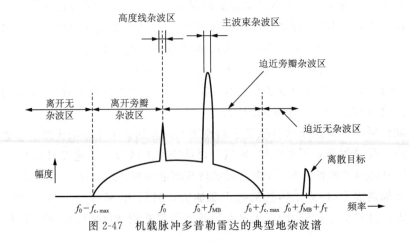

图 2-47　机载脉冲多普勒雷达的典型地杂波谱

典型脉冲多普勒雷达的原理框图如图 2-48 所示,其要点主要包括:

(1) 频率综合器产生激励信号、调制波形、接收机本振信号等;

(2) 发射机一定要采用全相干主振放大式发射机,以保证发射脉冲的相位相干性;

(3) 通常采用环行器等无源器件,用于发射与接收之间的天线切换;

(4) 发射脉冲抑制器是一种波门选通器件,在接收机的中频段可进一步衰减发射机泄漏;

(5) 距离选通放大器用于获取对应距离的目标信息,实现距离量化并从距离上对目标进行分辨,同时消除本距离单元外的杂波;

(6) 单边带滤波器用于滤除中频频率左右各 $B/2$ 以外的频率,其中 B 为信号带宽;

(7) 零多普勒频率抑制滤波器用于滤除高度线杂波;

(8) 主瓣杂波抑制滤波器用于抑制主杂波,主杂波的中心频率可由测量平台速度和姿态角的运动传感器的测量值估计得到;

(9) 滤波器组的滤波特性与运动目标匹配,从而可较好地抑制旁瓣杂波;

(10) 运动目标的回波强度要达到一定的要求,否则无法被检测到;

(11) 利用多脉冲积累,可改善检测效果。

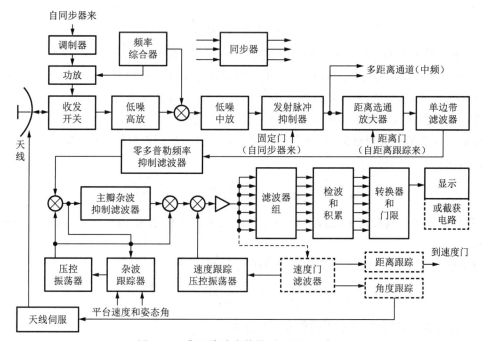

图 2-48　典型脉冲多普勒雷达的原理框图

2.4.5　数据处理机基础

2.4.5.1　数据处理机功能概述

雷达数据处理是雷达系统中的重要组成部分。雷达数据处理是雷达信号处理的后续处理,常被看成是继雷达信号处理后对雷达信息的二次处理。雷达信号处理在单一扫描周期内的多次相邻雷达观测中进行,而雷达数据处理则跨越了多个雷达扫描周期,进行更加全面和综合的分析。

雷达系统对雷达数据处理的过程主要包括以下 3 个方面：

(1) 信号检测，即从接收机输出中检测目标回波，判定目标是否存在。

(2) 点迹录取，即测量并录取目标的距离、角度、速度等信息。

(3) 航迹跟踪，即对目标进行编批，建立航迹，实现稳定跟踪。

2.4.5.2 目标检测技术基础

雷达的主要作用是探测并跟踪相应的目标，因此在雷达信号处理领域中目标检测过程显得至关重要。目标检测是从含有噪声和干扰杂波的回波中判断目标的存在性，一旦检测出目标信号，就可开展后续的目标运动状态信息提取工作。

虚警概率 P_{fa} 和检测概率 P_d 常被用作目标检测过程中的性能评价指标。虚警概率 P_{fa} 是指在不存在目标的情况下，能够检测到目标的概率；检测概率 P_d 是指在存在目标的情况下，能够检测到目标的概率。在检测过程中，总是希望 P_d 大的同时 P_{fa} 小。目标的有无可以利用在雷达接收端设置门限来确定，当检测到回波信号幅度大于该门限时，认为有目标；反之，则认为无目标。依据奈曼-皮尔逊准则，设置门限电平 V_T 如下：

$$V_T = \sqrt{2\sigma_n^2 \ln\left(\frac{1}{P_{fa}}\right)} \tag{2-70}$$

式中，σ_n^2 表示噪声方差，P_{fa} 为需要的虚警概率。噪声方差的数值可根据 $\sigma_n^2 = N_o/M$ 计算，其中 N_o 为接收机输出端噪声功率，M 表示相干积累脉冲个数。接收机输出端噪声功率可根据 $N_o = N_i GF$ 计算，其中 N_i 为接收机输入端噪声功率，G 表示接收机功率增益，F 表示接收机噪声系数。接收机输入端噪声功率可利用信号带宽进行估算。

如果门限电平设置得过低，则噪声可能超过此门限而被当作目标，称为虚警。虚警概率的计算公式为：

$$P_{fa} = \int_{V_T}^{\infty} \frac{R}{\sigma_n^2} \exp\left(-\frac{R^2}{2\sigma_n^2}\right) dR = \exp\left(-\frac{V_T^2}{2\sigma_n^2}\right) \tag{2-71}$$

式中，积分号里面的函数表示经过中频滤波器的高斯噪声包络 R 的概率密度函数，表现为瑞利分布。

对于包含噪声的回波信号，其包络 R 的概率密度函数 $\rho(R)$ 为：

$$\rho(R) = \frac{R}{\sigma_n^2} \exp\left(-\frac{R^2 + A^2}{2\sigma_n^2}\right) I_0\left(\frac{RA}{\sigma_n^2}\right) \tag{2-72}$$

式中，A 表示信号幅度，I_0 表示零阶修正贝塞尔函数。

$$I_0(\beta) = \frac{1}{2\pi} \int_0^{2\pi} e^{\beta\cos\theta} d\theta \tag{2-73}$$

检测概率表示式为：

$$P_d = \int_{V_T}^{\infty} \rho(R) dR \tag{2-74}$$

在雷达系统中，目标信噪比也是影响雷达系统检测性能的重要因素。设发射脉冲为正弦信号，信号幅值为 A，则单脉冲情况下的检测概率为：

$$P_d = \int_{\sqrt{2\sigma_n^2 \ln\left(\frac{1}{P_{fa}}\right)}}^{\infty} \frac{R}{\sigma_n^2} I_0\left(\frac{RA}{\sigma_n^2}\right) \exp\left(-\frac{R^2 + A^2}{2\sigma_n^2}\right) dR \tag{2-75}$$

2.4.5.3　点迹录取技术基础

天线波束扫过目标时会产生回波,但回波中含有各种各样的噪声,因此经过检测器输出的点迹中不可避免地有虚假点迹。点迹的数据率、精度等因素影响跟踪系统的性能。检测器检测出目标的存在后,一般还要同时录取目标的距离、角度、速度等参数,采取的方法主要为:

(1)距离的录取:对于脉冲法测距,依据经检测后判定有目标的距离单元的编号。

(2)角度的录取:对于幅度法测角,依据回波最大值对应时刻的天线指向。

(3)速度的录取:对于多普勒频率法测速,依据经检测后判定有运动目标的多普勒单元的编号。

2.4.5.4　多目标跟踪技术基础

雷达跟踪技术被广泛应用于多个领域。多目标跟踪(multi-target tracking,MTT)技术的基本原理于 1955 年被提出。MTT 技术利用雷达探测得到的多个时刻目标的点迹推演出目标的真实航迹,主要涉及航迹起始、航迹维持与航迹终结 3 个阶段,其中最重要的是航迹维持,是一个由关联和估计构成的循环过程。航迹跟踪如图 2-49 所示

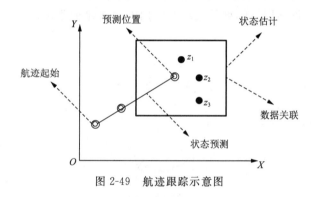

图 2-49　航迹跟踪示意图

航迹起始一般由 3 部分组成:一是建立源生航迹(航迹头);二是建立临时航迹;三是确认临时航迹,从而建立起始航迹。主要的航迹起始方法可以分为两大类:序贯法和整体法。

航迹维持由预测外推、数据关联与跟踪滤波 3 个主要环节构成。

预测外推通常采用不同的跟踪模型或其组合来实现,包括常速 CV(constant velocity)模型、常加速 CA(constant acceleration)模型、Singer 模型、"当前"模型、IMM(interacting multiple model,交互多模型)。

数据关联定义为本次与前一次的扫描间点迹在整个空间中的关联程度的处理过程。数据关联是多目标跟踪技术中最复杂的问题,是实现多目标跟踪的首要任务。数据关联的精度会直接影响航迹质量和跟踪性能。数据关联的错误会导致虚假航迹的增加和真实航迹的丢失。目前常用的数据关联算法包括最近邻算法、数据关联的识别和分类法、概率数据关联法、联合概率数据关联法等。

跟踪滤波(tracking filter)是由一组观测值来估计目标状态值的处理过程,它是雷达多目标跟踪系统的核心部分,其主要任务是用滤波算法来更有效地估计和预测目标的状态。目前使用最多的算法通常建立在状态和观测方程的基础上,这些算法的本质是状态空间中的最优

估计问题。目前常用的跟踪滤波方法包括 α-β 滤波、Kalman 滤波、EKF(extended Kalman filter,扩展卡尔曼滤波)、UKF(unscented Kalman filter,无迹卡尔曼滤波)等。

2.4.6 显示器

雷达显示器是用于自动实时显示雷达信息的终端设备,通常以便于操纵的雷达图像的形式表示雷达回波所包含的信息,例如距离、速度、方位等。雷达图像可插入各种标志信号,如距离标志、角度标志和选通波门等,甚至可插入或投影叠加地图背景,作为辅助观测手段。为了录取目标信号或选择数据,雷达图像上可插入数字式数据、标记或符号。雷达显示器还能综合显示其他雷达站或信息源来的情报并加注其他状态和指挥命令等,作为指挥控制显示。雷达显示器负责将目标的位置及其运动情况、各种特征参数等以图像的表现形式,通过视觉传递给雷达操作者。根据任务的不同,显示器可以分为以下几种常见类型:距离显示器、平面显示器、高度显示器、综合显示器和光栅扫描显示器等。

2.4.6.1 距离显示器

距离显示器只显示目标斜距和幅度信息,没有角度信息。距离显示器的横坐标是目标的斜距坐标,纵坐标表示目标回波幅度的大小。常用的距离显示器包括 A 型、J 型、A/R 型 3 种(图 2-50)。

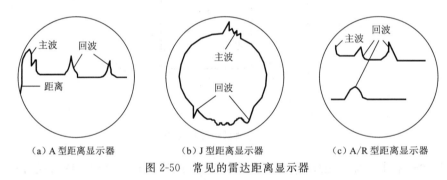

(a)A 型距离显示器　　　　(b)J 型距离显示器　　　　(c)A/R 型距离显示器

图 2-50　常见的雷达距离显示器

A 型显示器为直线扫掠,扫掠线起点与发射脉冲同步,扫掠线长度与雷达距离量程相对应。主波与回波之间的扫掠线长度代表目标的斜距。J 型显示器是圆周扫掠,它与 A 型显示器相似,所不同的是把扫掠线从直线变为圆周。目标的斜距取决于主波与回波之间在顺时针方向上扫掠线的弧长。A/R 型显示器有两条扫掠线,其中上面一条扫掠线和 A 型显示器相同,下面一条扫掠线是上面扫掠线中回波部分的扩展,可提高测距精度。

2.4.6.2 平面显示器

平面显示器(plan position indicator,简称 P 显)可显示目标斜距、方位角、回波幅度信息,没有俯仰角信息。平面显示器显示目标斜距和方位坐标,有多种显示方式。例如,图 2-51 所示为极坐标显示方式,方位角以正北为基准,顺时针方向计

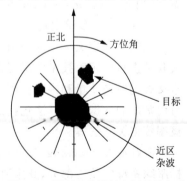

图 2-51　平面显示器极坐标显示方式

量,而距离沿半径计量,圆心为雷达站。

2.4.6.3　高度显示器

高度显示器常用在测高雷达或地形跟随雷达中,称为 E 型显示器,如图 2-52 所示。其中,横坐标表示距离,纵坐标表示仰角和高度。相比较而言,图 2-52(b)所示的同一仰角的不同目标在同一条讨雷达的斜线上,更符合人们的视觉习惯。

2.4.6.4　综合显示器

随着防空系统和航空管制系统要求的提高,

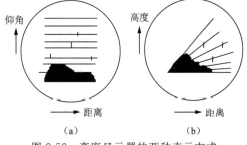

图 2-52　高度显示器的两种表示方式

以及数字技术在雷达中的广泛应用,出现了由计算机和微处理机控制的综合显示器。综合显示器通常安装在作战指挥室或空中导航管制中心。它在数字式平面位置显示器上提供一幅空中态势的综合图像,并可在综合图像上叠加雷达显示。在综合显示器的画面中,雷达显示信息为一次信息,综合图像信息为二次信息,常包括表格、特征符号和地图背景,例如河流、跑道、桥梁及建筑物等。例如图 2-53 所示的综合显示器,在 P 型显示器显示信息的基础上叠加了目标型号、河流、桥梁、跑道等许多综合信息。

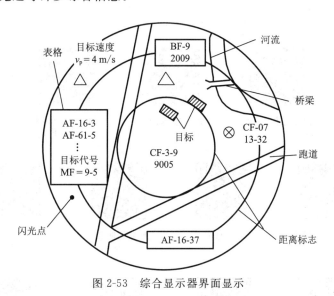

图 2-53　综合显示器界面显示

2.4.6.5　光栅扫描显示器

近年来随着电视扫描技术和数字技术的发展,出现了多功能的光栅扫描显示器。数字式光栅扫描显示器既能显示目标回波的一次信息,也能显示各种二次信息以及背景地图。由于采用数字式扫描技术,通过对图像存储器的控制,可以实现多种显示格式,包括正常 PPI 型、偏心 PPI 型、B 型、E 型、综合显示器等,其中机载雷达对地显示典型画面如图 2-54 所示。

图 2-54 中,①为天线俯仰扫描线,对应天线在俯仰向的扫描范围;②为天线波束俯仰标志,用于指示当前时刻波束在俯仰向的指向角;③对应的阴影区域代表检测到的目标;④为航

标线;⑤为距离标志,用于指示不同的目标距离刻度;⑥为距离量程值;⑦为状态标志;⑧为天线方位扫描线,对应天线在方位向的扫描范围;⑨为天线波束方位标志,用于指示当前时刻波束在方位向的指向角。

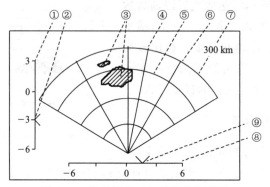

图 2-54 机载雷达对地显示典型画面

　　总体来说,雷达显示器是雷达系统的"眼睛",可为操作者提供一个直观、易于理解和操作的界面,使其能够迅速做出决策。随着技术的发展,雷达显示器变得越来越先进,能够提供更多的信息和功能,帮助操作者更高效地完成任务。

本章教学视频

雷达的定义、　　雷达的主要应用　　目标检测基础　　目标参数测量　　目标参数测量
功能与分类　　　　　　　　　　　　　　　　　　　　基础(上)　　　　基础(下)

雷达发射机简介　　天线原理简介　　天线原理简介　　天线原理简介
　　　　　　　　　　(上)　　　　　　(中)　　　　　　(下)

雷达接收机简介　　雷达接收机简介　　雷达接收机简介　　雷达显示器简介
　　(上)　　　　　　(中)　　　　　　(下)

第3章
雷达方程与雷达作用距离

3.1　基本雷达方程

3.1.1　常见雷达方程

3.1.1.1　雷达方程的作用

雷达最基本的功能是发现目标并测定目标的距离。雷达的作用距离是雷达的重要性能指标之一，它决定了雷达能在多远的距离上发现目标。在实际应用中，一部雷达系统的发射机功率、天线增益等往往是确定且已知的，因此当设定目标的后向散射系数等其他相关参数后，就可以推算出雷达的作用距离。但需要说明的是，利用雷达方程得到的雷达作用距离通常只能作为参考。若希望较为准确地评估雷达的实际作用距离，需要通过试验的手段进行测定。

3.1.1.2　雷达方程的推导

雷达方程可用于回答雷达能够检测目标的最大距离，与雷达的发射、接收、天线和环境等因素相关。它可用于确定雷达检测特定目标的最大距离，同时也是了解雷达工作原理和设计的工具。

下面根据雷达的基本工作原理来推导自由空间的雷达方程。设雷达发射机功率为 P_t，当用各向均匀辐射的天线发射时，距雷达 R 远处任一点的功率密度 P_d 等于发射机功率除以假想的球面积 $4\pi R^2$，即

$$P_d = \frac{P_t}{4\pi R^2} \tag{3-1}$$

实际雷达总是使用有向天线将发射机功率集中辐射于某些方向上。天线增益 G 用来表示相对于各向同性天线，实际天线在辐射方向上功率增加的倍数。因此，当发射天线增益为 G 时，距雷达为 R 处目标所照射到的功率密度为：

$$P_d = \frac{GP_t}{4\pi R^2} \tag{3-2}$$

有向天线的天线孔径有效面积 A_e 为：

$$A_e = \frac{G\lambda^2}{4\pi} \tag{3-3}$$

式中，λ 为载波信号的波长。

有向天线的孔径有效面积和物理孔径面积间的关系为：

$$A_e = \rho A \tag{3-4}$$

式中，ρ 为孔径效率，A 为天线物理孔径面积。

回波信号的强度与雷达发射功率、极化方式、载波频率、入射角以及目标特性等因素有关。

常见的目标特性影响因素有目标材料（金属、非金属等）、体积、形状、粗糙程度等。目标形状、粗糙程度与回波散射强度间的关系如图 3-1 和图 3-2 所示。

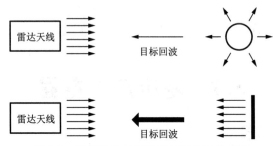

图 3-1　目标形状与回波散射强度间的关系

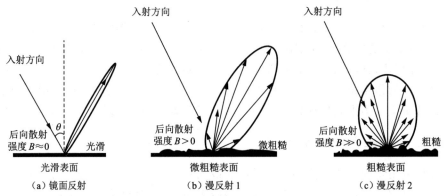

图 3-2　目标表面粗糙度与回波散射强度间的关系

目标对电磁波的调制特性用后向散射截面积（radar cross section，RCS，又称为后向散射系数）衡量，一般用 σ 表示。RCS 是目标后向散射功率与目标处入射功率密度的比值，其表达式为：

$$\sigma = \frac{P}{P_d} \tag{3-5}$$

式中，P 为目标后向散射功率，P_d 为任一点处的功率密度。

RCS 等效于目标在垂直于电磁波传播方向上的有效面积，如图 3-3 中虚线所示。

图 3-3　目标 RCS 示意图

在基于上述假设下，雷达接收机收到的信号功率 P_r 可表示为：

$$P_r = \frac{P_d \sigma}{4\pi R^2} A_e = \frac{P_t G^2 \lambda^2 \sigma}{(4\pi)^3 R^4} \tag{3-6}$$

当接收到的回波功率 P_r 等于最小可检测信号 $S_{i,min}$ 时,雷达达到其最大作用距离 R_{max},超过这个距离后就不能有效地检测到目标,由此推导得到第一种雷达方程为:

$$R_{max} = \left[\frac{P_t G^2 \lambda^2 \sigma}{(4\pi)^3 S_{i,min}} \right]^{\frac{1}{4}} \tag{3-7}$$

3.1.2　其他形式的雷达方程

由于实际雷达接收的信号都含有噪声,所以噪声在接收机输入端功率的表达式为:
$$N_i = kT_0 B \tag{3-8}$$
式中,$T_0 = 290$ K(室温 17 ℃);$k = 1.38 \times 10^{-23}$ J/K,为玻尔兹曼常数;B 为雷达工作带宽。

接收机噪声系数 F 定义为:

$$F = \frac{(SNR)_i}{(SNR)_o} = \frac{S_i/N_i}{S_o/N_o} \geqslant 1 \tag{3-9}$$

式中,$(SNR)_i$ 和 $(SNR)_o$ 分别为输入、输出信号的信噪比,S_i 和 S_o 分别为输入、输出信号的功率,N_i 和 N_o 分别为输入、输出噪声的功率。

经简单变换后,得:
$$S_{i,min} = FN_i (SNR)_{o,min} = kT_0 BF (SNR)_{o,min} \tag{3-10}$$
由式(3-9)和式(3-10)推导得出雷达方程的第二种常用形式为:

$$R_{max} = \left[\frac{P_t G^2 \lambda^2 \sigma}{(4\pi)^3 kT_0 BFL_1 (SNR)_{o,min}} \right]^{\frac{1}{4}} \tag{3-11}$$

式中,L_1 为系统损耗因子($L_1 \geqslant 1$)。系统损耗包括机内损耗、天线罩损耗、大气衰减、雨衰等。

对式(3-11)进行简单变换后可得:

$$(SNR)_o = \frac{P_t G^2 \lambda^2 \sigma}{(4\pi)^3 kT_0 BFL_1 R^4} \tag{3-12}$$

根据 $B = 1/T_r$,引入检测因子 $D_0 = (SNR)_{o,min}$ 和 $E_t = P_t T_r$,引入带宽校正因子 $C_B (C_B \geqslant 1$,表示接收机带宽失配带来的信噪比损失),推导得出雷达方程的第三种常用形式为:

$$R_{max} = \left[\frac{E_t G^2 \lambda^2 \sigma}{(4\pi)^3 kT_0 FD_0 C_B L_1} \right]^{\frac{1}{4}} \tag{3-13}$$

相干积累是脉冲雷达中常见的步骤,雷达进行完 M 次相干积累后,检测因子降低为原来的 $1/M$,那么相应雷达方程的第四种常用形式为:

$$R_{max} = \left[\frac{E_t G^2 A_e \sigma}{(4\pi)^2 kT_0 FD_0(M) C_B L_1} \right]^{\frac{1}{4}} = \left[\frac{ME_t GA_e \sigma}{(4\pi)^2 kT_0 FD_0(1) C_B L_1} \right]^{\frac{1}{4}} \tag{3-14}$$

式中,$D_0(M)$ 为相干积累 M 个脉冲时单脉冲所需的信噪比,$D_0(1)$ 表示利用单脉冲探测时所需的信噪比。

✏ 大作业2　雷达方程的应用 ▪▪

要求:利用 Matlab 语言编写 GUI 图形操作界面,实现输入相关参数并计算雷达最大作用距离的功能。

编程作业中可以考虑功能扩充：① 利用萨德系统的参数验证；② 将系统损耗细分为机内损耗、天线罩损耗、大气衰减、雨衰等；③ 考虑地球曲率的遮挡等。其中，后两项的影响与距离有关，单位一般采用 dB/km。

大作业 2：
程序界面示例

大作业 2：雷达方程
应用程序实例

大作业 2：
雷达方程的应用

3.1.3　雷达方程的应用

AN/TPY-2 有源相控阵雷达是美国 THAAD 系统（terminal high altitude area defense，末段高空区域防御系统，简称萨德）中的雷达系统，最大探测距离达 2 000 km，可执行探测、搜索、跟踪和目标识别等多种任务。下面对其作用距离进行估算。

计算过程中需要的已知量包括：

$$P_t, G, f_0, \sigma, T_r, F, L_1, (SNR)_{o,\min}/M \tag{3-15}$$

$$R_{\max} = \left[\frac{P_t G^2 \lambda^2 \sigma}{(4\pi)^3 k T_0 BF L_1 \cdot (SNR)_{o,\min}/M} \right]^{\frac{1}{4}} \tag{3-16}$$

AN/TPY-2 工作在 X 波段，很多资料中猜测其工作频率约为 9.5 GHz，其天线孔径面积为 9.2 m^2，共 72 个子阵列，每个子阵列有 44 个发射/接收接口模块，每个模块有 8 个发射/接收组件，因而共有 $72 \times 44 \times 8 = 25\ 344$ 个组件。设天线孔径效率为 0.65，则天线的有效孔径约为 6 m^2。据此，可计算出天线增益为：

$$G = \frac{4\pi A_e}{\lambda^2} = \frac{4\pi \cdot 6}{(3 \times 10^8 / 9.5 \times 10^9)^2} \approx 75\ 356 \approx 48.78\ dB \tag{3-17}$$

每个组件的平均功率是 3.2 W，峰值功率为 16 W。天线组件数为 25 344 个，所有组件的平均功率为 81 kW，峰值功率为 405 kW。脉冲重复频率为 200 Hz，占空比为 20%，脉冲宽度为 1 ms。其余参数取值如下：

$$k = 1.38 \times 10^{-23}\ J/K \tag{3-18}$$

$$T_0 = 290\ K \tag{3-19}$$

$$B = \frac{1}{T_r} = 1\ kHz \tag{3-20}$$

$$F = 1.38\ dB = 1.4 \tag{3-21}$$

$$L_1 = 10\ dB = 10 \tag{3-22}$$

$$(SNR)_{9,\min}/M = 1 \tag{3-23}$$

最终得到目标不同 RCS 下的雷达最大作用距离：

当 $\sigma = 0.01\ m^2$ 时，$R_{\max} \approx 670\ km$；

当 $\sigma = 0.1\ m^2$ 时，$R_{\max} \approx 1\ 200\ km$；

当 $\sigma = 1\ m^2$ 时，$R_{\max} \approx 2\ 000\ km$。

需要说明的是,在以上的计算过程中只考虑了回波信号功率需高于接收机灵敏度方面的要求。实际上,地球曲率也影响着雷达作用距离。图 3-4 给出了考虑地球曲率和大气折射效应的几何示意图。

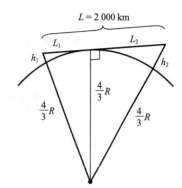

图中,h_1 是雷达的架设高度,h_2 是目标的最低探测高度,R 是地球平均半径,$\frac{4}{3}$ 是考虑大气折射效应的折算系数,L_1 和 L_2 分别是地平线和地球的交点与雷达、目标之间的距离,L 是雷达与目标之间的距离。根据图中的几何关系,可得:

图 3-4　考虑地球曲率和大气折射效应的几何示意图

$$L_1 + L_2 = L \tag{3-24}$$

$$L_1^2 + \left(\frac{4}{3}R\right)^2 = \left(\frac{4}{3}R + h_1\right)^2 \tag{3-25}$$

$$L_2^2 + \left(\frac{4}{3}R\right)^2 = \left(\frac{4}{3}R + h_2\right)^2 \tag{3-26}$$

当 $h_1 = 1$ km,$R \approx 6\,400$ km,$L = 2\,000$ km 时,计算可得 $h_2 \approx 200$ km。上述结果说明,尽管根据雷达方程计算出的雷达作用距离可达 $2\,000$ km,但其前提条件是目标的飞行高度在 200 km 以上。需注意的是,目标的最低飞行高度与雷达的架设高度有关。显然,雷达的架设高度越高,则对目标最低飞行高度的要求越低。

根据上述 3 个公式,可以利用雷达方程计算出的最大作用距离、雷达的架设高度计算目标的最低飞行高度,也可以根据雷达的架设高度、某种目标的典型飞行高度计算出地球曲率限制下的最大作用距离。显然,实际的作用距离应取雷达方程计算结果、地球曲率限制下的结果中的较小值。

3.2　专用雷达方程

3.2.1　二次雷达方程

一次雷达是雷达发射信号,目标反射电磁波,雷达接收回波;二次雷达是雷达发射信号,目标收到信号后将应答信息发送给雷达。二次雷达常用于机场航空交通管制,如图 3-5 所示。

设雷达发射功率为 P_t,发射天线增益为 G_t,则在距雷达 R 处的功率密度 S_1 为:

$$S_1 = \frac{P_t G_t}{4\pi R^2} \tag{3-27}$$

若目标上应答机天线的有效面积为 A_r',则其接收功率为:

$$P_r = S_1 A_r' = \frac{P_t G_t A_r'}{4\pi R^2} \tag{3-28}$$

引入关系式 $A_r' = \frac{G_r' \lambda^2}{4\pi}$,可得:

$$P_r = \frac{P_t G_t G_r' \lambda^2}{(4\pi R)^2} \tag{3-29}$$

当接收功率 P_r 达到应答机的最小可检测信号 $S_{i,\min}'$ 时,二次雷达系统可以正常工作,此时

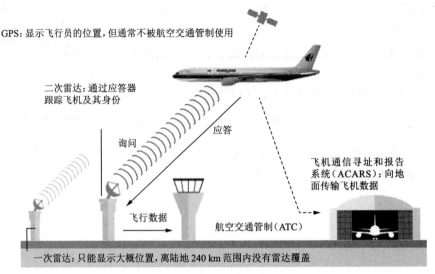

GPS：显示飞行员的位置，但通常不被航空交通管制使用

二次雷达：通过应答器
跟踪飞机及其身份

询问　应答

飞机通信寻址和报告
系统（ACARS）：向地
面传输飞机数据

飞行数据　航空交通管制（ATC）

一次雷达：只能显示大概位置，离陆地240 km范围内没有雷达覆盖

图 3-5　常见二次雷达应用场景

的 $R_{\max}$ 为地面巡问机发射、飞机应答机接收时的最大作用距离，即

$$R_{\max} = \left[\frac{P_t G_t G_r' \lambda^2}{(4\pi)^2 S_{i,\min}'}\right]^{\frac{1}{2}} \tag{3-30}$$

设应答机的发射功率为 P_t'，天线的增益为 G_t'，地面巡问机的最小可检测信号为 $S_{i,\min}$，则飞机应答机发射、地面巡问机接收时的最大作用距离为：

$$R_{\max}' = \left[\frac{P_t' G_t' G_r \lambda^2}{(4\pi)^2 S_{i,\min}}\right]^{\frac{1}{2}} \tag{3-31}$$

二次雷达系统的作用距离由 $R_{\max}$ 和 $R_{\max}'$ 中的较小者决定，因此将二者设计得大体相当是合理的。二次雷达的作用距离与发射机功率、接收机灵敏度的二次方根分别成正、反比关系，因此在相同探测距离的条件下，其发射功率和天线尺寸较一次雷达的明显减小。或者，当二次雷达的发射功率和天线尺寸与一次雷达的相当时，二次雷达的作用距离将明显大于一次雷达的作用距离。

3.2.2　双基地雷达方程

传统雷达的一个最大特点就是收发天线共用，但在军事应用中这样的雷达由于辐射功率大，容易被敌方侦测到，严重威胁着雷达系统自身的安全。双基地雷达具有收发分置的特点，可将发射机放置在距离战场较远的位置，接收机则可以靠近战场抵近侦察。在这种几何配置下，接收机只接收电磁波，不向外辐射电磁信号，系统具有无线电静默的特点。因此，双基地雷达在军事应用中具有隐蔽性强的特点。另外，由于发射机-目标-接收机间的双基地角可以灵活调节，所以双基地雷达还具有信息获取更丰富等其他优点。图 3-6 为简单的双基地雷达原理图。

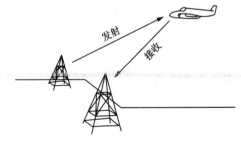

发射　接收

图 3-6　双基地雷达原理图

双基地雷达的雷达方程可表示为：

$$(R_t R_r)_{max} = \left[\frac{E_t G_t G_r \lambda^2 \sigma_b}{(4\pi)^3 k T_0 F D_0 C_B L_1} \right]^{\frac{1}{2}} \tag{3-32}$$

式中，G_t 和 G_r 分别表示发射、接收天线增益，σ_b 为双基地后向散射系数。

3.2.3 搜索雷达方程

搜索雷达的任务是在指定空域进行目标搜索。设整个搜索空域的立体角为 Ω，天线波束所张的立体角为 β（图 3-7），扫描整个空域的时间为 T_f，天线波束扫过点目标的驻留时间为 T_d，则有：

$$\frac{T_d}{T_f} = \frac{\beta}{\Omega} \tag{3-33}$$

在搜索雷达系统设计中，通过合理地设置雷达参数，能够增加作用距离。根据波束立体角与天线增益的关系 $\beta = \dfrac{4\pi}{G}$ 可得：

$$\frac{4\pi}{G} = \beta = \frac{\Omega T_d}{T_f} \quad \text{或} \quad \frac{G}{4\pi} = \frac{1}{\beta} = \frac{T_f}{\Omega T_d} \tag{3-34}$$

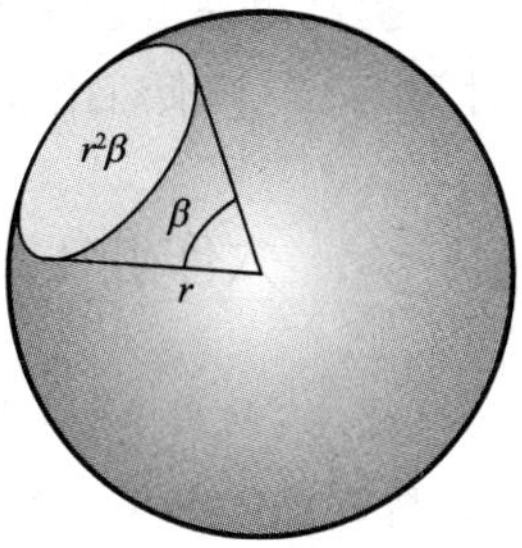

将上述关系代入脉冲积累后的雷达方程，可得：

$$R_{max} = \left[(P_{av} G) \frac{T_f}{\Omega} \frac{\sigma \lambda^2}{(4\pi)^2 k T_0 F D_0(M) C_B L_1 T_d \cdot PRI} \right]^{\frac{1}{4}} \tag{3-35}$$

图 3-7 立体角概念图

式中，P_{av} 为平均功率，E_t 为能量，PRI 为脉冲重复周期。

利用 $E_t = P_{av} \cdot PRI$，$G = \dfrac{4\pi A_e}{\lambda^2}$，$T_d \cdot PRF = M$，$D_0(1) = MD_0(M)$，$T_d/T_f = \beta/\Omega$，式（3-35）可整理为：

$$R_{max} = \left[(P_{av} A_e) \frac{T_f}{\Omega} \frac{\sigma}{4\pi k T_0 F D_0(1) C_B L_1} \right]^{1/4} \tag{3-36}$$

其中，PRF 为脉冲重复频率。

方程（3-36）即搜索雷达方程，其要点包括：

$$R_{max} \propto (P_{av} A_e)^{\frac{1}{4}} \tag{3-37}$$

$$R_{max} \propto \left(\frac{T_f}{\Omega} \right)^{\frac{1}{4}} \tag{3-38}$$

式（3-37）和式（3-38）表达的意思主要有两点：一是提高搜索雷达作用距离的主要途径是增大功率孔径积，但受到很多因素制约；二是增大搜索时间 T_f 或减小搜索空域 Ω（本质上都是减慢搜索速度）均可提高作用距离。

3.2.4 跟踪雷达方程

传统雷达方程为：

$$R_{max} = \left[\frac{M E_t G A_e \sigma}{(4\pi)^2 k T_0 F D_0(1) C_B L_1} \right]^{\frac{1}{4}} \tag{3-39}$$

跟踪雷达的主要任务是连续跟踪目标的位置、速度和其他相关信息。设跟踪雷达在时间 t_0 内连续跟踪一个目标,则可得到跟踪雷达方程,其中的等式代换如下:

$$E_t = P_{av} \cdot PRI \tag{3-40}$$

$$M \cdot PRI = t_0 \tag{3-41}$$

$$MD_0(M) = D_0(1) \tag{3-42}$$

$$G = \frac{4\pi A_e}{\lambda^2} \tag{3-43}$$

因此跟踪雷达方程为:

$$R_{max} = \left[(P_{av} A_e) \frac{A_e}{\lambda^2} \frac{t_0 \sigma}{4\pi k T_0 F D_0(1) C_B L_1} \right]^{\frac{1}{4}} \tag{3-44}$$

式中,t_0 为跟踪时间。

提高跟踪雷达作用距离的主要途径有以下 3 个:① 提高功率孔径积 $P_{av} A_e$;② 提高跟踪时间 t_0;③ 降低工作波长 λ。

大作业3 早期雷达探测系统的Matlab GUI(或Simulink)模拟

要求:利用 Matlab 编制 GUI 软件或用 Simulink 软件搭建早期雷达探测系统的模拟模型,所搭建的模型一般由发射机(可省略)、天线(可省略)、目标、接收机、显示器等模块组成。操作人员通过观察显示器上的信号,可粗略判断出目标的数量与距离。(可根据实际情况适当扩充功能)

参考界面:① 可输入雷达、目标的相关参数;② 可计算雷达作用距离;③ 可以类似 A 型显示器的方式显示目标回波与噪声等。

大作业 3:
程序界面示例

大作业 3:早期雷达探测
系统的 Matlab GUI
模拟示例

大作业 3:早期雷达探测
系统的 Matlab GUI
(或 Simulink)模拟

本章教学视频

基本雷达方程

专用雷达方程

第 4 章
目标基本参数的测量

4.1　距离的测量

在雷达目标测量中,距离的测量是至关重要的,因为它是确定目标位置的基本参数之一。通过连续测量目标距离,雷达可以跟踪目标的移动轨迹,这对于目标识别和跟踪非常重要。在军事应用中,通过测量敌方目标的距离可以评估威胁程度并制定应对策略。同时,雷达还可以通过测量目标距离的变化率来计算目标速度。此外,雷达还能提供预警服务,例如在目标进入特定距离范围内时发出警报。因此,距离测量是雷达系统的核心功能之一,对于雷达的许多应用至关重要。

4.1.1　脉冲法测距

4.1.1.1　脉冲法测距的基本原理

脉冲法测距是雷达技术中的一种常用方法,其基本原理是利用电磁波在空气中传播的速度(约为光速),通过测量雷达发射的脉冲信号到达目标并反射回雷达的时间计算出雷达与目标的距离。脉冲法测距的实质是测量目标回波的延迟时间。

雷达目标回波延迟时间的典型值为微秒至毫秒量级。测量这样量级的时间需要采用快速计时的方法。早期雷达均用显示器作为终端,在显示器画面上根据扫掠量程和回波位置直接测读延迟时间。现代雷达常采用电子设备自动测读回波延迟时间。

常用的两种定义回波到达时刻的方法:① 以回波脉冲前沿作为到达时刻。该方法利用回波形状近似为钟形的特点,可利用电压比较器与门限电压相比,但易受噪声影响。② 以回波脉冲中心时刻作为到达时刻,该方法更为常用。

早期脉冲雷达测读脉冲中心时刻的原理如图 4-1 所示。

图 4-1 中,接收天线接收目标回波信号,与本振信号混频后得到中频信号,通过匹配滤波器减小噪声影响以提高信噪比,再经过包络检波器得到包络信号。一路包络信号与门限电压在比较器中比较,输出宽度为 τ 的距离脉冲。该脉冲作为和(Σ)支路的输出。和支路的作用是检测目标的有无,从而避免当仅有噪声通过时也产生输出。另一路包络信号先后通过微分器和过零点检测器,当微分器的输出经过零值时产生一个窄脉冲,该脉冲出现的时间正好是回波脉冲的最大值,通常也是回波脉冲的中心,这一支路为差(Δ)支路。和支路脉冲加到过零点检测器上,选择出目标回波峰值所对应的窄脉冲,防止由于距离副瓣和噪声所引起的过零脉冲输出。

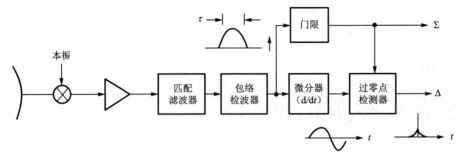

图 4-1 早期脉冲雷达测读脉冲中心时刻的原理图

4.1.1.2 距离测量精度

脉冲法测距的表达式为:

$$R = \frac{c}{2}t_r \tag{4-1}$$

式中,R 表示斜距,km;t_r 表示回波延迟时间,μs;c 为光速,$c = 0.3$ km/μs。

误差合成公式表示为:

$$dR = \frac{\partial R}{\partial c}dc + \frac{\partial R}{\partial t_r}dt_r = \frac{t_r}{2}dc + \frac{c}{2}dt_r = \frac{R}{c}dc + \frac{c}{2}dt_r \tag{4-2}$$

故脉冲法测距误差 ΔR 为:

$$\Delta R = \frac{R}{c}\Delta c + \frac{c}{2}\Delta t_r \tag{4-3}$$

测距误差可分为系统误差和随机误差。系统误差指多次测量平均值和真实值之差,为固定误差。理论上,在雷达校准时系统误差可以补偿掉,但常有剩余误差。在雷达的技术参数中,常给出允许范围。随机误差可分为设备因素导致的误差和外界因素导致的误差。设备因素包括电路参数偶然变化、晶振频率不稳定、读数误差等;外界因素包括电波传播速度变化、电波传播中产生折射、目标反射中心变化等。

1)电波传播速度变化引起的误差

在理想情况下,大气是均匀的,电磁波会以匀速直线传播。但实际情况下大气密度、湿度、温度会随机发生变化,导致大气传播介质的磁导率和介电常数会发生变化,引起传播速度变化。由以上因素变化所引起的测距相对误差为:

$$\frac{\Delta R}{R} = \frac{\Delta c}{c} \approx 10^{-5} \tag{4-4}$$

若电磁波在大气中的平均速度与光速略有差异,且随波长变化,则常需要补偿。不同条件下的电磁波传播速度(与真空中的光速略有差异)见表 4-1。

表 4-1 不同条件下的电磁波传播速度

传播条件	$c/(km \cdot s^{-1})$	备 注
真 空	299 776±4	根据 1941 年测得的材料
利用红外波段在大气中的传播	299 733±10	根据 1944 年测得的材料

传播条件	$c/(\mathrm{km \cdot s^{-1}})$	备　注
厘米波($\lambda = 10$ cm)在地面—飞机间的传播	$299\ 792.456\ 2 \pm 0.001$	根据 1972 年测得的材料
飞机高度 $H = 3.3$ km	299 713	皆为平均值,根据脉冲导航系统测得的材料
飞机高度 $H = 6.5$ km	299 733	
飞机高度 $H = 9.8$ km	299 750	

2)大气折射引起的误差

大气介质分布不均匀会造成电磁波的折射,如图 4-2 所示。大气折射现象的存在会导致目标视在位置与目标真实位置并不重合,造成测量误差。

图 4-2 中,H 为目标高度,β 为目标仰角,$\Delta\beta$ 表示仰角测量误差,R 表示测量距离,R_0 表示真实距离。显然,电磁波在非均匀大气层中传播时出现的大气折射对雷达测量的影响主要是引起测距误差和仰角测量误差。其中的测距误差可用如下公式表示:

$$\Delta R = R - R_0 \qquad (4\text{-}5)$$

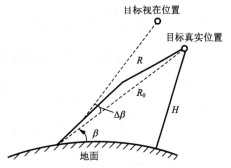

图 4-2 大气介质不均匀引起的距离误差

由大气折射引起的测距误差的典型值为:当目标距离为 100 km、仰角为 0.1 rad 时,测距误差为 16 m 左右。

3)测读方法误差

早期的脉冲雷达直接从显示器上测量目标距离,这时显示器荧光屏亮点的直径大小、机械或电刻度的精度、人工测读时的惯性等都将引起测距误差。

当采用电子自动测距方法时,回波中心的估计误差(通常正比于脉宽 T_r 而反比于信噪比)及计数器的量化误差等均将造成测距误差。

4.1.1.3 双重高重复频率法解距离模糊

双重高重复频率法是一种用于解决雷达距离测量模糊问题的方法。雷达的距离模糊是由于无法确定发射脉冲的时刻而造成的。如果目标与雷达的距离超过雷达的最大不模糊距离,则会出现距离模糊,也就是目标的实际位置和雷达显示的位置不一致。

双重高重复频率法通过使用两种不同的高 PRF(pulse repetition frequency,脉冲重复频率)来解决这个问题。将雷达在两种不同的 PRF 之间快速切换,然后通过两种情况下测得的模糊距离值去解算真实距离。

设所使用的脉冲重复频率分别为 PRF_1 和 PRF_2,它们都不能满足不模糊测距的要求。PRF_1 和 PRF_2 具有公约频率 PRF:

$$PRF = \frac{PRF_1}{N+1} = \frac{PRF_2}{N} \qquad (4\text{-}6)$$

式中,N 为正整数,$N+1$ 和 N 为互质数。PRF 的选择需满足最大不模糊距离的需要。

与最大不模糊距离 $R_{u,max}$ 相关的公式包括:

$$R_{u,max} = \frac{c}{2 \cdot PRF} > \frac{c}{2 \cdot PRF_1}, \quad R_{u,max} = \frac{c}{2 \cdot PRF} > \frac{c}{2 \cdot PRF_2} \qquad (4\text{-}7)$$

$$PRI_1 : PRI_2 = N : (N+1) \tag{4-8}$$

$$PRI = (N+1) \cdot PRI_1 \tag{4-9}$$

$$PRI = N \cdot PRI_2 \tag{4-10}$$

若希望 $R_{u,max}$ 越大,则需要 PRI 越长,即 PRF 越小。但若直接使用较小的 PRF,又将造成测距模糊。因此,一般用数量上有一定关系的两个高 PRF 去等效一个低 PRF。

设雷达同时发射两组不同脉冲重复周期的脉冲信号,那么目标回波到达时间应该是一致的,即两种情况下真实目标的回波脉冲在时间上应是重合的,也就是图 4-3 中的 t_r 位置。

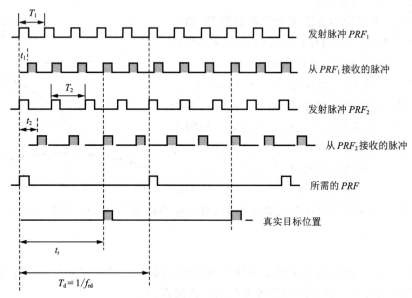

图 4-3 解距离模糊的原理示意图

图 4-3 所示的情况为理想情况,在实际测量过程中一般难以直接应用。实际进行距离解算时,一般是根据已知的 PRF_1,PRF_2 和两种情况下模糊距离所对应的延迟时间 t_{r1},t_{r2} 进行解算。根据图 4-3,有:

$$t_r = t_{r1} + \frac{n_1}{PRF_1} = t_{r2} + \frac{n_2}{PRF_2} \tag{4-11}$$

式中,n_1 和 n_2 均为整数,$n_1 < N+1$,$n_2 < N$。

整理式(4-11)可得:

$$PRF_1 \cdot t_r = PRF_1 \cdot t_{r1} + n_2 + (0 \text{ 或 } 1) \tag{4-12}$$

$$PRF_2 \cdot t_r = PRF_2 \cdot t_{r2} + n_2 \tag{4-13}$$

式(4-12)和式(4-13)相减可得:

$$t_r = \begin{cases} \dfrac{t_{r1}PRF_1 - t_{r2}PRF_2}{PRF_1 - PRF_2} & (\text{当本式为正时}) \\[3mm] \dfrac{t_{r1}PRF_1 - t_{r2}PRF_2 + 1}{PRF_1 - PRF_2} & (\text{当上式为负或零时}) \end{cases} \tag{4-14}$$

故解模糊后的距离为 R_{actual}:

$$R_{actual} = \frac{1}{2}ct_r \tag{4-15}$$

4.1.1.4　三重高重复频率法解距离模糊

当目标回波处于某发射脉冲内时,双重高重复频率法只有 1 个读数;当目标回波处于某发射脉冲内时,三重高重复频率法有 2 个读数。因此,采用多个高重复频率测距能给出更大的不模糊距离,同时可兼顾跳开发射脉冲遮蚀的灵活性。

不模糊距离对应的距离单元数 R_c 可用下式表示:

$$R_c = (C_1 A_1 + C_2 A_2 + C_3 A_3) \bmod (m_1 m_2 m_3) \tag{4-16}$$

式中,A_1,A_2,A_3 表示模糊距离对应的距离单元数;C_1,C_2,C_3 表示待计算的系数;m_1,m_2,m_3 表示 PRI 的比例系数。

系数 C_1,C_2,C_3 的计算式如下:

$$C_1 = b_1 m_2 m_3, \quad b_1 m_2 m_3 \bmod (m_1) \equiv 1 \tag{4-17}$$

$$C_2 = b_2 m_1 m_3, \quad b_2 m_1 m_3 \bmod (m_2) \equiv 1 \tag{4-18}$$

$$C_3 = b_3 m_1 m_2, \quad b_3 m_1 m_2 \bmod (m_3) \equiv 1 \tag{4-19}$$

式中,b_1 为满足乘以 $m_2 m_3$ 除以 m_1 的余数为 1 的最小整数;b_2,b_3 的含义与 b_1 类似。

✐ 大作业4　三重高重复频率法解距离模糊的应用 ▪▫▪

要求:利用 Matlab 语言编写 GUI 图形操作界面,实现三重高重复频率法解距离模糊的功能。可考虑扩充功能(例如考虑距离盲区)。

大作业 4:
程序界面示例

大作业 4:三重高重复频率法
解距离模糊的应用示例

大作业 4:三重高重复频率法
解距离模糊的应用

4.1.1.5　舍脉冲法解距离模糊

所谓舍脉冲法,就是在每次发射的 M 个脉冲中舍弃一个作为发射脉冲串的附加标志。如图 4-4 所示,发射脉冲从 A_1 到 A_M,其中 A_2 不发射。与发射脉冲相对应,接收到的回波脉冲串同样是每 M 个回波脉冲中缺少一个。从 A_2 以后逐个累计发射脉冲数,直到某一发射脉冲(在图中是 A_{M-2})后没有回波脉冲时停止计数,则累计的数值就是回波跨越的重复周期数 m。

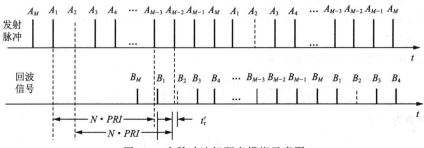
图 4-4　舍脉冲法解距离模糊示意图

采用舍脉冲法解距离模糊时,要求:

$$M \cdot PRI > m_{\max} \cdot PRI + t'_r \qquad (4\text{-}20)$$

式中,$m_{\max}$ 为最远目标所对应的跨脉冲重复周期数,t'_r 为模糊距离对应的双程延迟时间,$0 < t'_r < PRI$。

4.1.2 调频法测距

4.1.2.1 调频连续波测距

调频连续波(frequency modulation continuous wave,FMCW)雷达的发射频率按已知的时间函数变化,它利用在时间上改变发射信号的频率并测量接收信号频率的方法来测定目标距离。在任何给定瞬间,发射频率与接收频率的相关性不仅是测量目标距离的尺度,而且是测量目标径向速度的尺度。由于任何实际的连续波雷达频率不可能向同一个方向连续变化,所以必须采用周期性的调整。

调制波形通常有三角波、正弦波、步进频率波、锯齿波。图 4-5 为调频连续波测距原理示意图,其中调频发射机发射连续高频等幅波进入混频器,此时目标回波返回,发射信号的频率已发生变化,最终在混频器输出的频率反映目标距离。

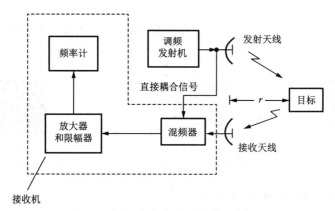

图 4-5 调频连续波测距的原理示意图

下面以三角波调频连续波为例介绍调频连续波测距原理。如图 4-6 所示,f_t 为发射机的发射频率,其平均频率为 f_{t0};T_m 为发射机频率的变化周期,典型值为几十毫秒;f_r 为目标回波频率,其变化规律与发射信号频率相同,只是滞后时间 $t_r = 2R/c$;Δf 为发射信号频率的最大频偏;f_b 为发射信号和接收信号的差拍频率(简称差频)绝对值,平均值为 f_{bav};f_{b+} 和 f_{b-} 分别为运动目标在前半周和后半周时发射信号和接收信号的差拍频率绝对值,其中包含着目标多普勒频率的影响。

在图 4-6 中,发射信号频率表示为:

$$f_t = f_{t0} + \frac{\mathrm{d}f}{\mathrm{d}t}t = f_{t0} + \frac{\Delta f}{T_m/4}t \qquad (4\text{-}21)$$

接收信号频率为:

$$f_r = f_{t0} + \frac{\Delta f}{T_m/4}\left(t - \frac{2R}{c}\right) \qquad (4\text{-}22)$$

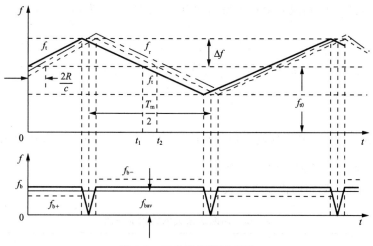

图 4-6 三角波测距示意图

差频的绝对值表示为:

$$f_b = |f_t - f_r| = \frac{8\Delta fR}{T_m c} \tag{4-23}$$

对于一定距离 R 的目标回波,除去在 t 轴上很小一部分以外(这里差频急剧地下降至零),其他时间的差频是不变的。若用频率计测量一个周期内的平均差频值,则可得:

$$f_{bav} = \frac{8\Delta fR}{T_m c}\left(\frac{T_m - \dfrac{2R}{c}}{T_m}\right) \tag{4-24}$$

实际工作中应保证单值测距,即满足 $T_m \gg \dfrac{2R}{c}$,因此有:

$$f_{bav} \approx \frac{8\Delta f}{T_m c}R = f_b \tag{4-25}$$

$$R = \frac{c}{8\Delta f}\frac{f_{bav}}{f_m} \tag{4-26}$$

式中,f_m 为发射机频率。

反射回波来自运动目标,其距离为 R 而径向速度为 v 时,其回波频率 f_r 为:

$$f_r = \left(f_t \pm \frac{8\Delta fR}{T_m c}\right) + f_d \tag{4-27}$$

式中,后半周使用"+",对应负向调频;前半周使用"−",对应正向调频;f_d 表示多普勒频率。

整理上述公式可分别得到:

$$f_{b+} = f_t - f_r = \frac{8\Delta fR}{T_m c} - f_d \tag{4-28}$$

$$f_{b-} = f_r - f_t = \frac{8\Delta fR}{T_m c} + f_d \tag{4-29}$$

式(4-28)和式(4-29)相加可得运动目标的测距公式为:

$$R = \frac{c}{8\Delta f}\cdot\frac{f_{b+} + f_{b-}}{2f_m} \tag{4-30}$$

式(4-28)和式(4-29)相减并变换可得运动目标的测速公式为：

$$v = \frac{\lambda}{4(f_{b-} - f_{b+})} \tag{4-31}$$

由于频率计数器只能读出整数值而不能读出分数,因此这种方法会产生固定误差 ΔR：

$$\Delta R = \frac{c}{8\Delta f} \frac{\Delta f_{bav}}{f_m} \tag{4-32}$$

式中,$\dfrac{\Delta f_{bav}}{f_m}$ 表示在一个调制周期内平均差频的计数误差。一般取 Δf 为几十兆赫,$\dfrac{\Delta f_{bav}}{f_m}$ 的典型值为 ± 1,因此调频连续波法的测距精度较高。

综上,调频连续波测距的优缺点见表 4-2。

表 4-2　调频连续波测距的优缺点

优　点	缺　点
能测量很近的距离(无盲区),一般可到数米,且精度较高	难以同时测量多个目标。若测量多个目标,则必须采用大量滤波器和频率计数器等,使装置复杂,从而限制其应用范围
发射功率低(若功率偏高,由于收发同时工作,则接收机易过载)、体积小、质量轻,常用于飞机高度表和微波引信等	收发间的隔离是一个难题,需严格限制发射功率,影响作用距离

4.1.2.2　脉冲调频测距

脉冲调频测距的基本组成原理如图 4-7 所示。图中,T 为上升、下降、恒定 3 个调频段中其中一段的时间,T_τ 为脉冲宽度,PRI 为脉冲重复周期,f_Δ 为输出的差拍频率。

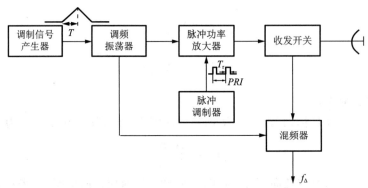

图 4-7　脉冲调频测距的基本组成原理框图

调频信号经过调频振荡器产生调频连续波,输出到脉冲功率放大器进行功率放大并进行脉冲调制,生成的脉冲调频波经天线向空间辐射。接收天线收到的目标回波为时间滞后的脉冲调频波,其加到混频器与调频连续波混频,从而产生差频回波信号脉冲。利用脉冲调频测距时会产生测距模糊。为判断模糊,可以对周期发射的脉冲信号加上“标志”,调频脉冲串就是其中的一种方法。

脉冲调频时的发射信号频率如图 4-8 所示,共分为 A,B,C 3 段,分别采用正斜率调频、负斜率调频和发射恒定频率。图中，t_d 为目标延迟时间；F 为发射信号带宽；F_A，F_B，F_C 为 A，B，C 段差频。由于调频周期 $3T$ 远大于雷达发射脉冲重复周期 T_r，故在每一个调频段中均包含多个脉冲，如图 4-9 所示。

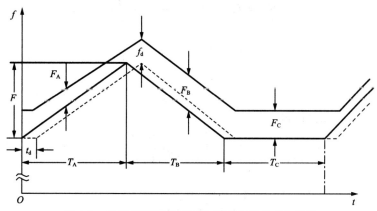

图 4-8　发射信号频率及回波信号的频率变化规律

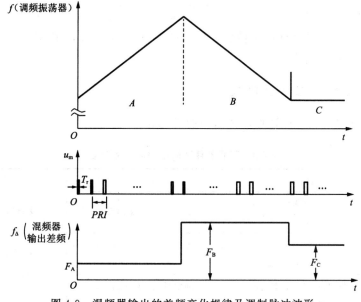

图 4-9　混频器输出的差频变化规律及调制脉冲波形

回波信号频率变化的规律如图 4-8 中的虚线所示，它表示回波信号无多普勒频率时的频率变化规律，相对于发射信号有一个固定的延迟 t_d，即将发射信号的调频曲线向右平移 t_d。

$$t_d = \frac{2R}{c} \qquad (4-33)$$

当回波信号有多普勒频移时，其回波信号频率变化的规律如图 4-8 中的虚线所示(图中多普勒频移为正值)，是将无多普勒频移时的信号频率向下平移 f_d 得到的。

连续振荡的发射信号和回波脉冲串在接收机混频器中混频，故在混频器输出端可得到收、发信号的差频信号。设发射信号的调频斜率为 μ，用下式表示：

$$\mu = \frac{F}{T} \tag{4-34}$$

在 A,B,C 3 个工作段,收、发信号间的差频分别表示为:

$$F_A = f_d - \mu t_d = \frac{2v_r}{\lambda} - \mu \frac{2R}{c} \tag{4-35}$$

$$F_B = f_d + \mu t_d = \frac{2v_r}{\lambda} + \mu \frac{2R}{c} \tag{4-36}$$

$$F_C = f_d = \frac{2v_r}{\lambda} \tag{4-37}$$

由式(4-35)~式(4-37)可得:

$$F_B - F_A = 4\mu \frac{R}{c} \tag{4-38}$$

即

$$R = \frac{F_B - F_A}{4\mu} c \tag{4-39}$$

$$v_r = \frac{\lambda F_C}{2} \tag{4-40}$$

测量出 A,B,C 3 段工作区间回波脉冲信号的差频 F_A,F_B,F_C,利用式(4-39)和式(4-40)可求得目标距离 R 和径向速度 v_r。

4.1.2.3 几种测距方法比较

常用的几种测距方法的优缺点以及适用场景见表 4-3。

表 4-3 不同条件下的电磁波传播速度

方　法	优　点	缺　点	适用场景
脉冲调频	原理简单, 作用距离远(功率大)	需解模糊,有距离盲区	多目标测距(最常用)
调频连续波	体积小,无盲区, 无须解模糊,精度高	通常只能测单个目标, 作用距离近	近距离、单目标测距
脉冲调频波	作用距离远(功率大), 无须解模糊	通常只能测单个目标, 有距离盲区	远距离、单目标测距

4.1.3 距离跟踪原理

距离跟踪指对运动目标的距离进行连续测量的过程,可采用人工(早期雷达)、半自动和自动 3 种方式。

无论采用何种方式,都需要产生一个位置可调的时标(波门),使其在时间上与回波重合,然后精确读出时标位置并转化为目标的距离数据送出。

4.1.3.1 人工距离跟踪

早期雷达多数只有人工距离跟踪。操作人员按照显示器上的画面将移动的电刻度对准目标回波,从控制器度盘或计数器上读出移动电刻度的准确时延,就可以转换成目标的距离。因此,连续进行距离测量的关键是要产生移动的电刻度,且电刻度对应的延迟时间可准确读出。常用的产生移动电刻度的方法有锯齿波法、相位调制法、复合法。

1) 锯齿波法

锯齿波法的基本原理框图和信号波形图如图 4-10 所示。

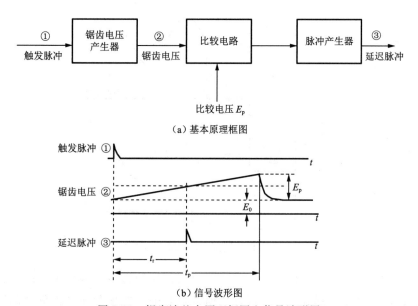

（a）基本原理框图

（b）信号波形图

图 4-10　锯齿波基本原理框图和信号波形图

来自定时器的触发脉冲是锯齿电压产生器的锯齿电压与比较电压 E_p 一同加到比较电路上产生的,当锯齿电压上升到比较电压时,比较电路就有输出送到脉冲产生器,使之产生一窄脉冲。这个窄脉冲即可控制一级移动指标形成电路,形成一个所需形式的电移动时标。在最简单的情况下,脉冲产生器产生的窄脉冲本身就可以作为移动时标。当锯齿电压波的上升斜率确定后,移动时标产生的时间就由比较电压决定。要想精确地读出移动时标产生的时间 t_r,可以从线性电位器上取出比较电压,即比较电压与线性电位器旋臂的角度 θ 呈线性:

$$E_p = K\theta \tag{4-41}$$

式中,比例系数 K 与线性电位器的结构及所加电压有关。

因此,如果在线性电位器旋臂的转盘上按距离划分刻度,则可以直接从度盘上读出移动时标对准的那个刻度所代表的目标距离。

锯齿波法产生移动指标的优点是设备比较简单,指标活动范围大且不受频率限制,但缺点是测距精度不足。

2) 相位调制法

相位调制法的基本原理框图如图 4-11 所示。相位调制法指利用正弦波移相来产生移动时标。正弦波经过放大、限幅、微分后,在其相位为 0 和 π 的位置上分别得到正、负脉冲,若再经单向削波就可以得到一串正脉冲。相对于基准正弦的零相位脉冲,常称为基准脉冲。将正弦电压加到一级移相电路,则移相电路使正弦波的相位在 $0 \sim 2\pi$ 范围内连续变化。因此,经过移相的正弦波产生的脉冲将在正弦波周期内连续移动,这个脉冲称为迟延脉冲,就是所需的移动时标。

正弦波的相移可以通过外界某种机械信号进行控制,使机械轴的转角与正弦波的相移角之间有良好的线性关系,这样就可以通过改变机械角使迟延脉冲在 $0 \sim T$ 范围内任意移动。常用的移相电路由专门制作的移相电容或移相电感来实现。这些元件能使正弦波在 $0 \sim 2\pi$ 范围内连续移相且相移角与转轴转角呈线性,其输出的移相正弦波振幅为常数。

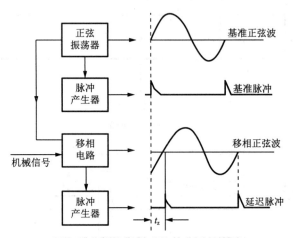

图 4-11　相位调制法的基本原理框图

利用相位调制法产生移动时标有如下优点:因为机械轴转角与输出电压的相移角有良好的线性关系,从而提高了延迟脉冲的准确性。但缺点是输出幅度受正弦波频率的限制。正弦波频率 ω 越低,移相器的输出幅度越小,延迟时间的准确性也就越差。保证较高的 ω 会影响测距范围(最大相位差为 2π)。这是因为 $t_z = \varphi / \omega$,$\Delta t_z = \Delta \varphi / \omega$,其中 t_z 为信号传输时延,$\Delta \varphi$ 表示相位系统误差,Δt_z 表示延迟时间测量误差。一般来说,正弦波的频率不应低于 15 kHz,相位调制法产生的移动指标的移动范围在 10 km 以内,不能满足雷达工作的需要。

3)复合法

为了既保证延迟时间的准确性又有足够大的延迟范围,可以采用复合法产生移动时标。

所谓复合法产生移动时标,是指利用锯齿波法产生一组粗测波门,而用相位调制法产生精测移动时标。粗测波门可以在雷达所需的整个距离量程内移动,而精测时标则只在粗测波门所相当的距离范围内移动。这样,粗测波门扩大了移动时标的延迟范围,而精测时标则保证了延迟时间的精确性。

4.1.3.2　自动距离跟踪

自动距离跟踪的基本原理框图如图 4-12 所示。自动距离跟踪系统可保证电移动指标自动地跟踪目标回波并连续给出目标距离数据。整个自动距离跟踪系统应包括对目标地搜索、捕获和自动跟踪 3 个互相关联的部分。

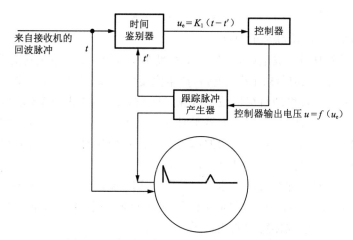

图 4-12 自动距离跟踪系统的基本原理框图

自动距离跟踪系统主要包括时间鉴别器、控制器和跟踪脉冲产生器 3 部分。显示器在自动测距系统中仅起监视目标的作用。

假设空间中一个目标已被雷达捕获,目标回波经接收机处理后成为具有一定幅度的视频脉冲加到时间鉴别器上,同时跟踪脉冲也会加到时间鉴别器上。自动距离跟踪时所用的跟踪脉冲与人工测距时的电移动指标本质上是一样的,都是要求它们的延迟时间在测距范围内均匀可变,且可以精确读出。在自动距离跟踪时,跟踪脉冲的另一路与回波脉冲一起加到显示器上,以便观测和监视。

时间鉴别器的作用是鉴别出回波脉冲与跟踪脉冲间的时间差。时间鉴别器的内部结构如图 4-13 所示。图中,前波门触发脉冲相对于发射脉冲的延迟时间为 t_z,回波脉冲相对于基准发射脉冲的延迟时间为 t,跟踪脉冲相对于发射脉冲的延迟时间为 t',波门的宽度为 τ,通常 $\tau = \tau_c$,则时间鉴别器输出的误差电压 u_e 为:

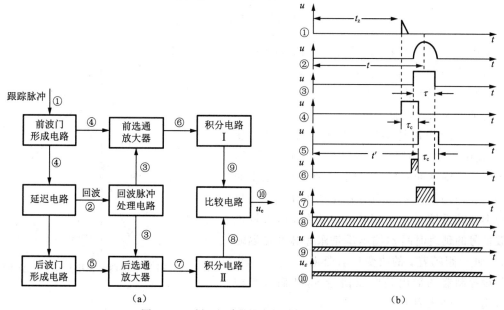

图 4-13 时间鉴别器的内部结构与各点波形

$$u_e = K_1(t - t') = K_1 \Delta t \qquad (4-42)$$

式中，Δt 是回波脉冲与跟踪脉冲的时间差。

跟踪脉冲触发前波门形成电路，使其产生宽度为 τ_c 的前波门并送到前选通放大器，同时经过延迟线延迟 τ_c 后送到后波门形成电路，产生宽度为 τ_c 的后波门，后波门也送到后选通放大器作为开关。来自接收机的目标回波信号经过回波处理后变成一定幅度的方整脉冲，分别加至前、后选通放大器。前、后选通放大器平时处于截止状态，只有当它的两个输入（波门和回波）在时间上相重合时才有输出。前、后波门将回波信号分为两部分，分别由前、后选通放大器输出，经过积分电路平滑送到比较电路以鉴别其大小。

当跟踪脉冲与回波脉冲在时间上重合，即 $t' = t$ 时，输出误差电压为零；当两者不重合时，输出误差电压为 u_e，其大小正比于时间的差值，其正负取决于跟踪脉冲处于超前或者滞后于回波脉冲的状态。时间鉴别器特性曲线如图 4-14 所示。

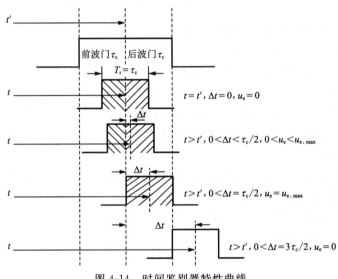

图 4-14　时间鉴别器特性曲线

从图 4-14 中可以看出，当 Δt 的初值过大时，无调节作用。

时间鉴别器输出电压 u_e 与 Δt 的关系由图 4-15 给出。可以看出，仅部分区域为线性关系，呈正比的部分为快速调整区域。

控制器的作用是将误差电压经过适当的变换，其输出作为控制跟踪脉冲产生器工作的信号，结果是使跟踪脉冲的延迟时间 t' 朝着 Δt 减小的方向变化，直到 $\Delta t = 0$ 或其他稳定的工作状态。自动距离跟踪系统是一个闭环随动系统，输入量是回波信号的延迟时间 t，输出量是跟踪脉冲延迟时间 t'，而 t' 跟随着 t 的改变自动变化。

设控制器的输出是电压信号 u，其输入与输出可用以下公式表示：

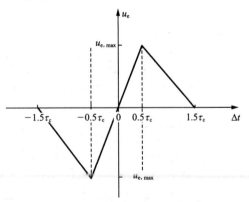

图 4-15　时间鉴别器输出电压 u_e 与 Δt 的关系

$$E = f(u_e) \tag{4-43}$$

最简单的情况是输入和输出成线性关系,即

$$u_e = K_1(t - t') = K_1 \Delta t \tag{4-44}$$

控制器的输出 u 用来成比例地改变跟踪脉冲的延迟时间 t',即

$$t' = K_2 u \tag{4-45}$$

当 K_1,K_2 为常数时,不能得到 $t' = t$,此时跟踪脉冲不可能无误差地对准目标回波,式 (4-45) 表示的是自动距离跟踪系统的位置误差。目标的距离越远,跟踪系统误差 $\Delta t = t - t'$ 越大。这种闭环随动系统称为一阶有差系统。

若控制器采用积分元件,则可以消除位置误差。此时输出 u 和输入 u_e 之间的关系可用积分表示为:

$$u = \frac{1}{T}\int u_e \mathrm{d}t \tag{4-46}$$

如果将目标距离 R 和跟踪脉冲所对应的距离 R' 代入,则得:

$$R' = \frac{K_1 K_2}{T}\int (R - R')\mathrm{d}t \tag{4-47}$$

即

$$\frac{\mathrm{d}R'}{\mathrm{d}t} = \frac{K_1 K_2}{T}(R - R') = \frac{K_1 K_2}{T}\Delta R \tag{4-48}$$

由式(4-48)可知,对于固定目标或移动缓慢的目标,$\mathrm{d}R'/\mathrm{d}t = 0$,这时跟踪脉冲可以对准回波脉冲 $R' = R$,保持跟踪状态而没有位置误差。这是因为积分器具有积累作用。

在电子模拟式和数字式自动距离跟踪系统中,常采用自动搜索和自动捕获目标并转入跟踪。

4.2　角度的测量

4.2.1　测角原理概述

雷达测角是雷达系统中的一个重要功能,目的是确定目标在空间中的方向,即待测量参数为目标的方位角和俯仰角(高低角)。图 4-16 给出了待测量参数示意图。

电波在均匀介质中传播的直线性和雷达天线的方向性是角度测量的物理基础。天线的方向性体现在对于不同方向到达的电磁波有不同的振幅和相位的响应。将方向性函数以曲线方式描绘出来,称为方向图。它是描述天线辐射场在空间相对分布随方向变化的图形,通常指归一化方向图。

衡量雷达测角性能的主要技术指标有测角范围、测角速度、测角精度或准确度、角分辨率等。要注意测角准确度和分辨率的区别,其中准确度指的是测量值与真值间的偏离程度,而角分辨率则是指能区分开不同目标的角度差极限值。

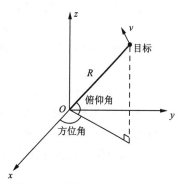

图 4-16　目标方位角和俯仰角示意图

4.2.2 相位法测角

4.2.2.1 基本原理

雷达系统会测量从各个天线阵元接收到的信号的相位差。由于相位差取决于目标与各个天线阵元的相对位置(即目标的方向),所以测量得到的相位差可以用来确定目标的方向。如图 4-17 所示,设在 θ 方向处有目标,则到达接收点的目标所反射的电波近似为平面波。由于两天线间距为 d,故分别收到的信号由于存在的波程差 ΔR 而产生一个相位差 φ,根据相位计测得的 φ 可计算出目标的角度。设 λ 为雷达波长,则相邻两个天线阵元的相位差为:

$$\varphi = \frac{2\pi}{\lambda}\Delta R = \frac{2\pi}{\lambda}d\sin\theta \tag{4-49}$$

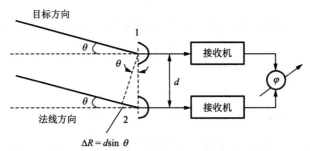

图 4-17 相位法测角天线接收示意图

由于在较低频率上容易实现比相,故通常将两天线收到的高频信号经与同一本振信号差频后,在中频进行比相。设两接收高频信号为:

$$u_1 = U_1\cos(\omega t - \varphi) \tag{4-50}$$

$$u_2 = U_2\cos\omega t \tag{4-51}$$

本振信号初相为 φ_L,则本振信号为:

$$u_L = U_L\cos(\omega_L t + \varphi_L) \tag{4-52}$$

第一路信号与本振混频得:

$$u_{I1} = U_{I1}\cos[(\omega - \omega_L)t - \varphi - \varphi_L] \tag{4-53}$$

第二路信号与本振混频得:

$$u_{I2} = U_{I2}\cos[(\omega - \omega_L)t - \varphi_L] \tag{4-54}$$

从式(4-53)和式(4-54)可以看出,两个中频信号 u_{I1} 和 u_{I2} 之间的相位差仍为 φ。

图 4-18 为相位法测角内部结构方框图。接收信号经过混频、放大后再加到相位比较器中进行比相,其中自动增益控制电路用来保证中频信号幅度稳定,以免幅度变化引起测角误差。

根据相位比较器输出的相位差,计算目标角度得:

$$\varphi = \frac{2\pi}{\lambda}\Delta R = \frac{2\pi}{\lambda}d\sin\theta \tag{4-55}$$

4.2.2.2 测角误差

当相位差 φ 测量不准时,将造成测角误差,即

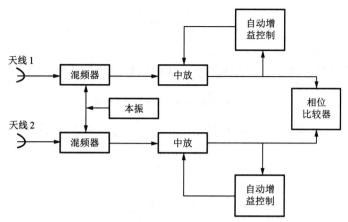

图 4-18　相位法测角内部结构方框图

$$\mathrm{d}\varphi = \frac{2\pi}{\lambda}d\cos\theta\,\mathrm{d}\theta \tag{4-56}$$

$$\mathrm{d}\theta = \frac{\lambda}{2\pi d\cos\theta}\mathrm{d}\varphi \tag{4-57}$$

从式(4-56)和式(4-57)可以看出,当采用读数精度高($\mathrm{d}\varphi$ 小)的相位计,或减小 $\frac{\lambda}{d}$ 的值时,均可提高测角精度。还可注意到,当 $\theta=0$ 时,即目标处在天线法线方向时,测角误差 $\mathrm{d}\theta$ 最小。当 θ 增大时,$\mathrm{d}\theta$ 也增大,为保证一定的测角精度,θ 的范围有一定的限制。

减小 $\frac{\lambda}{d}$ 的值虽然可提高测角精度,但由式(4-49)可知,在一定的测角范围内,当 $\frac{\lambda}{d}$ 减小到一定程度时,φ 可能超过 2π,此时 $\varphi=2\pi N+\psi$,其中 N 为整数,ψ 为相位计实际读数,$\psi<2\pi$。由于 N 未知,因而 φ 的真实值不能确定,就会出现多值性(模糊)问题。

为了解决多值性问题,有效的办法就是采用三天线设备,如图 4-19 所示。其中,间距大的 1,3 天线用来得到高精度测量,而间距小的 1,2 天线用来解决多值性问题。设目标在 θ 方向,天线 1,2 之间的距离为 d_{12},天线 1,3 之间的距离为 d_{13},选取合适的 d_{12},使天线 1,2 收到的信号之间的相位差在测角范围内均满足:

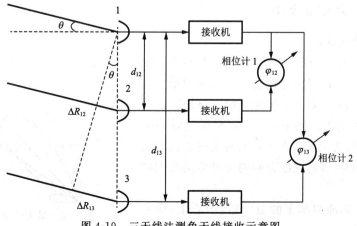

图 4-19　三天线法测角天线接收示意图

$$\varphi_{12} = \frac{2\pi}{\lambda} d_{12} \sin \theta < 2\pi \tag{4-58}$$

式中,φ_{12} 由相位计 1 读出。

根据要求,选择较大的 d_{13},则天线 1,3 收到的信号的相位差为:

$$\varphi_{13} = \frac{2\pi}{\lambda} d_{13} \sin \theta = 2\pi N + \psi \tag{4-59}$$

式中,φ_{13} 由相位计 2 读出,但实际读数是小于 2π 的 ψ,为了确定 N 值,可利用如下关系:

$$\frac{\varphi_{13}}{\varphi_{12}} = \frac{d_{13}}{d_{12}} \tag{4-60}$$

$$\varphi_{13} = \frac{d_{13}}{d_{12}} \varphi_{12} \tag{4-61}$$

根据相位计 1 的读数 φ_{12} 可算出 φ_{13},其中 φ_{12} 包含相位计的读数误差。由式(4-61)可知,φ_{13} 具有的误差为相位计误差的 $\frac{d_{13}}{d_{12}}$ 倍,它只是式(4-59)的近似值,只要 φ_{12} 的读数误差不大,就可用它确定 N,即用 $\frac{d_{13}}{d_{12}} \varphi_{12}$ 除以 2π,所得到的商的整数部分就是 N,然后由式(4-59)算出 φ_{13} 并确定 θ。由于 $\frac{d_{13}}{\lambda}$ 值较大,从而保证了所要求的测角精度。

4.2.2.3 相位法测角优缺点

优点:精度高,天线无须扫描,可以实现实时测角,并且可以处理多个目标。

缺点:相位法测角天线系统相对复杂,且需要精确测量信号的相位,并进行复杂的解模糊等信号处理。另外,在实际应用中由于天线阵列的方向性、信号频率和天线间距等因素影响相位法,测角范围也会受到限制。

4.2.3 幅度法测角

幅度法测角是利用天线收到的回波信号幅度值来进行角度测量的,该幅度值的变化规律取决于天线方向图以及天线扫描方式。幅度法测角可分为最大信号法和等信号法两大类。

4.2.3.1 最大信号法

1) 最大信号法的原理

如图 4-20 所示,当天线波束做圆周扫描或在一定扇形范围内做匀速扫描时,对收发共用天线的单基地脉冲雷达而言,接收机输出的脉冲串幅度值被天线双程方向图函数所调制。图中,ω_a 表示天线扫描角速度,t 表示时间,θ_A 表示天线在 t 时刻与基准方向之间的夹角,θ_t 表示目标-雷达连线方向与基准方向之间的夹角。

可通过找出脉冲串幅度的最大值(中心值)确定

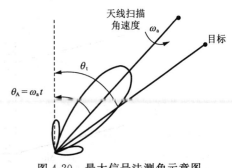

图 4-20 最大信号法测角示意图

该时刻波束轴线指向为目标所在方向,即回波最大方向为目标方向,如图 4-21(a)尖峰所示。图中,F 表示单程电压天线方向图函数。如果天线转动角速度为 ω_a(r/min),脉冲雷达重复频率为 f_r,则两脉冲间的天线转角 $\Delta\theta_s$ 为:

$$\Delta\theta_s = \frac{\omega_a \times 360^\circ}{60} \cdot \frac{1}{f_r} \tag{4-62}$$

当天线轴线(最大值)扫过目标方向时,不一定有回波脉冲,也就是说,由于发射脉冲的离散性,可能产生相应的"量化"测角误差 $\Delta\theta_s$。通常回波信号总是混杂着噪声和干扰,为减弱噪声的影响,脉冲串在二进制量化前先进行积累。如图 4-21(b)所示,积累后的输出将产生一个固定的延迟 t_1,对其进行补偿后可以提高测角精度。

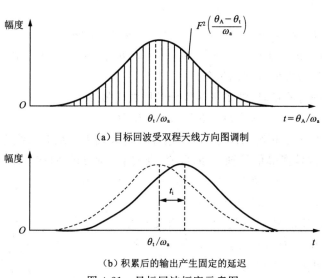

(a)目标回波受双程天线方向图调制

(b)积累后的输出产生固定的延迟

图 4-21 目标回波幅度示意图

2)最大信号法的优缺点

优点:一是简单方便;二是用天线方向图的最大值方向测角时回波最强,故信噪比最大,对检测发现目标是有利的。

缺点:测量精度通常不高,典型精度为波束宽度的 20% 左右;不能实时地给出目标偏离波束轴线的方向,故不能用于自动测角。

4.2.3.2 等信号法

等信号法是雷达系统中常用的一种测角方法。这种方法的主要思想是通过比较目标在两个或多个波瓣(瓣状辐射模式)中产生的回波信号确定目标的角度。

等信号法测角一般采用两个相同且彼此部分重叠的波束,其方向图如图 4-22 所示。如果目标处在两波束的交叠轴 OA 方向,则两波束收到的信号强度相等,否则如图 4-23 所示,其一个波束收到的信号强度高于另一个。因此,比较两个回波的强弱就可以判断目标偏离等信号轴的方向并可通过查表估计偏离等信号轴的大小。

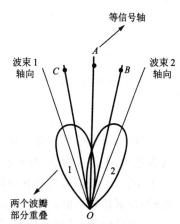

图 4-22 等信号法的波束方向图

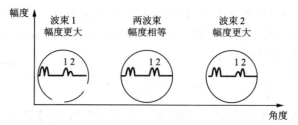

图 4-23　K 型（双天线 A 型）显示器画面

设天线电压方向性函数为 $F(\theta)$，等信号轴 OA 的指向为 θ_0，则波束 1 和 2 的方向性函数可分别写成：

$$F_1(\theta) = F(\theta_1) = F[\theta_k - (\theta_0 - \theta)] = F(\theta + \theta_k - \theta_0) \tag{4-63}$$

$$F_2(\theta) = F(\theta_2) = F[-\theta_k - (\theta_0 - \theta)] = F(\theta - \theta_k - \theta_0) \tag{4-64}$$

式中，θ_k 为 θ_0 与波束最大值方向的偏角。

利用等信号法进行测量时，波束 1 接收到的回波信号 $u_1(\theta)$ 为：

$$u_1(\theta) = KF_1(\theta) = KF(\theta_k - \theta_t) \tag{4-65}$$

式中，K 为比例系数，F 是相对天线方向图函数，F_1 是天线 1 的绝对天线方向图函数。

设 θ_t 为目标方向偏离等信号轴 θ_0 的数值，则波束 2 收到的回波电压 $u_2(\theta)$ 为：

$$u_2(\theta) = KF_2(\theta) = KF(-\theta_k - \theta_t) = KF(\theta_k + \theta_t) \tag{4-66}$$

式中，F_2 是天线 2 的绝对天线方向图函数。

图 4-24 给出了等信号法中使用到的相关符号。其中，O 为基准点，A 方向为对称轴所处方向，B 和 C 方向为目标可能所处方向的示例。下面以目标处于 C 方向为例进行介绍。θ 是目标的绝对角度，即以图中最左侧的虚线为基准方向，目标所处方向与基准方向之间的夹角。θ_0 是对称轴的绝对角度，θ_1 是目标偏离波束 1 轴向方向的相对角度，θ_k 是波束 1 轴向或波束 2 轴向与对称轴之间的夹角，θ_t 是目标偏离对称轴的角度，θ_2 是目标偏离波束 2 轴向方向的相对角度。

等信号法的实现方式又包括比幅法与和差法两种。

1）比幅法

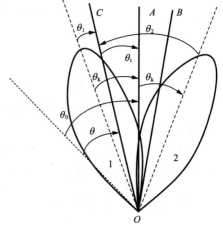

图 4-24　等信号法中的相关符号示意图

两个波束所接收信号的幅度比为：

$$\frac{u_1(\theta)}{u_2(\theta)} = \frac{F(\theta_k - \theta_t)}{F(\theta_k + \theta_t)} \tag{4-67}$$

显然，两个信号幅度的比值与待测量的目标角度 θ_t 有关。但这里的表达式是关于 θ_t 的隐式表达式，不便于对 θ_t 的求解。在实际的工程应用中，一般都使用查表法求得目标的角度。具体而言，工程师事先制好由目标角度、幅度比值两列组成的表格，供使用时进行查询。在使用时，根据计算出的幅度比值，到表格的"幅度比值"列中查找与该比值最接近的值所在的行，该行中"目标角度"列的值即目标的测量角度。显然，在制表时，各行目标角度的量化间隔越小,则目标的角度测量误差越小,但所需查询时间一般也越长。

2) 和差法

由 u_1 和 u_2 可求得其差值 $\Delta(\theta)$ 及和值 $\Sigma(\theta)$,即

$$\Delta(\theta) = u_1(\theta) - u_2(\theta) = K[F(\theta_k - \theta_t) - F(\theta_k + \theta_t)] \tag{4-68}$$

$$\Sigma(\theta) = u_1(\theta) + u_2(\theta) = K[F(\theta_k - \theta_t) + F(\theta_k + \theta_t)] \tag{4-69}$$

在等信号轴 $\theta = \theta_0$ 附近,即 $\theta_t \approx 0$ 时,$\Delta(\theta)$ 和 $\Sigma(\theta)$ 可近似表示为:

$$\Delta(\theta_t) \approx -2K\theta_t F'(\theta_k) \tag{4-70}$$

$$\Sigma(\theta_t) \approx 2KF(\theta_k) \tag{4-71}$$

式中,F' 表示天线方向图函数的导数。需注意的是,式(4-70)和式(4-71)中和、差两个函数的自变量均改为 θ_t。实际上,如图 4-24 所示,θ 和 θ_t 分别表示待测目标角度的绝对角度和相对角度。它们的值可以进行相互转换。

对差函数、和函数求比值后,可得:

$$\frac{\Delta(\theta)}{\Sigma(\theta)} = \frac{-F'(\theta_k)}{F(\theta_k)} \cdot \theta_t \tag{4-72}$$

显然,得到差函数、和函数的比值后,根据式(4-72)即可计算出 θ_t 的数值,无须查表。

3) 同时波瓣法和顺序波瓣法

根据实际操作的不同,等信号法又可以分为同时波瓣法和顺序波瓣法。

同时波瓣法是在同一个雷达脉冲周期内,利用两套系统同时发射和接收两个空间指向稍有偏差的波束,然后比较不同波束接收到的回波信号,从而确定目标的角度。这种方法的优点是可以实时获取目标角度,但实现起来比较复杂,需要雷达同时处理多个波束的信息。

顺序波瓣法是在连续的几个雷达脉冲周期内依次发射和接收指向不同方向的波束,然后比较不同波束接收到的回波信号,以确定目标的角度。这种方法的优点是实现起来相对简单,只需要雷达在不同的时间处理不同的波束信息,但缺点是获取目标角度的时间较长,因为需要在多个脉冲周期内收集信息。

这两种方法都有各自的优点和缺点,实际选择哪一种方法主要取决于雷达系统的需求和能力。

4) 等信号法的优缺点

(1) 优点。

① 测角精度高:由于等信号轴附近方向图的斜率变化大(图 4-25),所以当目标略微偏离等信号轴时,两信号的强度变化较显著。等信号法的精度约为波束宽度的 2%,比最大信号法高一个量级。

② 便于自动测角:根据两个波束收到的信号强弱可即时判别目标偏离等信号轴的方向,从而便于自动测角。

(2) 缺点。

系统复杂且作用距离短:等信号法测角系统一般比较复杂且作用距离受到一定的影响,等信号轴方向不是天线方向图的最大值方向。若两波束交点选在最大值的 0.7~0.8 处,则对收发共用天线的雷达,作用距离比最大信号法减小 20%~30%。

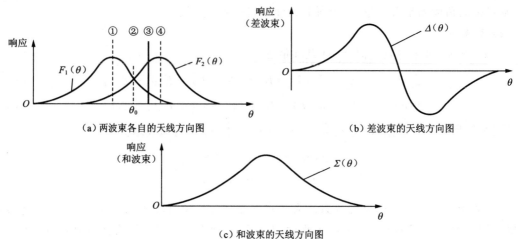

（a）两波束各自的天线方向图   （b）差波束的天线方向图

（c）和波束的天线方向图

①—波束1轴向；②—等信号轴；③—目标方向；④—波束2轴向。

图 4-25　和差法波束响应图

4.2.4　几种测角方法的比较

表 4-4 给出了几种测角方法的优缺点以及适用场合。

表 4-4　三种测角方法优缺点及适用场合

方　法	优　点	缺　点	适用场合
相位法	精度高， 天线无须扫描	需解模糊，天线复杂， 测角范围受限	小范围、 高精度测角
最大信号法	天线简单， 作用距离远	精度较低， 测角速度慢	远距离、 普通精度测角
等信号法	精度高， 可连续测角	作用距离比最大信号法的小， 电路、处理算法复杂	单目标 跟踪中的测角

拓展阅读

保铮院士读大学的故事

本章教学视频

脉冲法测距及
距离解模糊原理

调频法测距原理

距离跟踪原理

相位法测角的
基本原理

幅度法测角的
基本原理

第 5 章
雷达模糊函数

5.1 信号的复数表示

实际的雷达信号都是实数信号,且在观测时间内为能量有限的信号。在分析雷达信号的过程中,通常把实数信号写成复数形式,这样做主要是为了数学上分析方便。因此,有必要对雷达信号的复数表示方法加以介绍。本节首先从实信号及其频谱分析开始,通过分析实数信号频谱的对称性,以单频信号的矢量表示推导出任意实数信号的复数表示,即信号的解析表示。实现信号的复数表示有两种方法,即希尔伯特变换表示法和指数表示法。希尔伯特变换表示法是一种复解析信号的严格表示,而指数信号则是在窄带信号条件下的一种近似的解析信号。

5.1.1 实信号的频谱

雷达发射的信号不包含任何有关目标的信息,只是信息的运载工具,有关目标的信息是在发射信号遇到目标后产生反射的过程中调制上去的。实际的雷达信号都是实数信号,通常我们关心的是雷达射频信号和基带信号。目前的相参雷达中,雷达信号的幅度、频率和相位均是已知的。雷达信号可以用时间的实函数 $x(t)$ 表示,称为实信号,其特点是具有有限的能量或有限的功率。通常采用下标区分发射和接收,其中下标 t 表示发射,下标 r 表示接收。

雷达发射信号 $x_t(t)$ 可以认为是确定性信号,而雷达接收信号 $x_r(t)$ 可以认为是回波信号与噪声干扰叠加所形成的随机信号。

若实函数 $x(t)$ 为功率有限信号,则在时间 T 内信号的平均功率 P 有限,即

$$P = \lim_{T \to \infty} \frac{1}{T} \int_{-\infty}^{\infty} x^2(t) \mathrm{d}t < \infty \tag{5-1}$$

若实函数 $x(t)$ 为能量有限信号,则在信号的定义区间内能量 E_s 有限,即

$$E_s = \int_{-\infty}^{\infty} x^2(t) \mathrm{d}t < \infty \tag{5-2}$$

若函数 $x(t)$ 是平方可积的,则其为能量有限信号,也称能量型信号。随机信号及周期性信号的特点是具有有限的功率且能量无限,属于功率型信号。

通常,雷达信号的时域表达只能表征其频率、幅度、相位 3 个参数,而关系信号频率的参数如信号带宽、频谱分布特性等则需要对信号进行傅里叶变换。平方可积信号 $x(t)$ 也是能量有限信号:

$$x(t) = \int_{-\infty}^{\infty} X(f) e^{j2\pi ft} \, df \tag{5-3}$$

其频谱可以写为：

$$X(f) = \int_{-\infty}^{\infty} x(t) e^{-j2\pi ft} \, dt \tag{5-4}$$

式中，f 表示频率；$X(f)$ 称为信号的谱密度，或简称为频谱。

一般 $X(f)$ 为 f 的复函数，即

$$X(f) = |X(f)| e^{j\Theta(f)} \tag{5-5}$$

式中，$|X(f)|$ 为信号幅度谱，$\Theta(f)$ 为相位谱。

信号与其频谱之间的关系式是一一对应的。信号给定后，其频谱就是确定的，反之亦然。因此，信号既可以用时间函数来描述，也可以用它的频谱来描述。

由实信号频谱对称性可知：

$$\left. \begin{array}{l} X^*(f) = X(-f) \\ |X(f)| = |X(-f)| \\ \Theta(f) = -\Theta(-f) \end{array} \right\} \tag{5-6}$$

式中，符号 $*$ 表示求共轭。

一般实信号的频谱分布在整个频率轴（$-\infty < f < \infty$）上，尤其是持续时间有限的信号，也就是说，实信号频谱的正、负频率之间有着完全确定的关系，可由一个半边频谱推导出另一个半边频谱。

5.1.2　实信号的复数表示

实信号频谱的特点说明其频谱的信息是冗余的，因为只有一半是有用的。那么如何用这一半的频谱表征信号呢？由电路分析课程中电流矢量的概念可知，一个频率为 f_0 的连续单频信号可以表示为两个方向相反的旋转矢量的和，即

$$\left. \begin{array}{l} \cos(2\pi f_0 t) = \dfrac{1}{2}(e^{j2\pi f_0 t} + e^{-j2\pi f_0 t}) \\ \sin(2\pi f_0 t) = \dfrac{-j}{2}(e^{j2\pi f_0 t} - e^{-j2\pi f_0 t}) \end{array} \right\} \tag{5-7}$$

式（5-7）等号右边的两个旋转矢量实际上是对应实信号 $\cos(2\pi f_0 t)$ 或者 $\sin(2\pi f_0 t)$ 的两根谱线，即 $f = f_0$ 和 $f = -f_0$，故式（5-7）的第一行可进一步写为：

$$\cos(2\pi f_0 t) = \text{Re}[e^{j2\pi f_0 t}] = \text{Re}[e^{-j2\pi f_0 t}] \tag{5-8}$$

这里，实信号 $\cos(2\pi f_0 t)$ 用一个顺时针（或一个逆时针）旋转矢量的实部表示，也就是只用一根正频率谱线（或一根负频率谱线）表示余弦信号，而与它呈复共轭关系的负频率谱线被省略，因为是多余的。

这种信号表示法可推广应用于实信号 $x(t)$。利用式（5-3），信号 $x(t)$ 可以被写为积分形式，即

$$x(t) = \int_{-\infty}^{\infty} X(f) e^{j2\pi ft} \, df = \int_{-\infty}^{0} X(f) e^{j2\pi ft} \, df + \int_{0}^{\infty} X(f) e^{j2\pi ft} \, df \tag{5-9}$$

将式（5-9）右侧的第一项积分变量 f 用 $-f$ 替换，利用实信号频谱的对称性质 $X^*(f) = X(-f)$，式（5-9）可进一步写为：

$$x(t) = \int_0^\infty \left[X^*(f) e^{-j2\pi ft} + X(f) e^{j2\pi ft} \right] df = \mathrm{Re}\left[\int_0^\infty 2X(f) e^{j2\pi ft} df \right] \tag{5-10}$$

同理,如果式(5-9)中第二项积分变量 f 用 $-f$ 替换,则有:

$$x(t) = \int_{-\infty}^0 \left[X(f) e^{j2\pi ft} + X^*(f) e^{-j2\pi ft} \right] df = \mathrm{Re}\left[\int_{-\infty}^0 2X(f) e^{j2\pi ft} df \right] \tag{5-11}$$

式(5-10)说明,如果定义一个只包含正频率频谱的复信号 $s(t)$,其频谱 $S(f)$ 与实信号 $x(t)$ 的频谱 $X(f)$ 保持如下关系,即

$$S(f) = \begin{cases} 2X(f) & (f \geqslant 0) \\ 0 & (f < 0) \end{cases} \tag{5-12}$$

则复信号 $s(t)$ 的实部表示实信号 $x(t)$,即

$$x(t) = \mathrm{Re}\left[s(t) \right] \tag{5-13}$$

复信号只具有单边频谱,将使雷达信号和滤波器的分析运算大为简化。信号复数表示法主要有两种,即希尔伯特变换表示法和指数表示法,前者是通用的变换方法,而后者适用于窄带信号,因此本书主要介绍希尔伯特变换表示法。

通常复信号可表示为:

$$s(t) = x(t) + jy(t) \tag{5-14}$$

如果要求复信号具有式(5-13)所示的单边频谱性质,则对式(5-14)的虚部即 $y(t)$ 的表示必然有所限制。式(5-13)表示把实信号频谱中的负频率边带略去,正频率边带加倍组成一个复信号的频谱,这样得到的复信号称为复解析信号,简称解析信号。雷达信号的复数表示和雷达信号的解析表达式是等价的。

本书采用符号"$\rightleftharpoons$"表示信号及其频谱之间存在傅里叶变换的关系,即 $x(t) \rightleftharpoons X(f)$,定义其复解析信号为:

$$s_a(t) \rightleftharpoons S_a(f) = \begin{cases} 2X(f) & (f \geqslant 0) \\ 0 & (f < 0) \end{cases} \tag{5-15}$$

或表示为:

$$s_a(t) \rightleftharpoons S_a(f) = 2X(f) \cdot U(f) \tag{5-16}$$

式中,$U(f)$ 表示为频域的阶跃函数。

利用傅里叶变换的相乘性质和如下傅里叶变换对

$$\frac{1}{2}\delta(t) - \frac{1}{j2\pi t} \rightleftharpoons U(f) \tag{5-17}$$

可得:

$$s_a(t) = 2\left[\frac{1}{2}\delta(t) - \frac{1}{j2\pi t} \right] \otimes x(t) =$$

$$\int_{-\infty}^\infty x(\tau)\delta(t-\tau)d\tau + j\frac{1}{\pi}\int_{-\infty}^\infty \frac{x(\tau)}{t-\tau}d\tau = x(t) + j\hat{x}(t) \tag{5-18}$$

$$\hat{x}(t) = \frac{1}{\pi}\left[P\int_{-\infty}^\infty \frac{x(\tau)}{t-\tau}d\tau \right] \tag{5-19}$$

式中,t 表示时间,$\delta(t)$ 表示单位冲激函数,$U(f)$ 表示频域的单位阶跃函数,$\hat{x}(t)$ 是 $x(t)$ 的希尔伯特变换式,P 取柯西积分主值,即

$$P\int_{-\infty}^\infty \frac{x(\tau)}{t-\tau}d\tau = \lim_{\tau \to 0}\left[\int_{-\infty}^{t-\varepsilon} \frac{x(\tau)}{t-\tau}d\tau + \int_{t+\varepsilon}^\infty \frac{x(\tau)}{t-\tau}d\tau \right] \tag{5-20}$$

希尔伯特变换也是一种线性变换,其反变换式可以写为:

$$x(t) = -\frac{1}{\pi}\int_{-\infty}^{\infty}\frac{\hat{x}(\tau)}{t-\tau}\mathrm{d}\tau \tag{5-21}$$

式(5-18)还可写为:

$$\hat{x}(t) = x(t) \otimes \frac{1}{\pi t} \tag{5-22}$$

利用傅里叶变换相乘性质和下列傅里叶变换对

$$\frac{1}{\pi t} \rightleftharpoons -\mathrm{jSgn}(f) \tag{5-23}$$

可得:

$$\hat{x}(t) \rightleftharpoons \hat{X}(f) = -\mathrm{jSgn}(f)X(f) = \begin{cases} -\mathrm{j}X(f) & (f \geqslant 0) \\ \mathrm{j}X(f) & (f < 0) \end{cases} \tag{5-24}$$

于是有:

$$\mathrm{j}\hat{x}(t) \rightleftharpoons \begin{cases} X(f) & (f \geqslant 0) \\ -X(f) & (f < 0) \end{cases} \tag{5-25}$$

又因为

$$x(t) \rightleftharpoons \begin{cases} X(f) & (f \geqslant 0) \\ -X(f) & (f < 0) \end{cases} \tag{5-26}$$

所以:

$$s_\mathrm{a}(t) \rightleftharpoons S_\mathrm{a}(f) = \begin{cases} 2X(f) & (f \geqslant 0) \\ 0 & (f < 0) \end{cases} \tag{5-27}$$

这个结果说明解析信号实部、虚部分量相加的结果使原信号负频率轴上的频谱相抵消,而正频率轴上的频谱则加倍。

实信号 $x(t)$ 的能量为:

$$E_\mathrm{s} = \int_{-\infty}^{\infty}x^2(t)\mathrm{d}t = \int_{-\infty}^{\infty}|X(f)|^2\mathrm{d}f \tag{5-28}$$

复解析信号 $s_\mathrm{a}(t)$ 的能量为:

$$E_\mathrm{a} = \int_{-\infty}^{\infty}|s_\mathrm{a}(t)|^2\mathrm{d}t = \int_{0}^{\infty}|2X(f)|^2\mathrm{d}f = 2E_\mathrm{s} \tag{5-29}$$

需要注意的是,复解析信号的能量是实信号能量的两倍。通常在分析雷达信号参数时,为了推导方便,常假设信号能量归一化,这里指的是 $E_\mathrm{a} = 1$。此时信号的能量为:

$$E_\mathrm{s} = \int_{-\infty}^{\infty}x^2(t)\mathrm{d}t = \frac{1}{2} \tag{5-30}$$

5.1.3　回波信号的复信号表示

设雷达发射信号为:

$$s(t) = a(t)\cos[2\pi f_0 t + \varphi(t)] \tag{5-31}$$

式中,$a(t)$ 为信号包络,f_0 为载波频率,$\varphi(t)$ 为信号相位。

点目标回波信号(为简化起见,不考虑回波的衰减)可表示为:

$$s_r(t) = \sigma a\left[t - \frac{2R(t)}{c}\right]\cos\left\{2\pi f_0\left[t - \frac{2R(t)}{c}\right] + \varphi\left[t - \frac{2R(t)}{c}\right]\right\}$$
$$= a'(t)\cos\{2\pi f_0 t + \varphi'(t)\} \tag{5-32}$$

$$a'(t) = \sigma a\left[t - \frac{2R(t)}{c}\right] \tag{5-33}$$

$$\varphi'(t) = -\frac{4\pi R(t)}{\lambda} + \varphi\left[t - \frac{2R(t)}{c}\right] \tag{5-34}$$

式中,σ 为目标后向散射系数,$R(t)$ 为雷达与目标之间的距离,c 为光速,$a'(t)$ 为幅度,$\varphi'(t)$ 为相位。需要注意的是,$a'(t)$ 和 $\varphi'(t)$ 中的上标撇并不代表求导,只是为了简化表达。后面也有类似的简化表达用法。

经过正交解调(采用相干本振)后的点目标回波信号为:

$$s_r(t) = a'(t)\cos\left[2\pi f_0 t + \varphi'(t)\right] \tag{5-35}$$

$$a'(t)\cos\left[2\pi f_0 t + \varphi'(t)\right] \cdot \cos(2\pi f_0 t) \xrightarrow[\text{滤波}]{\text{低通}} I(t) = a'(t)\cos\left[\varphi'(t)\right] \tag{5-36}$$

$$a'(t)\cos\left[2\pi f_0 t + \varphi'(t)\right] \cdot \sin(2\pi f_0 t) \xrightarrow[\text{滤波}]{\text{低通}} Q(t) = a'(t)\sin\left[\varphi'(t)\right] \tag{5-37}$$

式中,$a'(t)$ 和 $\varphi'(t)$ 可表示为:

$$a'(t) = \sqrt{I^2(t) + Q^2(t)} \tag{5-38}$$

$$\varphi'(t) = a\tan\frac{Q(t)}{I(t)} \tag{5-39}$$

故正交解调后点目标回波信号的复信号可表示为:

$$s_r'(t) = I(t) + j \cdot Q(t) = a'(t)e^{j\varphi'(t)} \tag{5-40}$$

式中,$s_r'(t)$ 表示正交解调后的点目标回波信号,$I(t)$ 和 $Q(t)$ 分别表示 $s_r'(t)$ 的实部、虚部,$a'(t)$ 和 $\varphi'(t)$ 分别表示 $s_r'(t)$ 的幅度、相位。

5.2 模糊函数的定义与性质

模糊函数(ambiguity function)最早由 J. Ville 于 1948 年提出。20 世纪 50 年代初,P. M. Woodward 对其进行了更全面的研究。模糊函数是雷达信号理论中的重要概念,是雷达信号设计的有效工具,可用于雷达分辨率、模糊性、抗干扰能力等的分析。

下面分别对模糊函数的定义以及它的性质进行介绍。

5.2.1 一维模糊函数的定义

雷达一维模糊函数是用来分析雷达信号和进行波形设计的工具,它可以帮助我们了解在最优信号处理技术和特定信号发射条件下雷达系统的分辨率、模糊度、测量精度和抗干扰能力。

距离(一维)模糊函数最初是为了研究雷达分辨率而提出的,目的是通过这一函数定量描述当系统工作于多目标环境下发射一种波形并采用相应的滤波器时,系统对不同距离目标的分辨能力。下面从分辨两个不同的目标出发(图 5-1),以最小均方差为最佳分辨准则,推导模糊函数的定义式。

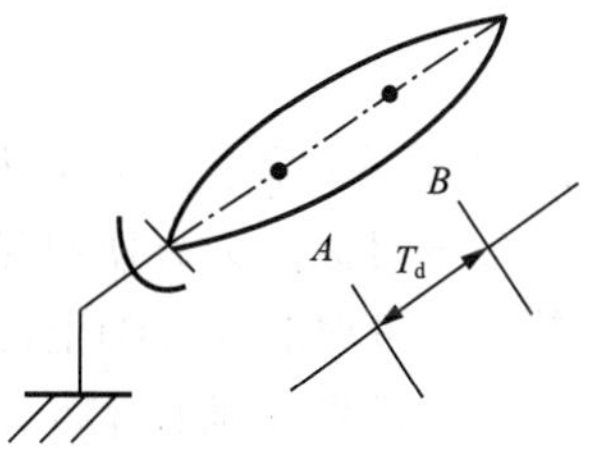

图 5-1 中,时间延迟为 T_d,A 点的复包络为 $a(t)$,B 点的复包络为 $a(t+T_d)$,两个目标距离差越大,越易分辨。

图 5-1　雷达对两点目标观测图

两目标点回波复包络之间的均方差为:

$$
\begin{aligned}
D^2(T_d) &= \int_{-\infty}^{\infty} |a(t) - a(t+T_d)|^2 dt \\
&= \int_{-\infty}^{\infty} |a(t)|^2 dt + \int_{-\infty}^{\infty} |a(t+T_d)|^2 dt - \\
&\quad 2\mathrm{Re}\left[\int_{-\infty}^{\infty} a(t)a^*(t+T_d) dt\right] \\
&= C - 2\mathrm{Re}\left[\int_{-\infty}^{\infty} a(t)a^*(t+T_d) dt\right]
\end{aligned}
\tag{5-41}
$$

式中,C 为常数,因为信号复包络确定后能量为常数。

将式(5-41)中的积分项定义为距离(一维)模糊函数,即

$$
\chi(T_d) = \int_{-\infty}^{\infty} a(t)a^*(t+T_d) dt \tag{5-42}
$$

一般来说,$\mathrm{Re}[\chi(T_d)]$ 的值越大,$D^2(T_d) = C - 2\mathrm{Re}[\chi(T_d)]$ 的值越小,对应两目标回波间的差异越小,目标越难分辨,即当 $T_d = 0$ 时,$\chi(0)$ 值最大,两目标重合,无法分辨。

对模糊图函数进行归一化处理可得:

$$
\frac{|\chi(T_d)|^2}{|\chi(0)|^2} \leqslant 1 \tag{5-43}
$$

由式(5-43)可以看出,当 $\dfrac{|\chi(T_d)|^2}{|\chi(0)|^2} = 1$ 时,无法分辨目标;当 $\dfrac{|\chi(T_d)|^2}{|\chi(0)|^2} \ll 1$ 时,容易分辨目标。式(5-43)中的 $|\chi(T_d)|^2$ 称为一维模糊图函数,其横坐标为 T_d,纵坐标为 $|\chi(T_d)|^2$。

一般地,将 $|\chi(0)|^2$ 以下 6 dB 处对应自变量 T_d 的 2 倍记作 T_{d0},称为分辨界限。在理论分析时,若两目标延迟时间的差 $T_d < T_{d0}$,则认为无法分辨这两个目标;若 $T_d \geqslant T_{d0}$,则认为可以分辨这两个目标。

5.2.2　二维模糊函数的定义

与一维模糊函数相比,二维模糊函数同时考虑距离、速度的差异,它表示雷达系统对不同距离、不同速度目标的分辨能力。换句话说,就是当“干扰目标”与观测目标之间存在着距离和速度差别时,二维模糊函数定量地表示了“干扰目标”(即邻近地目标)对观测目标的干扰程度。

如图 5-1 所示,A 点的复包络为 $a(t)\mathrm{e}^{\mathrm{j}2\pi f_d t}$,B 点的复包络为 $a(t+T_d)$,故两目标点回波复包络之间的均方差为:

$$
\begin{aligned}
D^2(T_d, f_d) &= \int_{-\infty}^{\infty} |a(t)\mathrm{e}^{\mathrm{j}2\pi f_d t} - a(t+T_d)|^2 dt \\
&= \int_{-\infty}^{\infty} |a(t)|^2 dt + \int_{-\infty}^{\infty} |a(t+T_d)|^2 dt - 2\mathrm{Re}\left[\int_{-\infty}^{\infty} a(t)a^*(t+T_d)\mathrm{e}^{\mathrm{j}2\pi f_d t} dt\right] \\
&= C - 2\mathrm{Re}\left[\int_{-\infty}^{\infty} a(t)a^*(t+T_d)\mathrm{e}^{\mathrm{j}2\pi f_d t} dt\right]
\end{aligned}
\tag{5-44}
$$

将式(5-57)中的积分项定义为二维模糊函数表达式:

$$\chi(T_d, f_d) = \int_{-\infty}^{\infty} a(t)a^*(t+T_d)e^{j2\pi f_d t} dt \tag{5-45}$$

式中，$\text{Re}[\chi(T_d, f_d)]$ 的值越大，目标越难分辨。当 $T_d = 0$，$f_d = 0$ 时，$|\chi(0,0)|$ 的值最大，无法分辨目标。为方便起见，有时也常用模糊度来表示模糊函数，它是幅度归一化模糊图函数在某一高度（如 -6 dB）上的二维截面图。

对模糊图函数 $|\chi(T_d, f_d)|^2$ 进行归一化处理，可得：

$$\frac{|\chi(T_d, f_d)|^2}{|\chi(0,0)|^2} \leqslant 1 \tag{5-46}$$

由式(5-46)可以看出，当 $\dfrac{|\chi(T_d, f_d)|^2}{|\chi(0,0)|^2} = 1$ 时，无法分辨目标；当 $\dfrac{|\chi(T_d, f_d)|^2}{|\chi(0,0)|^2} \ll 1$ 时，容易分辨目标。与一维模糊函数相似，$|\chi(T_d, f_d)|^2$ 被称为（二维）模糊图函数，横坐标为 T_d，纵坐标为 f_d，高度坐标为 $|\chi(T_d, f_d)|^2$。

5.2.3　二维模糊函数的性质

性质 1　复信号的能量是实信号能量 E 的 2 倍。

$$|\chi(T_d, f_d)|^2 \leqslant |\chi(0,0)|^2 = (2E)^2 \tag{5-47}$$

由于 $\chi(0,0) = \int_{-\infty}^{\infty} |a(t)|^2 dt = 2E$，故复信号的能量是实信号能量 E 的 2 倍。

性质 2　模糊图体积不变性。

$$\int_{-\infty}^{\infty}\int_{-\infty}^{\infty} |\chi(T_d, f_d)|^2 dT_d df_d = |\chi(0,0)|^2 = (2E)^2 \tag{5-48}$$

模糊图体积与 $\varphi(t)$ 的变化无关，可由性质 4 推导得出。

性质 3　原点对称性。

$$|\chi(T_d, f_d)| = |\chi(-T_d, -f_d)| \tag{5-49}$$

性质 4　模糊图函数的二维傅里叶变换为其自身。

$$\int_{-\infty}^{\infty}\int_{-\infty}^{\infty} |\chi(T_d, f_d)|^2 e^{-j2\pi(f_d z + T_d y)} dT_d df_d = |\chi(z, y)|^2 \tag{5-50}$$

性质 5　轴切割性。

$$\left. \begin{array}{l} \chi(T_d, f_d = 0) = \int_{-\infty}^{\infty} a(t)a^*(t+T_d) dt \\[2mm] \chi(T_d = 0, f_d) = \int_{-\infty}^{\infty} |a(t)|^2 e^{j2\pi f_d t} dt \end{array} \right\} \tag{5-51}$$

5.3　单脉冲固定载频信号的模糊函数

5.3.1　模糊函数的表达式

计算信号模糊函数并进行分析的步骤为：

（1）写出雷达信号（复包络）$a(t)$ 的表达式；

（2）计算二维模糊函数 $\chi(T_d, f_d)$；

（3）计算模糊图函数 $|\chi(T_d, f_d)|^2$，画模糊图；

（4）分析模糊图的特点。

单脉冲固定载频信号如图 5-2 所示。

发射信号的表达式为：

$$s(t) = a(t)\cos[2\pi f_0 t + \varphi(t)] \quad (5\text{-}52)$$

发射信号的复信号可表示为：

$$\tilde{s}(t) = a(t)e^{j[2\pi f_0 t + \varphi(t)]} = a(t)e^{j\varphi(t)} \cdot e^{j2\pi f_0 t}$$
$$= \tilde{a}(t) \cdot e^{j2\pi f_0 t} \quad (5\text{-}53)$$

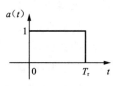

(a) 单脉冲固定载频信号　　(b) 信号包络

图 5-2　单脉冲固定载频信号

式中，$\tilde{a}(t)$ 可简化表示为 $a(t)$。因此，单脉冲固定载频信号包络 $a(t)$ 为：

$$a(t) = \begin{cases} 1 & (0 \leqslant t \leqslant T_r) \\ 0 & (\text{其他}) \end{cases} \quad (5\text{-}54)$$

将 $a(t)$ 代入二维模糊函数的定义式，计算可得：

$$\chi(T_d, f_d) = \begin{cases} \int_0^{T_r - T_d} e^{j2\pi f_d t}\,dt & (0 < T_d < T_r) \\ \int_{-T_d}^{T_r} e^{j2\pi f_d t}\,dt & (-T_r < T_d < 0) \\ 0 & (|T_d| \geqslant T_r) \end{cases}$$

$$= \begin{cases} e^{j\pi f_d(T_r - T_d)} \dfrac{\sin[\pi f_d(T_r - |T_d|)]}{\pi f_d} & (|T_d| < T_r) \\ 0 & (|T_d| \geqslant T_r) \end{cases} \quad (5\text{-}55)$$

式中，T_d 为延迟时间，f_d 为多普勒频率。因此，矩形脉冲信号的模糊函数可表示为：

$$|\chi(T_d, f_d)| = \begin{cases} \left| \dfrac{\sin[\pi f_d(T_r - |T_d|)]}{\pi f_d} \right| = (T_r - |T_d|) \left| \dfrac{\sin[\pi f_d(T_r - |T_d|)]}{\pi f_d(T_r - |T_d|)} \right| & (|T_d| < T_r) \\ 0 & (|T_d| \geqslant T_r) \end{cases}$$

$$\quad (5\text{-}56)$$

若令 $f_d = 0$，则可得到矩形脉冲信号的距离模糊函数，即矩形脉冲信号的自相关函数。

$$|\chi(T_d, 0)| = \begin{cases} T_r - |T_d| & (|T_d| < T_r) \\ 0 & (|T_d| \geqslant T_r) \end{cases} \quad (5\text{-}57)$$

同理，若令 $T_d = 0$，则可得到矩形脉冲信号的速度模糊函数，其输出为辛克函数，即矩形脉冲信号的频谱。

$$|\chi(0, f_d)| = T_r \left| \dfrac{\sin(\pi f_d T_r)}{\pi f_d T_r} \right| \quad (5\text{-}58)$$

在实际分辨目标时，采用模糊图函数 $|\chi(T_d, f_d)|^2$ 更为方便。

$$|\chi(T_d, f_d)|^2 = \begin{cases} \left| \dfrac{\sin[\pi f_d(T_r - |T_d|)]}{\pi f_d} \right|^2 = (T_r - |T_d|)^2 \left| \dfrac{\sin[\pi f_d(T_r - |T_d|)]}{\pi f_d(T_r - |T_d|)} \right|^2 & (|T_d| < T_r) \\ 0 & (|T_d| \geqslant T_r) \end{cases}$$

$$\quad (5\text{-}59)$$

5.3.2　模糊函数的特点

一般雷达难以在距离、速度、方位和仰角等各个维度同时分辨目标，只要它能在其中任意一个维度能分辨目标就认为具有目标分辨的能力。其中,方位和仰角的分辨率取决于波束宽度。这里主要分析距离分辨率和速度分辨率与波形参数的关系,通过分辨常数和模糊函数来分析单脉冲固定载频信号的分辨性能。

距离分辨率与距离模糊函数相关。时宽 T_r 越小,$T_r - |T_d|$ 下降到 -6 dB 所需的延迟时间 T_d 越小,距离分辨性能越好。

同理,速度分辨率与速度模糊函数相关。速度模糊函数的输出为辛克函数,时宽 T_r 越大,辛克函数第一零点对应的多普勒频率 f_d 越小,速度分辨性能越好。

因此,对于单脉冲固定载频脉冲信号,不能同时获得较好的距离和速度分辨率。图 5-3 给出了不同时宽对应的模糊函数图,其中图(a)为 $T_r = 10$ μs 时的模糊函数图,可以看出距离分辨率差,而速度分辨率好;图(b)为 $T_r = 1$ μs 时的模糊函数图,可以看出距离分辨率好,而速度分辨率差。图中,色标代表模糊图函数值的大小。

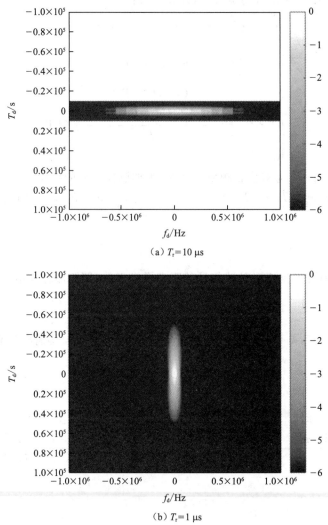

(a) $T_r = 10$ μs

(b) $T_r = 1$ μs

图 5-3 $T_r = 10$ μs 和 $T_r = 1$ μs 时的模糊函数图

5.4　单脉冲线性调频信号的模糊函数

5.4.1　模糊函数的表达式

单脉冲线性调频信号如图 5-4 所示,其中图(a)所示的信号频率线性增加,图(b)为信号的瞬时频率,图(c)所示的信号频率线性减小。

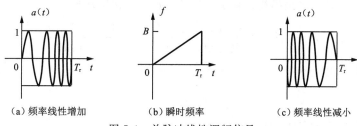

（a）频率线性增加　　　　　（b）瞬时频率　　　　　（c）频率线性减小

图 5-4　单脉冲线性调频信号

线性调频信号包络 $a(t)$ 为:

$$a(t) = \begin{cases} e^{j\pi k_r t^2} & (0 \leqslant t \leqslant T_r) \\ 0 & (其他) \end{cases} \tag{5-60}$$

式中,T_r 为信号时宽,B 为信号带宽,$k_r = \dfrac{B}{T_r}$ 为调频斜率。

当 $a(t) = b(t)e^{j\pi k_r t^2}$ 时,将其代入二维模糊函数定义式可得:

$$\begin{aligned}
\chi_a(T_d, f_d) &= \int_{-\infty}^{\infty} a(t) a^*(t + T_d) e^{j2\pi f_d t} dt \\
&= \int_{-\infty}^{\infty} b(t) e^{j\pi k_r t^2} b^*(t + T_d) e^{-j\pi k_r (t+T_d)^2} e^{j2\pi f_d t} dt \\
&= \int_{-\infty}^{\infty} b(t) b^*(t + T_d) e^{-j\pi k_r T_d^2} e^{-j2\pi k_r T_d t} e^{j2\pi f_d t} dt \\
&= e^{-j\pi k_r T_d^2} \cdot \chi_b(T_d, f_d - k_r T_d)
\end{aligned} \tag{5-61}$$

式中,$b(t)$ 为固定载频信号复包络,T_d 为延迟时间,f_d 为多普勒频率。

根据式(5-55),有:

$$\begin{aligned}
\chi(T_d, f_d) &= e^{-j\pi k_r T_d^2} \cdot \chi_1(T_d, f_d - k_r T_d) \\
&= \begin{cases} e^{j\pi [(f_d - k_r T_d)(T_r - T_d) - k_r T_d^2]} \dfrac{\sin[\pi(f_d - k_r T_d)(T_r - |T_d|)]}{\pi(f_d - k_r T_d)} & (|T_d| < T_r) \\ 0 & (|T_d| \geqslant T_r) \end{cases}
\end{aligned} \tag{5-62}$$

故矩形脉冲信号的模糊函数可表示为:

$$|\chi(T_d, f_d)| = \begin{cases} (T_r - |T_d|) \left| \dfrac{\sin[\pi(f_d - k_r T_d)(T_r - |T_d|)]}{\pi(f_d - k_r T_d)(T_r - |T_d|)} \right| & (|T_d| < T_r) \\ 0 & (|T_d| \geqslant T_r) \end{cases} \tag{5-63}$$

若令 $f_d=0$，则可得到线性调频信号的距离模糊函数，即线性调频信号的自相关函数。

$$|\chi(T_d,0)|=\begin{cases}(T_r-|T_d|)\left|\dfrac{\sin\left[\pi k_r T_d(T_r-|T_d|)\right]}{\pi k_r T_d(T_r-|T_d|)}\right| & (|T_d|<T_r)\\[2mm] 0 & (|T_d|\geqslant T_r)\end{cases}\quad(5\text{-}64)$$

同理，令 $T_d=0$，则可得到线性调频信号的速度模糊函数。

$$|\chi(0,f_d)|=T_r\left|\dfrac{\sin(\pi f_d T_r)}{\pi f_d T_r}\right|\quad(5\text{-}65)$$

在实际分辨目标时，采用模糊图函数 $|\chi(T_d,f_d)|^2$ 更为方便。

$$|\chi(T_d,f_d)|^2=\begin{cases}(T_r-|T_d|)^2\left|\dfrac{\sin\left[\pi(f_d-k_r T_d)(T_r-|T_d|)\right]}{\pi(f_d-k_r T_d)(T_r-|T_d|)}\right|^2 & (|T_d|<T_r)\\[2mm] 0 & (|T_d|\geqslant T_r)\end{cases}$$

$$(5\text{-}66)$$

5.4.2　模糊函数的特点

距离分辨率与距离模糊函数 $|\chi(T_d,0)|$ 相关。当 $\pi k_r T_d(T_r-|T_d|)=\pi N$（$N$ 取非零整数）时，$|\chi(T_d,0)|=0$，其中，若 $N=1$，则 $k_r T_d(T_r-|T_d|)=1$。当 $|T_d|\ll T_r$ 时，$k_r T_d T_r\approx 1$，则 $T_d\approx\dfrac{1}{k_r T_r}=\dfrac{1}{B}$，$|\chi(T_d,0)|$ 取第一零点。因此，时宽 T_r 越大，带宽 B 越大，辛克函数第一零点所需的延迟时间 T_d 越小，距离分辨性能越好。

同理，速度分辨率与速度模糊函数 $|\chi(0,f_d)|$ 相关。时宽 T_r 越大，辛克函数第一零点对应的多普勒频率 f_d 越小，速度分辨性能越好。

因此，对于线性调频信号，可通过发射大带宽的宽脉冲信号同时获得高距离和速度分辨率。

大作业5　三角波调频连续波信号模糊函数的计算

要求：

(1) 查阅信号与系统相关教材中相关函数与傅里叶变换的相关定理，分析所提供的参考程序与上述知识点的关联。

(2) 将所提供参考程序改写为 GUI 版本，并实现雷达参数输入、结果图形显示、将结果图另存为图片等功能。另外，还需对功能进行扩充（例如计算分辨率、显示其他波形的模糊函数等）。

大作业5：
程序界面示例

大作业5：参考程序

大作业5：三角波调频连续波
信号模糊函数的计算

本章教学视频

雷达信号的
复信号表示法

模糊函数的定义

单脉冲固定载频
信号的模糊函数

单脉冲线性调频信号的
模糊函数

第6章
雷达成像技术基础

6.1 合成孔径雷达的基本概念

6.1.1 合成孔径雷达简介

合成孔径雷达(synthetic aperture radar,SAR)是一种全天候、全天时的高分辨率成像雷达。SAR作为一种主动式微波传感器,不受光照和气候条件等限制,甚至可以透过地表或植被获取其掩盖的信息。这些特点使SAR在农、林、水或地质、自然灾害等民用领域具有广泛的应用前景,在军事领域更具有独特的优势,尤其是未来的战场空间将由传统的陆、海、空向太空延伸,作为一种具有独特优势的侦察手段,SAR卫星甚至对战争的胜负具有举足轻重的影响。

6.1.1.1 合成孔径雷达名称的由来

对于实孔径雷达成像,其方位分辨率 $\rho_{az,real}$ 为:

$$\rho_{az,real} = R \cdot \frac{\lambda}{l_a} \tag{6-1}$$

式中,R 表示雷达与目标间的距离,λ 表示信号波长,l_a 表示方位向天线尺寸。这里以机载SAR的典型参数进行估算,设 $R=5$ km,$\lambda=0.03$ m,若希望取得米级的方位分辨率,则可以计算得出 $l_a=150$ m。如图6-1(a)所示,在飞机平台上安装如此大尺寸的天线显然是不现实的。

1951年,美国Goodyear公司的Carl Wiley提出利用运动平台的运动形成虚拟的长孔径天线,这标志着合成孔径技术的诞生。如图6-1(b)所示,在利用飞行器飞行模拟长孔径的基础上,通过发射大带宽信号,结合脉冲压缩技术,可在距离向形成高分辨率成像能力;利用合成孔径技术,可在方位向形成高分辨率成像能力。因此,合成孔径技术的诞生促使雷达在测距、测角、测速、搜索、跟踪等基本功能的基础上扩充了成像功能。

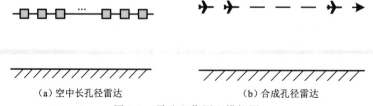

(a) 空中长孔径雷达　　　　　　　(b) 合成孔径雷达

图 6-1　雷达工作原理模拟图

6.1.1.2　雷达图像的特点

相较于光学图像,雷达图像具有以下特点:

(1) 雷达图像是二维场景后向散射系数的反演,反映场景中不同类型地物微波散射特性的差异,无色彩信息。

(2) 雷达具有全天时、全天候的优点。

(3) 雷达图像的成像范围大,穿透性强。

(4) 缺点是存在相干斑,结果不直观,分辨率不如光学图像,有阴影、叠掩、透视收缩等失真现象。

6.1.1.3　SAR 的主要应用

由于具有全天时、全天候的高分辨率成像能力,SAR 无论是在战场侦察、目标识别、对地攻击、武器制导等军事应用中,还是在灾情侦测、农业普查、海洋观测、地形测绘等民事应用中,都有着非常广泛的用途。下面给出了 SAR 的主要应用示例。

(1) 利用 SAR,可以在不利天气条件下及时地侦测地震、洪水等造成的灾害情况,便于抗灾部门组织救灾措施。

(2) 利用 SAR,可以监测冰川流动变化,帮助人们研究气候变化和极地区域的生态系统。

(3) 利用 SAR,可以进行大范围的农业和林业普查,从而大大节约人力调查成本。

(4) 利用 SAR,可以探测海上的舰船、溢油、海冰、石油平台、海岛等目标,也可以监测海面风场、海浪、海流、内波等海洋动力参数,还可以利用监测的海洋动力参数结合数值预报模式进行风、浪、流等参数的预报。

(5) 利用干涉 SAR,可高精度地测量 DEM(digital elevation model,数字高程模型)、地表形变、海流流速等信息。

(6) 利用弹载 SAR,通过将实时生成的图像与打击目标区域的地图进行匹配,可以大大提高命中目标的精度。

总的来说,SAR 技术在地质学、气象学、生态学、农业、城市规划、环境监测、国土安全等多个领域都有广阔的应用前景。

6.1.1.4　SAR 的常见工作平台

SAR 可搭载许多不同类型的运动平台工作。目前常见的 SAR 平台包括星载 SAR、机载 SAR、弹载 SAR、地球同步轨道 SAR 和临近空间飞艇 SAR 等几种类型,各平台类型的特点见表 6-1。其中,星载 SAR、机载 SAR 和弹载 SAR 技术的发展相对成熟一些。截至目前,世界上还没有在轨的地球同步轨道 SAR 卫星,而飞艇 SAR 的发展仍主要处在试验阶段。

表 6-1　常见的 SAR 平台类型的特点

平台类型	典型高度/km	典型速度/(m·s⁻¹)	特　点
低轨道卫星	500~1 000	6 000~8 000	全球覆盖,重访时间长
飞机或无人机	3~20	100~300	机动灵活,覆盖范围小
导　弹	—	200~1 200	体积小,精度要求高

续表

平台类型	典型高度/km	典型速度/(m·s⁻¹)	特　点
地球同步轨道卫星	36 000	3 000	覆盖范围大,重访时间短
临近空间飞艇	20～30	5～30	可较长时间地进行定点观测

6.1.1.5　SAR 图像示例

图 6-2 给出了不同时间段的光学、SAR 图像对比。其中,上面 3 幅图像为光学图像,下面 3 幅图像为 SAR 图像。与光学图像相比,SAR 基本不受光照条件、昼夜时间的影响,能够实现对同一区域较为稳定的周期性拍摄服务。

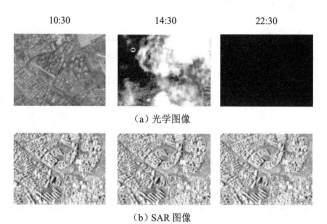

图 6-2　不同时间段的光学、SAR 图像对比

图 6-3 给出了浑浊水面水下目标检测的光学、SAR 图像对比。

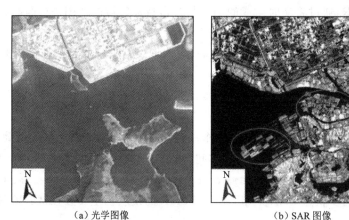

图 6-3　浑浊水下目标检测的光学、SAR 图像对比

图 6-4 给出了不同分辨率的 SAR 图像对比。

SAR 一般采用侧视成像的方式,反映的是斜距信息,而并非真实的地物之间的距离,有时会出现阴影(图 6-5)、叠掩(图 6-6)、透视收缩(图 6-7)的现象。

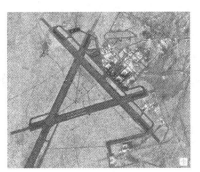
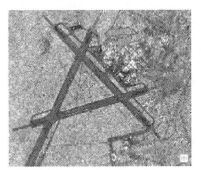

(a) 3 m 分辨率   (b) 10 m 分辨率

图 6-4 不同分辨率的 SAR 图像对比

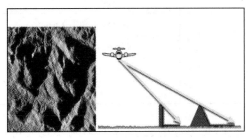
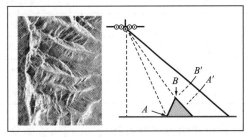

图 6-5 阴影现象示意图   图 6-6 叠掩现象示意图

沿直线传播的雷达波束受到高大地面目标遮掩时,雷达信号照射不到的部分会引起 SAR 图像的暗区,这种现象称为阴影。

当面向雷达的山坡很陡时,出现山底比山顶更接近雷达的现象,因此在图像的距离方向,山顶与山底的相对位置出现颠倒,即顶底倒置,这种现象称为叠掩。

图 6-7 透视收缩现象示意图

当雷达距山底的距离小于距山顶的距离时,雷达波束先到山的底部,再到山的顶部,导致成像斜距被缩短,这种现象称为透视收缩。

斜视几何失真如图 6-8 所示。

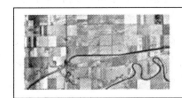

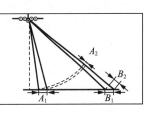

图 6-8 斜视几何失真示意图

对应地距大小相同的分辨单元,在斜距图上,近距处(小入射角)长度短,远距处(大入射角)长度长,故必须对 SAR 图像进行几何校正。

6.1.1.6　SAR 的工作频率

表 6-2 给出了 SAR 经常使用的工作频段、频率范围及应用示例。其中,微波频段(X,C,S,L,P)的频率最为常用。随着器件技术的进步,毫米波、太赫兹频段的雷达也逐渐受到人们的重视。

表 6-2　SAR 经常使用的工作频段、频率范围及应用示例

频 段	频率范围	应 用
X	8～12.5 GHz	TerraSAR-X
C	4～8 GHz	ERS-1 和 RADARSAT
S	2～4 GHz	苏联 ALMAZ
L	1～2 GHz	SEASET 和 JERS-1
P	0.3～1 GHz	NASA,JRS AIRSAR
毫米波	30～300(Ku 波段:12.5～18,Ka 波段:26.5～40) GHz	阿帕奇直升机 AN/AGP-78
太赫兹	0.1～10 THz(1 THz=1 000 GHz)	人体扫描安检

频率低的信号具有较大的波长,能够穿透许多物体,如厚厚的云层,另外容易实现大功率发射,从而作用距离远;频率高的信号波长较短,能够实现精细观察,多用于高分辨率成像。

具体的工作频率取决于应用需求、目标类型及技术限制。当选择雷达的工作频段时,主要考虑雷达的用途。例如,要绘制大范围的地图,常选用 L 波段;要区分出建筑物,常选择 X 波段;要穿透植被,常选择 P 波段;对海洋进行观测时,常采用 C 波段(无须穿透海洋、视场大、分辨率高)。

6.1.1.7　SAR 的主要工作模式

SAR 的主要工作模式包括条带模式、聚束模式、扫描模式、滑动聚束模式等。图 6-9 为 SAR 的几种主要工作模式示意图。

如图 6-9(a)所示,条带模式的 SAR 平台在飞行过程中其天线指向始终保持不变。当天线指向与平台飞行方向相垂直时,即正侧视成像;当天线指向与平台飞行方向的夹角为锐角或钝角时,即斜视成像。在条带模式中,随着 SAR 平台的飞行,地面的测绘条带相应向前扩展。条带模式一般为最常用的 SAR 工作模式。

如图 6-9(b)所示,聚束模式的 SAR 平台天线始终指向地面某个固定区域。通过上述天线指向的变化,地面目标的合成孔径时间明显变长,因此可获得高分辨率图像是聚束模式的最大优点。但聚束模式的覆盖区域较小,且一般不能连续成像,这些是聚束模式的不足。

如图 6-9(c)所示,扫描模式的 SAR 平台在飞行过程中天线指向在距离向上不断进行切换。通过上述切换过程,显著扩大了测绘带,这是扫描模式的最大优点。但由于天线指向在距离向的切换,地面目标的合成孔径时间变短,造成扫描模式的方位分辨率较低,这是扫描模式的不足。

如图 6-9(d)所示,滑动聚束模式的 SAR 平台在飞行过程中天线始终指向地面以下某个固定点。该固定点距离地面的深度是可以调节的。当该固定点设置于地面时,则转化为聚束模式;当该固定点设置于地面以下无穷远处时,则转化为条带模式。因此,条带模式和聚束模式均可视为滑动聚束模式的特例。滑动聚束模式的优点是灵活性较强,可以通过调节固定点距离地面的深度,在方位向测绘带宽和方位向分辨率间进行折中。

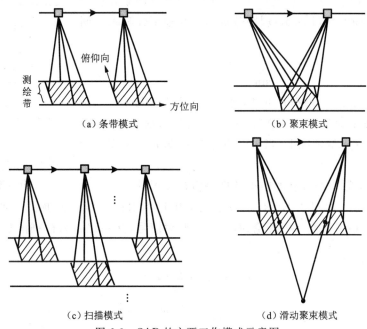

图 6-9　SAR 的主要工作模式示意图

除了上述几种常见的工作模式外,SAR 还有许多其他工作模式,由于篇幅所限,这里不再赘述。

6.1.2　主要技术指标

6.1.2.1　距离分辨率和地距分辨率

距离分辨率又称斜距分辨率,是指在斜距方向上能区分开两个目标间的距离。如图 6-10 所示,R_1 和 R_2 分别表示两个目标与雷达间的距离,T_r 表示脉冲宽度。显然,当目标 2 回波脉冲的前沿与目标 1 回波脉冲的后沿相重合时,两个目标处于临界分辨的状态。因此,容易推算得出斜距分辨率 ρ_r 的计算公式为:

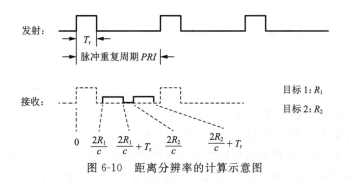

图 6-10　距离分辨率的计算示意图

$$\rho_r = \frac{cT_r}{2} \tag{6-2}$$

式中，c 表示光速。

对传统的 SAR 成像而言，其所生成的图像是地面场景在斜距方向上的投影。如图 6-11 所示，斜距分辨率 ρ_r 与地距分辨率 ρ_g 间的关系为：

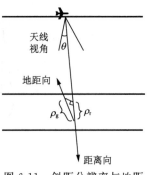

$$\rho_g = \frac{\rho_r}{\sin\theta} \tag{6-3}$$

式中，θ 表示入射角。由式(6-3)可知，地距分辨率不仅与雷达参数有关，还与雷达和目标间的几何关系有关。显然，入射角越小，地距分辨率越差。在极端情况下，当入射角为零时，地距分辨率为无穷大。

图 6-11 斜距分辨率与地距分辨率间的关系

需说明的是，式(6-2)成立的前提条件是雷达发射的信号为载频固定的脉冲信号。而对于 SAR，多数情况下雷达发射的为线性调频的脉冲信号，此时式(6-2)并不成立。根据模糊函数理论，对于线性调频信号，其一维距离模糊函数等于其自相关函数，即

$$s(t) = \mathrm{rect}\left(\frac{t}{T_r}\right) \cdot e^{j\pi k_r t^2} \tag{6-4}$$

$$C(\tau) = \int_{-\infty}^{\infty} s(t+\tau)s^*(t)\mathrm{d}t \approx T_r \frac{\sin(\pi k_r T_r \tau)}{\pi k_r T_r \tau} = T_r \frac{\sin(\pi B\tau)}{\pi B\tau} \tag{6-5}$$

式中，$s(t)$ 表示线性调频信号的复包络，rect 表示矩形函数，k_r 表示线性调频信号的调频斜率，$C(\tau)$ 表示自相关函数，τ 表示两个目标的延迟时间差，B 表示信号带宽。根据式(6-5)，当两个目标的延迟时间差 τ 等于信号带宽 B 的倒数时，两个目标恰好能分辨开。因此，可将式(6-2)修正为：

$$\rho_r = \frac{c}{2B} \tag{6-6}$$

需指出的是，对于固定载频的脉冲信号，其带宽 B 等于脉冲宽度 T_r 的倒数。因此，式(6-2)可看作式(6-6)的特例。

6.1.2.2 合成孔径时间(条带模式)与方位分辨率(条带模式)

合成孔径时间是指 SAR 方位向波束扫过地面某目标点的时间。如图 6-12 所示，在条带模式下，合成孔径时间应为方位向波束在地面的投影长度与平台速度之比，即

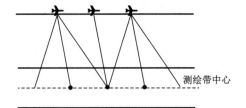

$$T_{\mathrm{int}} = \frac{R\lambda/l_a}{v} \tag{6-7}$$

图 6-12 条带模式下合成孔径时间的计算示意图

式中，T_{int} 为条带模式的合成孔径时间，v 为平台速度。

需指出的是，在不同的工作模式下，合成孔径时间的计算公式是不同的。在相关参数的值都相等的前提下，聚束模式的合成孔径时间长于条带模式的合成孔径时间，扫描模式的合成孔径时间短于条带模式的合成孔径时间。

方位分辨率是指在方位向上能区分开两个目标时目标间的距离。如图 6-13 所示，θ_1 和 θ_2 表示方位向上相距 ρ_a 的两个目标对应的斜视角，R 表示平台与目标间的距离。为简便起见，设 $\theta_1 = 90°$，则两个目标对应的多普勒频率 f_{d1} 和 f_{d2} 分别为：

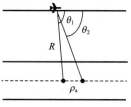

图 6-13 条带模式下方位分辨率的计算示意图

$$f_{d1} = \frac{2v}{\lambda}\cos\theta_1 = 0 \tag{6-8}$$

$$f_{d2} = \frac{2v}{\lambda}\cos\theta_2 \approx \frac{2v}{\lambda}\cos\left(90° - \frac{\rho_a}{R}\right) \approx \frac{2v}{\lambda}\sin\left(\frac{\rho_a}{R}\right) \approx \frac{2v}{\lambda}\cdot\frac{\rho_a}{R} \tag{6-9}$$

根据式(6-7)，条带模式下的多普勒分辨率 Δf_d 为：

$$\Delta f_d = \frac{1}{T_{int}} = \frac{v}{R\lambda/l_a} \tag{6-10}$$

显然有：

$$\Delta f_d = \frac{v}{R\lambda/l_a} = f_{d2} - f_{d1} = \frac{2v}{\lambda}\cdot\frac{\rho_a}{R} \tag{6-11}$$

经化简后可得条带模式下的方位分辨率 ρ_a 为：

$$\rho_a = \frac{l_a}{2} \tag{6-12}$$

将式(6-12)与式(6-1)进行对比可知，SAR 条带模式下的方位分辨率与目标距离、波长无关，而与方位向天线尺寸成正比。因此，可利用运动平台上的小尺寸天线，通过平台运动合成长虚拟孔径后获得高分辨率图像。另外，尽管方位向天线尺寸越小，方位分辨率越高，但方位向天线尺寸过小时回波信号的信噪比将不满足要求，因此方位分辨率并不能无限制地提高。

需要指出的是，方位分辨率的值与合成孔径时间的长度密切相关，因此不同工作模式下方位分辨率的计算公式也不相同。在相关参数的值都相等的前提下，聚束模式的方位分辨率优于条带模式的方位分辨率，扫描模式的方位分辨率差于条带模式的方位分辨率。

6.1.2.3 多普勒带宽(条带模式)

多普勒带宽是指点目标多普勒频率最大值与最小值之间的差。如图 6-14 所示，对于条带模式，有：

$$f_{d,max} = \frac{2}{\lambda}v\cos\theta = \frac{2}{\lambda}v\sin(90° - \theta) \approx \frac{2}{\lambda}v\cdot\frac{\lambda/l_a}{2} = \frac{v}{l_a} \tag{6-13}$$

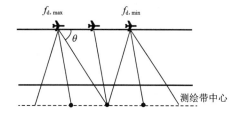

图 6-14 条带模式下多普勒带宽的计算示意图

$$f_{d,min} = -\frac{2}{\lambda}v\cos\theta = -\frac{2}{\lambda}v\sin(90° - \theta)$$

$$\approx -\frac{2}{\lambda}v\cdot\frac{\lambda/l_a}{2} = -\frac{v}{l_a} \tag{6-14}$$

$$B_d = f_{d,max} - f_{d,min} = \frac{2v}{l_a} \tag{6-15}$$

式中，$f_{d,max}$ 和 $f_{d,min}$ 分别表示多普勒频率的最大值和最小值，B_d 表示多普勒带宽。

需要指出的是，多普勒带宽的值也与合成孔径时间的长度密切相关，因此不同工作模式下多普勒带宽的计算公式也不相同。在相关参数的值都相等的前提下，聚束模式的多普勒带宽大于条带模式的多普勒带宽，扫描模式的多普勒带宽小于条带模式的多普勒带宽。

6.1.2.4　辐射分辨率

辐射分辨率也称灰度级分辨率，是衡量雷达图像质量的重要指标之一，它表示雷达区分相近的散射系数的能力。

合成孔径雷达系统是一种相干成像系统，存在相干斑效应。相干斑的主要产生机制是相干性干涉。在 SAR 成像中，雷达波束从不同方向照射地表，然后接收返回的信号。由于天线方向、波长、传播路径等因素的微小差异，不同位置的信号可能会出现相位差。当这些信号叠加时，相位差可能会导致干涉现象，形成明暗交替的斑点。图 6-15(a)为某植被茂密地区的光学图像，图 6-15(b)为该地区的 SAR 图像。从图中可以看出，对于均匀场景，SAR 图像上存在着明暗相间的斑点，这些斑点即相干斑。

 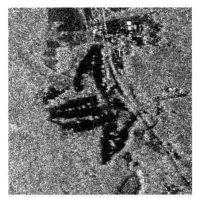

（a）某植被茂密地区的光学图像　　　　　（b）某植被茂密地区的SAR图像

图 6-15　SAR 相干斑现象的示意图

雷达图像中固有的相干斑会影响图像的灰度分辨，造成图像识别困难。辐射分辨率作为相干斑减少的一种度量，定义为均匀场景 SAR 图像中各像素强度的均方误差与均值之比。

6.1.2.5　测绘带

SAR 系统的测绘带是指俯仰向上测绘区域的长度。如图 6-16 所示，R 表示雷达与目标间的距离，θ_f 表示测绘带远端对应的入射角，W_g 为测绘带宽度，显然有：

$$W_g = \frac{R\lambda}{l_r \cos \theta_f} \qquad (6\text{-}16)$$

式中，l_r 为俯仰向天线长度。

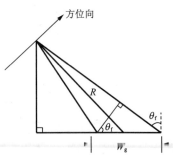

图 6-16　测绘带的计算示意图

系统的测绘带越宽，为保证测绘带近端回波和远端回波处于一个脉冲重复周期（pulse repetition interval，PRI）内，要求脉冲重复周期越长。脉冲重复周期越长，对应的脉冲重复频率越小，可能造成脉冲重复频率小于多普勒带宽，不利于 SAR 系统的高方位分辨率成像。因此，对于传统的 SAR 体制而言，测绘带与方位分辨率二者相互矛盾，无法实现高分宽幅成像。若要实现高分宽幅成像,必须设计新的 SAR 成像体制。

6.1.2.6　距离模糊比和方位模糊比

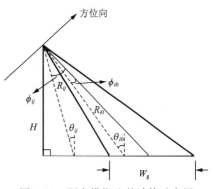

距离模糊是指在距离向上主波束以外的地物对主波束以内传播时间相差整数倍 PRI 的地物造成的干扰。如图 6-17 所示,在测绘带以内的第 i 个距离单元,对应的雷达与目标间的距离记为 R_{i0},入射角记为 θ_{i0},与俯仰向波束中心线间的夹角记为 ϕ_{i0}。将在测绘带以外、对应的雷达和目标间的距离与 R_{i0} 相差最大不模糊距离 j 倍的距离单元称为第 i 个距离单元的第 j 个模糊区。显然有:

图 6-17　距离模糊比的计算示意图

$$R_{ij} = R_{i0} + j\left(\frac{c}{2} \cdot PRI\right) \quad (j = \cdots, -3, -2, -1, 1, 2, 3, \cdots) \tag{6-17}$$

距离模糊比(range ambiguity to signal ratio,RASR)定义为:

$$RASR = \frac{\sum\limits_{i=1}^{N} S_{ai}}{\sum\limits_{i=1}^{N} S_i} \tag{6-18}$$

式中,i 代表测绘带内距离单元的序号,N 代表测绘带内距离单元的个数,S_{ai} 代表第 i 个距离单元对应的模糊信号功率,S_i 代表第 i 个距离单元对应的有用信号功率,且有:

$$S_i = \frac{G_{i0}^2}{R_{i0}^3 \sin\theta_{i0}} \tag{6-19}$$

$$S_{ai} = \sum_{\substack{j=-n_1 \\ j \neq 0}}^{n_2} \frac{G_{ij}^2}{R_{ij}^3 \sin\theta_{ij}} \tag{6-20}$$

$$G_{ij} = \left[\frac{\sin\left(\pi \dfrac{l_r}{\lambda}\phi_{ij}\right)}{\pi \dfrac{l_r}{\lambda}\phi_{ij}}\right]^2 \tag{6-21}$$

式中,$-n_1$ 和 n_2 分别对应最近和最远模糊区的序号,G_{ij} 为第 i 个距离单元的第 j 个模糊区的天线增益。

方位模糊是指在多普勒频域主波束以外的地物对主波束以内频率相差整数倍 PRF(pulse repetition frequency,脉冲重复频率)的地物造成的干扰。如图 6-18 所示,在方位向主波束以内某处对应的多普勒频率为 f,天线增益为 $G(f)$,与波束中心线间的夹角为 θ,方位向主

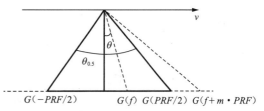

图 6-18　方位模糊比的计算示意图

波束左、右边缘对应的多普勒频率分别为 $-PRF/2$ 和 $PRF/2$。在方位向主波束以外某处对应的多普勒频率为 $f + m \cdot PRF$,由于方位向信号做 FFT(fast Fourier transformation,快速傅里叶变换)后的频率范围为 $(-PRF/2, PRF/2)$,因此该处的多普勒频率与方位向主波束以

内数值为 f 的多普勒频率产生混叠。

方位模糊比(azimuth ambiguity to signal ratio,AASR)定义为：

$$AASR \approx \frac{\sum\limits_{\substack{m=-\infty \\ m \neq 0}}^{\infty} \int_{-PRF/2}^{PRF/2} G^2(f+m \cdot PRF)\mathrm{d}f}{\int_{-PRF/2}^{PRF/2} G^2(f)\mathrm{d}f} \tag{6-22}$$

其中：

$$G(f) = \left[\frac{\sin\left(\pi l_\mathrm{a} \dfrac{f}{2v}\right)}{\pi l_\mathrm{a} \dfrac{f}{2v}}\right]^2 \tag{6-23}$$

6.1.2.7 天线最小面积(条带模式)

根据式(6-12)可知,方位向天线长度越短,SAR 系统的方位分辨率越高。但方位向天线长度又受很多因素限制不能过短。以条带模式为例,SAR 系统有最小天线面积的限制。若希望高的方位分辨率、短的方位向天线长度,则距离向天线长度必须很长,这将造成测绘带显著减小且天线可能难以在平台上安装。

对于场景的近距和远距所对应的延迟时间,它们的差应在 PRI 之内,否则将造成前一脉冲的远距回波与后一脉冲的近距回波混叠的情况。图 6-19 对上述现象进行了示意,其中 t_n 和 t_f 分别表示近距、远距回波对应的延迟时间。显然,当 t_f 与 t_n 之差大于 PRI 时,将造成前一脉冲的远距回波与后一脉冲的近距回波混叠的情况。因此,应保证：

$$\frac{2W_\mathrm{g}\sin\theta_\mathrm{f}}{c} \leqslant PRI \tag{6-24}$$

代入式(6-16),可得：

$$\frac{2[R\lambda/(l_\mathrm{r}\cos\theta_\mathrm{f})]\sin\theta_\mathrm{f}}{c} \leqslant PRI \tag{6-25}$$

经化简后,可得：

$$l_\mathrm{r} \geqslant \frac{2\lambda R\tan\theta_\mathrm{f} \cdot PRF}{c} \tag{6-26}$$

SAR 系统的 PRF 应不低于目标的多普勒带宽,因此有：

$$PRF \geqslant B_\mathrm{d} = \frac{2v}{l_\mathrm{a}} \tag{6-27}$$

经转换后,可得：

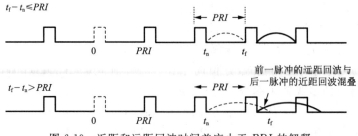

图 6-19 近距和远距回波时间差应小于 PRI 的解释

$$l_a \geqslant \frac{2v}{PRF} \tag{6-28}$$

将式(6-26)与式(6-28)相乘,消掉 PRF 后可得天线最小面积 A_{min} 为:

$$A_{min} = \frac{4\lambda R v \tan \theta_f}{c} \tag{6-29}$$

需要说明的是,式(6-29)只适用于条带模式,对于其他工作模式并不适用。

6.1.2.8 数据率

SAR 的数据率取决于多个因素,包括雷达系统的参数、工作模式和数据处理要求等。较高的 PRF 可以导致更多的脉冲回波被接收,从而增加数据率;较高的采样率可以捕捉更多的信号细节,也会导致较高的数据率。在 SAR 图像处理中,方位向采样点数越多,越可以提高图像的分辨率和质量,但也会导致越高的数据率。不同的 SAR 工作模式(如滑动聚束模式、马赛克模式等)会影响数据率,一些模式可能需要更多的数据采集和处理,从而增加数据率。

对于星载 SAR,目前尚不具备星上实时数据处理能力,需要通过数据下传天线将原始数据下传到地面站后进行数据处理。显然,星载 SAR 系统的数据率不能超出数传系统的通信速率上限。SAR 系统数据率 f_D 的计算公式为:

$$f_D = (2NQ + N_{head}) \cdot PRF \tag{6-30}$$

式中,N 为一个脉冲重复周期内同相支路或正交支路的采样点个数,Q 为每个采样点的量化位数,N_{head} 为每个脉冲重复周期内的头数据(包括平台速度、姿态角等)典型位数。

6.1.2.9 归一化等效噪声系数与 SAR 雷达方程(条带模式)

雷达最基本的功能就是发现目标并测定目标的距离。雷达的作用距离是雷达的重要性能指标之一,它决定了雷达能在多远距离上发现目标。具体而言,雷达方程的作用是在已知发射机功率、天线增益、目标后向散射系数等参数的前提下,估算雷达的作用距离。

假设雷达天线为全向天线,辐射球面波,则有:

$$P_d = \frac{P_t}{4\pi R^2} \tag{6-31}$$

式中,P_t 为发射脉冲的峰值功率,R 为雷达与目标间的距离,P_d 为目标处的入射功率密度。

实际雷达天线通常为有向天线,且有:

$$A_e = \frac{G\lambda^2}{4\pi} \tag{6-32}$$

式中,A_e 为天线有效孔径面积,G 为天线增益。

天线有效孔径面积 A_e 和物理孔径面积 A 间的关系为:

$$A_e = \rho A \tag{6-33}$$

式中,ρ 为孔径效率。

当考虑有向天线的增益为 G 时,式(6-31)可修正为:

$$P_d = \frac{GP_t}{4\pi R^2} \tag{6-34}$$

雷达回波信号的强度与发射功率、目标特性、极化、载波频率、入射角等多种因素有关。目标特性通常又包括材料、形状、体积、粗糙度等。目标的后向散射截面积(radar cross section,

RCS)又常称为后向散射系数,通常用 σ 表示,定义为:

$$\sigma = \frac{P}{P_d} \tag{6-35}$$

式中,P 为目标处的后向散射功率。

显然,雷达接收机收到的信号功率 P_r 为:

$$P_r = \frac{P_d \sigma}{4\pi R^2} \cdot A_e = \frac{\dfrac{P_t G}{4\pi R^2}\sigma}{4\pi R^2} \cdot A_e = \frac{P_t G \sigma}{(4\pi R^2)^2} \cdot A_e \tag{6-36}$$

根据 A_e 和 G 之间的关系,可将式(6-36)转换为:

$$P_r = \frac{P_t G \sigma}{(4\pi R^2)^2} \cdot \frac{G\lambda^2}{4\pi} = \frac{P_t G^2 \lambda^2 \sigma}{(4\pi)^3 R^4} \tag{6-37}$$

用 $S_{i,min}$ 表示雷达可检测到的最小信号功率(即接收机灵敏度),则有:

$$R_{max} = \left[\frac{P_t G^2 \lambda^2 \sigma}{(4\pi)^3 S_{i,min}}\right]^{\frac{1}{4}} \tag{6-38}$$

式中,R_{max} 为雷达最大作用距离。式(6-38)即通用雷达方程,利用该式可估算雷达的作用距离。

实际雷达接收的信号都含有噪声,通常有:

$$N_i = kT_0 B \tag{6-39}$$

式中,N_i 为接收机输入端的噪声功率,k 为玻尔兹曼常数($k \approx 1.38 \times 10^{-23}$ J/K),T_0 为常数(290 K),B 为信号带宽。

雷达接收机的噪声系数 F 定义为:

$$F = \frac{(SNR)_i}{(SNR)_o} = \frac{S_i/N_i}{S_o/N_o} \tag{6-40}$$

式中,$(SNR)_i$ 和 $(SNR)_o$ 分别表示接收机输入端和输出端的信噪比,S_i 为接收机输入端的信号功率,S_o 为接收机输出端的信号功率,N_i 为接收机输入端的噪声功率,N_o 为接收机输出端的噪声功率。经变换后,可得:

$$S_{i,min} = kT_0 BF(SNR)_{o,min} \tag{6-41}$$

将式(6-41)代入式(6-38),同时引入系统损耗因子 L_1,可得另一种形式的雷达方程:

$$R_{max} = \left[\frac{P_t G^2 \lambda^2 \sigma}{(4\pi)^3 kT_0 BFL_1(SNR)_{o,min}}\right]^{\frac{1}{4}} \tag{6-42}$$

对式(6-42)进行变换,可得某距离处的接收机输出端信噪比为:

$$(SNR)_o = \frac{P_t G^2 \lambda^2 \sigma}{(4\pi)^3 kT_0 BFL_1 R^4} \tag{6-43}$$

需说明的是,式(6-43)只是单脉冲条件下的信噪比。对 SAR 而言,经过距离向和方位向脉冲压缩后,信噪比会得到显著增强。由于压缩前的脉冲宽度为 T_r,压缩后的脉冲宽度为带宽 B 的倒数,因此距离向压缩过程中的信噪比增益为 BT_r。方位向压缩后的信噪比增益为合成孔径时间除以 PRI。因此,根据式(6-7),同时将后向散射系数 σ 替换为归一化后向散射系数 σ_0 与地距分辨率 ρ_g、方位分辨率 ρ_a 三者的乘积,可得:

$$(SNR)_o = \frac{P_t G^2 \lambda^2 (\sigma_0 \rho_a \rho_g)}{(4\pi)^3 kT_0 BFL_1 R^4} \cdot (BT_r) \cdot \frac{R\lambda/(l_a v)}{PRI} \tag{6-44}$$

对式(6-44)进行化简,可得条带模式下的 SAR 雷达方程为:

$$(SNR)_{\circ} = \frac{P_{av}G^2\lambda^3\sigma_0\rho_r}{2(4\pi)^3 kT_0FL_1R^3v\sin\theta} \tag{6-45}$$

式中，P_{av} 为雷达信号的平均功率。

设置式(6-45)中的等号左端项为 1，将对应的 σ_0 记为 $NE\sigma_0$，可得：

$$NE\sigma_0 = \frac{2(4\pi)^3 R^3 v(kT_0FL_1)\sin\theta}{P_{av}G^2\lambda^3\rho_r} \tag{6-46}$$

将 $NE\sigma_0$ 称为归一化等效噪声系数，其物理含义是若某地物的归一化后向散射系数等于 $NE\sigma_0$，则一个图像分辨单元大小的该地物（该地物的实际大小可能大于一个图像分辨单元）对应的回波功率与噪声功率相等。

6.1.2.10　峰值旁瓣比和积分旁瓣比

理想成像系统中，单一像素的能量应全部来自地面某一分辨单元。任何实际雷达都不能完全避免能量向邻近单元泄漏。此外，能量泄漏的原因还包括不适当的采样及处理器失配等。常采用旁瓣比衡量能量向邻近单元的泄漏程度。

峰值旁瓣比(peak side lobe ratio，PSLR)定义为旁瓣的最大值与主瓣的最大值之比。在频谱分析中，主瓣通常是人们感兴趣的信号成分，而旁瓣则是主瓣附近的其他成分。峰值旁瓣比的值越高表示主瓣越尖锐，信号越集中，且旁瓣越弱。峰值旁瓣比的公式为：

$$PSLR = 10\lg \frac{\max\limits_{\substack{|x|>\rho_r \\ |y|>\rho_a}} [A(x,y)]}{\max\limits_{\substack{|x|<\rho_r \\ |y|<\rho_a}} [A(x,y)]} \tag{6-47}$$

式中，x 和 y 分别代表距离向和方位向，A 代表图像幅度。PSLR 通常以分贝(dB)为单位进行表示。PSLR 的值决定了强目标掩盖其附近的弱目标的程度。可采用加窗(汉明窗、凯撒窗、汉宁窗)等方法增加 PSLR。

积分旁瓣比(integration side lobe ratio，ISLR)定义为旁瓣的积分值与主瓣的积分值之比。与峰值旁瓣比不同，积分旁瓣比考虑了整个旁瓣区域的信号能量，而不仅仅是旁瓣的峰值。高积分旁瓣比表示主瓣内的信号能量占据了绝大部分，而旁瓣区域的信号能量很小。积分旁瓣比对应的公式为：

$$ISLR = 10\lg \frac{\displaystyle\int_{-10\rho_r\text{或}-10\rho_a}^{10\rho_r\text{或}10\rho_a} A(x,y)\mathrm{d}x \text{ 或 } \mathrm{d}y - \int_{-\rho_r\text{或}-\rho_a}^{\rho_r\text{或}\rho_a} A(x,y)\mathrm{d}x \text{ 或 } \mathrm{d}y}{\displaystyle\int_{-\rho_r\text{或}-\rho_a}^{\rho_r\text{或}\rho_a} A(x,y)\mathrm{d}x \text{ 或 } \mathrm{d}y} \tag{6-48}$$

ISLR 的值决定了一个局部较暗的区域被周围明亮区域的能量泄漏所淹没的程度。ISLR 通常以分贝(dB)为单位进行表示，可采用加窗的方法增加 ISLR。

6.1.3　信号模型

SAR 系统可以采用不同的雷达信号调制方式，其中线性调频信号(linear frequency modulation，LFM)是一种常见的选择。LFM 是一种调制方式，其中雷达信号的频率随着时间线性地变化。这种信号通常用于 SAR 系统中的脉冲压缩技术,通过合成大孔径来获得高分辨率成像。

对 LFM 来说,较长的脉冲宽度可以增加脉冲信号在传播过程中的能量积累,从而允许信号在更远的距离内传播和返回。这有助于提高作用距离,使得 SAR 系统能够探测到更远的目标。较短的脉冲宽度可以提供更好的时间分辨率,使得 SAR 系统能够更准确地区分目标之间的距离,从而提高分辨率。脉冲宽度短意味着信号的频率变化快,这有助于区分不同的目标。因此,LFM 中的脉冲宽度决定了作用距离和分辨率之间的权衡。较长的脉冲宽度通常适用于需要更大作用距离的情况,但可能降低分辨率;较短的脉冲宽度则有助于提高分辨率,但可能限制作用距离。因此,选择合适的脉冲宽度和信号带宽可以在一定程度上克服这种矛盾,在提高作用距离的同时提高分辨率。

在 SAR 的回波接收、成像处理过程中,涉及 3 个空间和 2 个模型,分别是目标空间、信号空间、图像空间和回波模型、成像模型。图 6-20 对上述 3 个空间和 2 个模型的关系进行了示意。

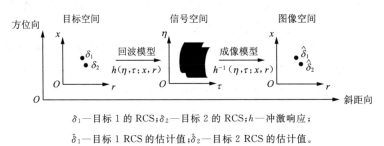

δ_1—目标 1 的 RCS;δ_2—目标 2 的 RCS;h—冲激响应;

$\hat{\delta}_1$—目标 1 RCS 的估计值;$\hat{\delta}_2$—目标 2 RCS 的估计值。

图 6-20　SAR 的目标空间、信号空间、图像空间示意图

目标空间描述了成像场景的信息,包括散射点的几何位置分布、散射强度分布等。信号空间描述了回波信号的幅度和相位信息。图像空间描述了所反演出的图像的信息。通过评估反演散射点的几何分布和散射强度分布与目标空间内相应分布的吻合程度,可以评价 SAR 图像的质量。

如图 6-20 所示,由于发射脉冲具有一定宽度以及方位向的合成孔径效应,目标空间内相距较近的散射点在信号空间内发生了严重的混叠。SAR 的回波模型描述了目标空间与信号空间之间的关系。为了从信号空间反演得出 SAR 图像,需建立成像模型并设计相应的成像算法,实现散射点几何分布和散射强度分布的高精度反演。图 6-21 直观地反映了 SAR 回波与 SAR 图像间的巨大差异。图 6-21(a) 为 SAR 回波的示例,用人的肉眼观察,它与噪声类似。图 6-21(b) 为利用成像算法对 SAR 回波进行处理后生成的图像,人们进行观察后可获得丰富的视觉信息。

设一个脉冲内 SAR 的发射信号 $s(\tau)$ 为:

$$s(\tau) = \text{rect}\left(\frac{\tau}{T_{\text{r}}}\right) \cos(2\pi f_0 \tau + \pi k_{\text{r}} \tau^2), \quad -\frac{T_{\text{r}}}{2} \leqslant \tau \leqslant \frac{T_{\text{r}}}{2} \tag{6-49}$$

式中,τ 为距离向时间(快时间),T_{r} 为脉冲宽度,f_0 为载波频率,k_{r} 为调频斜率,rect 表示标准的矩形函数。

对于方位向坐标为 x、斜距向坐标为 r、后向散射系数为 σ 的点目标而言,SAR 的回波信号 s_{r} 可表示为:

（a）SAR 回波示例　　　　　　（b）SAR 图像示例

图 6-21　SAR 回波与 SAR 图像的示意图

$$s_r(\eta,\tau;x,r) \approx \sigma(x,r) \cdot \omega_a(\eta-\eta_c) \cdot \omega_r(\tau-\tau_c) \cdot rect\left[\frac{\tau-2R(\eta;x,r)/c}{T_r}\right] \cdot$$
$$\cos\{2\pi f_0[\tau-2R(\eta;x,r)/c]+\pi k_r[\tau-2R(\eta;x,r)/c]^2\} \quad (6\text{-}50)$$

式中，η 为方位向时间（慢时间），ω_a 和 ω_r 分别为方位向、距离向的天线方向图函数，η_c 为合成孔径中心时刻，τ_c 为场景中心对应的双程延迟时间，$R(\eta;x,r)$ 为雷达与点目标间随慢时间变化的距离。需说明的是，式（6-50）是在"停—走—停"模型下得出的。这里的"停—走—停"模型是指假设 SAR 平台以"跳跃"的方式运动，在一个 PRI 内平台的位置保持不变。上述模型的精度在多数情况下是可以接受的，但对于地球同步轨道 SAR、超高分辨率 SAR 等场合并不适用，在这些情况下需采用更复杂的模型。

经过正交解调后，回波信号的表达式 s'_r 为：

$$s'_r(\eta,\tau;x,r) \approx \sigma(x,r) \cdot \omega_a(\eta-\eta_c) \cdot \omega_r(\tau-\tau_c) \cdot rect\left[\frac{\tau-2R(\eta;x,r)/c}{T_r}\right] \cdot$$
$$\exp\{-j4\pi f_0 R(\eta;x,r)/c+j\pi k_r[\tau-2R(\eta;x,r)/c]^2\} \quad (6\text{-}51)$$

设置点目标的后向散射系数等于 1，可得 SAR 系统的冲激响应 h 为：

$$h(\eta,\tau;x,r) \approx \omega_a(\eta-\eta_c) \cdot \omega_r(\tau-\tau_c) \cdot rect\left[\frac{\tau-2R(\eta;x,r)/c}{T_r}\right] \cdot$$
$$\exp\{-j4\pi f_0 R(\eta;x,r)/c+j\pi k_r[\tau-2R(\eta;x,r)/c]^2\} \quad (6\text{-}52)$$

考虑成像场景由众多点目标组成，同时考虑噪声的影响，可得 SAR 系统的回波信号为：

$$s'_r(\eta,\tau) = \sum_x \sum_r [\sigma(x,r) \cdot h(\eta,\tau;x,r)] + n(\eta,\tau) \quad (6\text{-}53)$$

式中，n 表示噪声。

根据式（6-53），SAR 的成像处理是在噪声背景下处理回波反演 $\sigma(x,r)$ 的过程，其难点在于冲激响应 $h(\eta,\tau;x,r)$ 会随点目标位置的不同而发生变化。这种空间变化包括距离空变、方位空变和二维空变等。

距离空变是指不同目标在距离方向上分布的不均匀性。由于目标与雷达之间的距离不同，所以回波信号的传播时间会有所差异，这会影响回波的相位和幅度。处理距离空变需要进行距离压缩，通常通过应用匹配滤波等技术来实现。方位空变是指目标在雷达方位角上的分布变化。由于 SAR 系统通常通过平台运动来获取不同方位角的数据，目标在不同方位角位置的回波信号可能会受到多普勒频移的影响，所以需要进行方位压缩和多普勒校正等处理。二维空变是距离空变和方位空变的综合效应,包括目标在距离和方位方向上的分布变化。处理二维空变需要同时考虑距离压缩、方位压缩以及可能的多普勒校正等。

　　这些空间变化在噪声背景下会引入不确定性和复杂性,可能导致成像模糊、目标定位误差等问题。利用脉冲压缩、多普勒校正、运动补偿等方法,可获得高质量的成像结果并准确反演目标位置和特性。

大作业6　利用常用遥感软件处理星载合成孔径雷达数据

要求:

　　(1) 广泛查阅资料,熟悉 Envi+SARScape,NEST,SNAP,ERDAS,Gamma,PIE(国产)等常用遥感软件中的一种,利用该软件进行数据加载、成像处理(可选)、多视处理、辐射定标、几何定标等操作。

　　(2) 在熟悉上述基本操作的基础上,自由选定某方面的扩展功能(例如干涉处理、海面风场信息提取、人工信息提取等)进行熟悉。

大作业6:
数据处理示例

大作业6:利用常用遥感软件
处理星载合成孔径雷达数据示例

大作业6:利用常用遥感软件
处理星载合成孔径雷达数据

6.2　脉冲压缩技术

6.2.1　驻定相位原理

　　驻定相位是一种求解复杂高频扰动信号的积分近似方法。所谓驻定相位点,就是相位函数导数为零的点。驻定相位原理的简单理解就是在驻相点附近信号的相位变化非常小,对积分的贡献能够得以显现,而在其他位置相位变化非常大,积分近似等于零。

　　例如,计算

$$\int_{t_1}^{t_2} u(t)\cos[V(t)]\mathrm{d}t \qquad (6\text{-}54)$$

其中,t_1 和 t_2 为积分区间的下限和上限,$u(t)$ 和 $V(t)$ 均为缓变信号,并且 $V(t)$ 的变化范围比 2π 大很多,这时积分就可以变为

$$\int_{t_1}^{t_2} u(t)\cos[V(t)]\mathrm{d}t \approx \int_{t_k-\Delta}^{t_k+\Delta} u(t)\cos[V(t)]\mathrm{d}t$$

$$(6\text{-}55)$$

来进行近似计算。其中,t_k 为驻定相位时刻,Δ 为非常窄的区间宽度。为了更加清晰、直观地理解,图 6-22 给出了驻定相位原理示意图。

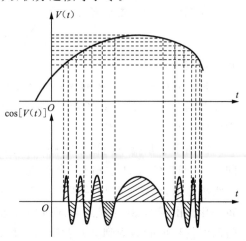

图 6-22　驻定相位原理示意图

由图 6-22 可以看出,变量 $V(t)$ 的最高点为驻定相位点,该点附近的曲线比较平滑,$V(t)$ 对时间的导数为 0。变量 $\cos[V(t)]$ 在驻定相位点附近的积分对积分值有明显的贡献,在其余的地方近似相互抵消。当驻定相位原理应用于调频信号频谱的计算时,可将 $u(t)$ 看作窄带调频信号:

$$u(t) = a(t)\mathrm{e}^{\mathrm{j}\varphi(t)} \tag{6-56}$$

式中,$a(t)$ 为信号幅度,$\varphi(t)$ 为信号相位。$u(t)$ 的傅里叶变换为:

$$U(\omega) = \int_{-\infty}^{\infty} a(t)\mathrm{e}^{\mathrm{j}\varphi(t)}\mathrm{e}^{-\mathrm{j}\omega t}\mathrm{d}t = \int_{-\infty}^{\infty} a(t)\mathrm{e}^{\mathrm{j}[\varphi(t)-\omega t]}\mathrm{d}t \approx \int_{t_k-\Delta}^{t_k+\Delta} a(t)\mathrm{e}^{-\mathrm{j}[\omega t-\varphi(t)]}\mathrm{d}t \tag{6-57}$$

式中,ω 为角频率,$U(\omega)$ 为 $u(t)$ 的频谱。对 $\varphi(t)-\omega t$ 在驻定相位点 t_k 处求导,并令其值为 0,可得:

$$\varphi'(t_k) = \omega \tag{6-58}$$

将相位项 $\omega t - \varphi(t)$ 在驻定相位点 t_k 附近进行泰勒展开:

$$\omega t - \varphi(t) = \omega t_k - \varphi(t_k) + [\omega - \varphi'(t_k)](t-t_k) - \frac{\varphi''(t_k)}{2}(t-t_k)^2 + \cdots \tag{6-59}$$

得:

$$\omega t - \varphi(t) \approx \omega t_k - \varphi(t_k) - \frac{\varphi''(t_k)}{2}(t-t_k)^2 \tag{6-60}$$

进而得:

$$U(\omega) \approx \int_{t_k-\Delta}^{t_k+\Delta} a(t)\mathrm{e}^{-\mathrm{j}[\omega t-\varphi(t)]}\mathrm{d}t \approx a(t_k)\mathrm{e}^{-\mathrm{j}[\omega t_k-\varphi(t_k)]} \int_{t_k-\Delta}^{t_k+\Delta} \mathrm{e}^{\mathrm{j}\frac{\varphi''(t_k)}{2}(t-t_k)^2}\mathrm{d}t \tag{6-61}$$

令 $t-t_k = u$ 以及 $\frac{\varphi''(t_k)}{2}u^2 = \frac{\pi y^2}{2}$,则可得:

$$\mathrm{d}t = \mathrm{d}u = \sqrt{\pi}\,|\varphi''(t_k)|^{-1/2}\mathrm{d}y \tag{6-62}$$

$$\int_{t_k-\Delta}^{t_k+\Delta} \mathrm{e}^{\mathrm{j}\frac{\varphi''(t_k)}{2}(t-t_k)^2}\mathrm{d}t = 2\frac{\sqrt{\pi}}{\sqrt{|\varphi''(t_k)|}}\int_{0}^{\sqrt{\frac{|\varphi''(t_k)|}{\pi}\cdot\Delta}} \mathrm{e}^{\mathrm{j}\frac{\pi}{2}y^2}\mathrm{d}y \tag{6-63}$$

进而得:

$$U(\omega) \approx 2\sqrt{\pi}\frac{a(t_k)}{\sqrt{|\varphi''(t_k)|}}\mathrm{e}^{-\mathrm{j}[\omega t_k-\varphi(t_k)]}\int_{0}^{\sqrt{\frac{|\varphi''(t_k)|}{\pi}\cdot\Delta}} \exp\left(\mathrm{j}\frac{\pi y^2}{2}\right)\mathrm{d}y \tag{6-64}$$

式中,积分 $\int_{0}^{\sqrt{\frac{|\varphi''(t_k)|}{\pi}\cdot\Delta}} \exp\left(\mathrm{j}\frac{\pi y^2}{2}\right)\mathrm{d}y$ 为菲涅尔积分的形式。

由菲涅尔积分可以证明,当积分的上限较大时,该积分可约等于:

$$\int_{0}^{\sqrt{\frac{|\varphi''(t_k)|}{\pi}\cdot\Delta}} \exp\left(\mathrm{j}\frac{\pi y^2}{2}\right)\mathrm{d}y \approx \frac{1}{\sqrt{2}}\exp\left(\mathrm{j}\frac{\pi}{4}\right) \tag{6-65}$$

将式(6-65)代入式(6-64),可得:

$$U(\omega) \approx \sqrt{2\pi}\frac{a(t_k)}{\sqrt{|\varphi''(t_k)|}}\mathrm{e}^{-\mathrm{j}\left[\omega t_k-\varphi(t_k)-\frac{\pi}{4}\right]} = A\mathrm{e}^{-\mathrm{j}[\omega t_k-\varphi(t_k)]} \tag{6-66}$$

在将驻定相位原理应用于 LFM(linear frequency modulation,线性调频)信号频谱的计算时,有两种计算方法:第一种为利用驻定相位原理进行计算;第二种为直接利用调频信号的结果计算 LFM 信号频谱。

当利用驻定相位原理进行计算时，设 LFM 信号为：

$$u(t) = \mathrm{rect}\left(\frac{t}{T_r}\right) \exp(\mathrm{j}\pi k_r t^2) \tag{6-67}$$

对式(6-66)进行傅里叶变换，得：

$$U(\omega) = \int_{-\infty}^{\infty} u(t) \mathrm{e}^{-\mathrm{j}\omega t} \mathrm{d}t = \int_{-T_r/2}^{T_r/2} \exp\left[\mathrm{j}(\pi k_r t^2 - \omega t)\right] \mathrm{d}t$$

$$= \exp\left(-\mathrm{j}\frac{\omega^2}{4\pi k_r}\right) \int_{-T_r/2}^{T_r/2} \exp\left[\mathrm{j}\left(\sqrt{\pi k_r}\, t - \frac{\omega}{2\sqrt{\pi k_r}}\right)^2\right] \mathrm{d}t \tag{6-68}$$

对式(6-67)进行如下的变量代换：

$$\left(\sqrt{\pi k_r}\, t - \frac{\omega}{2\sqrt{\pi k_r}}\right)^2 = \frac{\pi}{2} x^2 \tag{6-69}$$

得：

$$x = \sqrt{2k_r}\, t - \frac{\omega}{\pi \sqrt{2k_r}} \tag{6-70}$$

对式(6-70)两边同时求导，得：

$$\mathrm{d}x = \sqrt{2k_r}\, \mathrm{d}t \tag{6-71}$$

将式(6-69)代入式(6-68)并化简，得：

$$U(\omega) = \frac{1}{\sqrt{2k_r}} \exp\left(-\mathrm{j}\frac{\omega^2}{4\pi k_r}\right) \int_{-X_1}^{X_2} \exp\left(\mathrm{j}\frac{\pi x^2}{2}\right) \mathrm{d}x \tag{6-72}$$

其中：

$$\begin{cases} X_1 = \sqrt{2k_r}\, \dfrac{T_r}{2} + \dfrac{\omega}{\pi\sqrt{2k_r}} = \dfrac{\pi k_r T_r + \omega}{\pi\sqrt{2k_r}} \\[3mm] X_2 = \sqrt{2k_r}\, \dfrac{T_r}{2} - \dfrac{\omega}{\pi\sqrt{2k_r}} = \dfrac{\pi k_r T_r - \omega}{\pi\sqrt{2k_r}} \end{cases} \tag{6-73}$$

利用菲涅尔积分，可得 LFM 信号的傅里叶变换为：

$$U(\omega) = \frac{1}{\sqrt{2k_r}} \exp\left(-\mathrm{j}\frac{\omega^2}{4\pi k_r}\right) \left[C(X_1) + \mathrm{j}S(X_1) + C(X_2) + \mathrm{j}S(X_2)\right], \quad |\omega| < B\pi \tag{6-74}$$

其中：

$$\begin{cases} C(X) = \displaystyle\int_0^X \cos\left(\frac{\pi x^2}{2}\right) \mathrm{d}x \\[3mm] S(X) = \displaystyle\int_0^X \sin\left(\frac{\pi x^2}{2}\right) \mathrm{d}x \end{cases} \tag{6-75}$$

式中，X 代表任意非负数。

图 6-23 为菲涅尔积分结果示意图。

由式(6-74)可以得到信号的幅度谱和相位谱分别为：

$$\begin{cases} |U(\omega)| = \dfrac{1}{\sqrt{2k_r}} \sqrt{\left[C(X_1) + C(X_2)\right]^2 + \left[S(X_1) + S(X_2)\right]^2}, \quad |\omega| < B\pi \\[3mm] \Phi(\omega) = -\dfrac{\omega^2}{4\pi k_r} + \arctan\dfrac{S(X_1) + S(X_2)}{C(X_1) + C(X_2)}, \quad\quad\quad |\omega| < B\pi \end{cases} \tag{6-76}$$

由式(6-76)可以看出，当信号的时间带宽积足够大时，有：

$$\begin{cases} |U(\omega)| \approx \dfrac{1}{\sqrt{k_r}}, & |\omega| < B\pi \\[2mm] \Phi(\omega) \approx -\dfrac{\omega^2}{4\pi k_r} + \dfrac{\pi}{4}, & |\omega| < B\pi \end{cases} \tag{6-77}$$

当直接利用调频信号的结果计算 LFM 信号频谱时,可以将信号表示为:

$$\begin{aligned} U(\omega) &\approx \sqrt{2\pi}\,\frac{a(t_k)}{\sqrt{\varphi''(t_k)}}\mathrm{e}^{-\mathrm{j}\left[\omega t_k - \varphi(t_k) - \frac{\pi}{4}\right]} \\ &= |U(\omega)|\mathrm{e}^{\mathrm{j}\Phi(\omega)} \end{aligned} \tag{6-78}$$

其中:

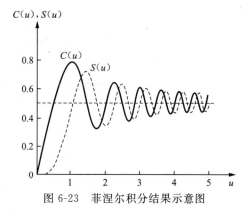

图 6-23　菲涅尔积分结果示意图

$$a(t) = \mathrm{rect}\left(\frac{t}{T_r}\right) \tag{6-79}$$

$$\varphi(t) = \pi k_r t^2 \Rightarrow \varphi'(t) = 2\pi k_r t \Rightarrow \varphi''(t) = 2\pi k_r \tag{6-80}$$

$$\frac{\mathrm{d}}{\mathrm{d}t}[\varphi(t) - \omega t] = 0 \Rightarrow t_k = \frac{\omega}{2\pi k_r} \tag{6-81}$$

将式(6-79)、式(6-80)、式(6-81)代入式(6-78),最终可得:

$$|U(\omega)| = \sqrt{2\pi}\,\frac{\mathrm{rect}\left(\dfrac{\omega}{2\pi k_r T_r}\right)}{\sqrt{2\pi k_r}} = \frac{1}{\sqrt{k_r}}\mathrm{rect}\left(\frac{\omega}{2\pi B}\right) \tag{6-82}$$

$$\Phi(\omega) = -\omega t_k + \varphi(t_k) + \frac{\pi}{4} = -\omega\,\frac{\omega}{2\pi k_r} + \pi k_r\left(\frac{\omega}{2\pi k_r}\right)^2 + \frac{\pi}{4} = -\frac{\omega^2}{4\pi k_r} + \frac{\pi}{4} \tag{6-83}$$

LFM 的近似频谱如图 6-24 所示,LFM 的实际频谱如图 6-25 所示。从图中可以看出,当 LFM 信号的时间带宽积较大时,利用驻定相位原理计算出的信号频谱与实际的频谱的吻合度较好。

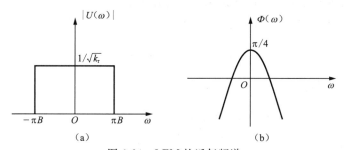

图 6-24　LFM 的近似频谱

6.2.2　脉冲压缩原理

在探测系统中,可通过脉冲能量对远场目标的距离、速度、形状或反射率等参数进行测量。为了使测量有效,接收脉冲必须具有足够强的能量和足够好的分辨率。如果发射脉冲的持续时间为 T,则每一目标在回波中占据相同的时间间隔 T,故压缩前的可分辨能力为 T。在任意时刻,回波中间隔大于这一时间的两个目标都不会被同一脉冲同时照射到。因此,为了得到良好的分辨率,必须使用短脉冲信号或至少使用经过信号处理能得到短脉冲的信号。

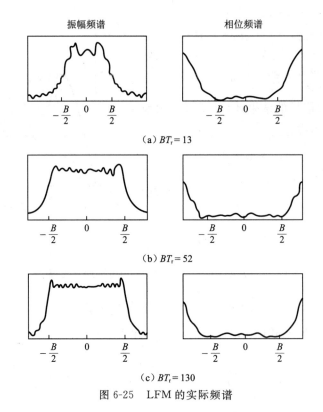

（a）$BT_r = 13$

（b）$BT_r = 52$

（c）$BT_r = 130$

图 6-25　LFM 的实际频谱

为了得到精确的目标参数，接收信号的信噪比必须足够高，这一要求经常与分辨率相矛盾。增大信号的平均发射功率可以提高信噪比，这可以通过增大峰值功率或发射信号长度予以实现。但由于高峰值功率较难实现，所以通常都采用后一种方法，即经过延伸后的信号长度一般远高于分辨率所要求的脉冲长度。在信号处理中，将这种通过发送一个展宽脉冲，再对其进行脉冲压缩以得到所需分辨率的技术称为脉冲压缩。

众所周知，距离分辨率的公式可以变换为：

$$\rho_r = \frac{cT_r}{2} \Rightarrow \rho_r = \frac{c}{2B} \tag{6-84}$$

以 LFM 信号为例，有：

$$s(t) = \mathrm{rect}\left(\frac{t}{T_r}\right) \cos(2\pi f_0 t + \pi k_r t^2) \tag{6-85}$$

信号的复包络为：

$$\tilde{s}(t) = \mathrm{rect}\left(\frac{t}{T_r}\right) \cdot \mathrm{e}^{\mathrm{j}\pi k_r t^2} \tag{6-86}$$

根据模糊函数理论，距离分辨率取决于自相关函数，则信号的自相关函数为：

$$C(\tau) = \int_{-\infty}^{\infty} \tilde{s}(t+\tau)\tilde{s}^*(t)\mathrm{d}t \approx T_r \frac{\sin(\pi k_r T_r \tau)}{\pi k_r T_r \tau} = T_r \mathrm{sinc}(k_r T_r \tau) \tag{6-87}$$

根据 sinc 函数的特点，即 $\mathrm{sinc}\, x = (\sin \pi x)/\pi x$ 可以得到自相关函数的主瓣为：

$$\tau_0 \approx \frac{1}{k_r T_r} = \frac{1}{B} \Rightarrow \rho_r = \frac{c}{2B} \tag{6-88}$$

因此,对于单一载频的脉冲信号,有:

$$\rho_r = \frac{cT_r}{2} \Leftrightarrow \rho_r = \frac{c}{2B} \qquad (6\text{-}89)$$

为了同时提高作用距离和距离分辨率,雷达应该发射宽脉冲、大带宽信号。但在接收时,应该将宽脉冲压缩成窄脉冲,从而区分开邻近目标。这时就需要用到脉冲压缩技术。

脉冲压缩技术有 3 种等效方式,即时域压缩、匹配滤波器、时域自相关。

对于时域压缩方式,需要做到脉冲压缩滤波器的频率-时延关系与发射信号正好相反,如图 6-26 所示。输入信号的载频调制特性为低频短延时、高频长延时,而压缩滤波器的延时频率特性为低频长延时、高频短延时,最后压缩滤波器输出的信号包络为压缩后的包络。

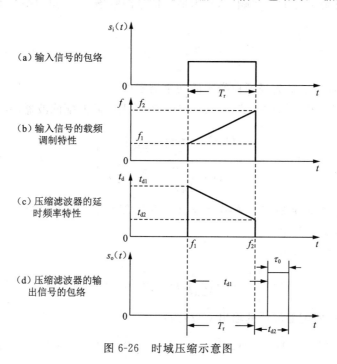

(a) 输入信号的包络

(b) 输入信号的载频调制特性

(c) 压缩滤波器的延时频率特性

(d) 压缩滤波器的输出信号的包络

图 6-26 时域压缩示意图

当发射调频信号时,先发射低频信号,再发射高频信号,因为低频信号的延时长,高频信号的延时短,因此可以使不同时间段发射的脉冲在同一时间段到达。发射信号如图 6-27 所示。

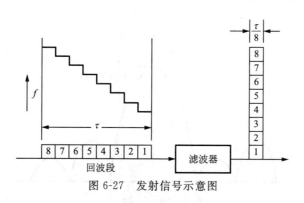

图 6-27 发射信号示意图

经过脉冲压缩后,两个邻近目标便可分辨。

对于匹配滤波器方式,根据有关匹配滤波器的理论,其如图 6-28 所示。匹配滤波器的时域表达式为:

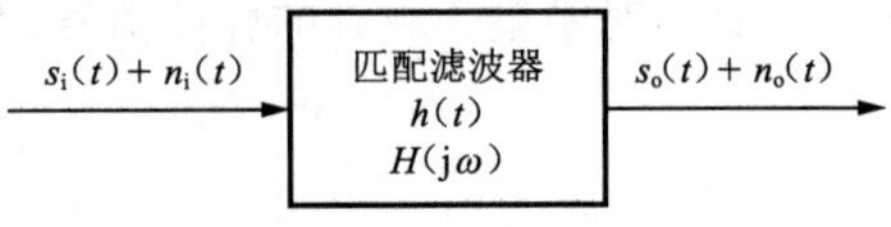

$$h(t) = K s_i^* (t_0 - t) \qquad (6\text{-}90)$$

式中,$h(t)$ 为匹配滤波器的冲激响应,K 为任意常数,s_i 为输入信号,t 为时间,t_0 为使冲激响应满足因果性的时间常数。

$s_i(t) + n_i(t)$ → 匹配滤波器 $h(t)$ $H(\mathrm{j}\omega)$ → $s_o(t) + n_o(t)$

$n_i(t)$—输入噪声;$n_o(t)$—输出噪声。

图 6-28　匹配滤波器处理示意图

因此,其频域表达式为:

$$H(\mathrm{j}\omega) = K S_i^* (\omega) \exp(-\mathrm{j}\omega t_0) \qquad (6\text{-}91)$$

式中,$H(\omega)$ 为匹配滤波器的频率响应,S_i 为输入信号的频谱,ω 为角频率。此时输出的最大信噪比 $(S/N)_{\max}$ 为:

$$\left(\frac{S}{N}\right)_{\max} = \frac{2E}{N_0} \qquad (6\text{-}92)$$

式中,E 为信号能量,$N_0/2$ 为高斯白噪声的功率谱密度。

根据 LFM 信号的频谱,结合式(6-82)、式(6-83),无衰减匹配滤波器的频谱应该设定为:

$$\left.\begin{aligned} |H(\omega)| &= \mathrm{rect}\left(\frac{\omega}{2\pi B}\right) \\ \varphi_H(\omega) &= \frac{\omega^2}{4\pi k_r} - \frac{\pi}{4} - \omega t_0 \end{aligned}\right\} \qquad (6\text{-}93)$$

式中,$|H(\omega)|$ 为匹配滤波器的幅频响应,$\varphi_H(\omega)$ 为匹配滤波器的相频响应,B 为信号带宽,k_r 为线性调频信号的调频斜率。

此时输出信号的频谱为:

$$S_o(\omega) = S_i(\omega) \cdot H(\omega) = \frac{1}{\sqrt{k_r}} \mathrm{rect}\left(\frac{\omega}{2\pi B}\right) \mathrm{e}^{\mathrm{j}\left(-\frac{\omega^2}{4\pi k_r} + \frac{\pi}{4}\right)} \cdot \mathrm{rect}\left(\frac{\omega}{2\pi B}\right) \mathrm{e}^{-\mathrm{j}\left(-\frac{\omega^2}{4\pi k_r} + \frac{\pi}{4}\right) - \mathrm{j}\omega t_0} \qquad (6\text{-}94)$$

经过逆变换后,匹配滤波器的输出 $s_o(t)$ 为:

$$s_o(t) = \sqrt{BT_r} \cdot \mathrm{sa}[\pi B(t - t_0)] = \sqrt{BT_r} \cdot \mathrm{sinc}[B(t - t_0)] \qquad (6\text{-}95)$$

式中,$\mathrm{sa}(x) = \dfrac{\sin x}{x}$ 为取样函数。

输出信号波形如图 6-29 所示。从图中可以看出,LFM 信号通过匹配滤波器后的输出具有以下特点:

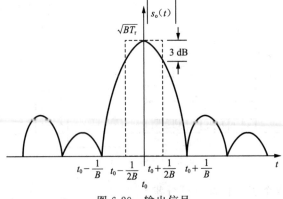

图 6-29　输出信号

（1）输出信号频谱的相位谱为线性谱（各分量同时在 t_0 处取最大值）。

（2）信号包络为取样函数形式，脉冲压缩比为 BT_r。

（3）当采用无衰减匹配滤波时，输出峰值功率近似为输入的 BT_r 倍。

（4）信号的包络存在旁瓣，会影响邻近目标的成像。通常可通过加窗的方法降低旁瓣，但会使主瓣加宽。

时域自相关方式，顾名思义，就是将信号在时域中进行处理，其流程如图 6-30 所示。

时域匹配滤波器的时域表达式为式（6-90）。为简化起见，假设 K 为 1，则信号在时域中与匹配滤波器自相关，得：

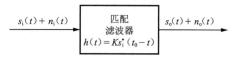

图 6-30　时域自相关处理示意图

$$
\begin{aligned}
s_i(t) * s_i^*(t_0 - t) &= \int_{-\infty}^{\infty} s_i(\tau) s_i^* \left[t_0 - (t - \tau) \right] \mathrm{d}\tau \\
&= \int_{-\infty}^{\infty} s_i(\tau) s_i^* \left[\tau + (t_0 - t) \right] \mathrm{d}\tau \\
&= A_{si}(t_0 - t)
\end{aligned} \tag{6-96}
$$

式中，$A_{si}(t_0 - t)$ 为回波信号的自相关函数。需要注意的是，时域相关运算可通过快速傅里叶变换来执行。

6.3　距离多普勒成像算法

6.3.1　距离多普勒算法概述

图 6-31 给出了利用距离多普勒（range-Doppler，RD）算法处理单个点目标回波过程中的相关图形，其中图（a）为回波的图形，图（b）为距离压缩后的图形，图（c）为距离徙动校正后的图形，图（d）为方位压缩后的图形。

RD 算法主要由距离压缩、距离徙动校正、方位压缩等步骤构成。从图 6-31（a）中可以看出，点目标的回波在距离向和方位向都明显散开。从图 6-31（b）中可以看出，经距离压缩后距离向的宽脉冲变为窄脉冲。同时，在图 6-31（b）中呈现出目标的距离徙动轨迹。从图 6-31（c）中可以看出，经距离徙动校正后，目标在不同方位时刻的轨迹被校正到同一个距离单元中。从图 6-31（d）中可以看出，经方位压缩后，最终的 SAR 图像呈现出点目标。

6.3.2　距离多普勒算法处理流程

图 6-32 给出了 RD 算法的处理流程：首先对 SAR 回波进行距离压缩，然后完成距离徙动校正，最后完成方位压缩后可得到输出的 SAR 图像。脉冲压缩有多种实现方式，为处理方便起见，这里采用匹配滤波器的方式。时域匹配滤波器的输出为输入信号与滤波器冲激响应的卷积。为了提高处理效率，将信号从时域转换到频域后再进行处理。

对距离压缩而言，首先将经正交解调、数字化等预处理后的回波信号进行距离向 FFT（fast Fourier transformation，快速傅里叶变换），然后根据发射信号的参数生成时域的距离向参考函数（即时域匹配滤波器的冲激响应），之后对距离向参考函数进行 FFT 并对两个 FFT 的

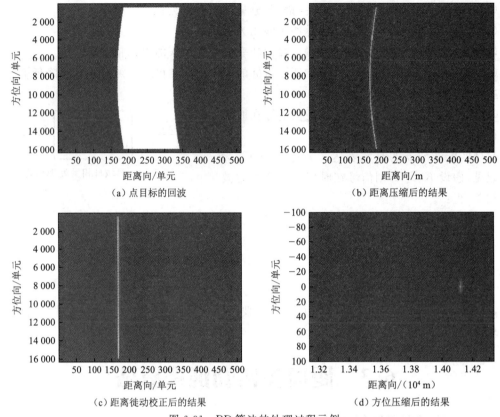

（a）点目标的回波

（b）距离压缩后的结果

（c）距离徙动校正后的结果

（d）方位压缩后的结果

图 6-31　RD 算法的处理过程示例

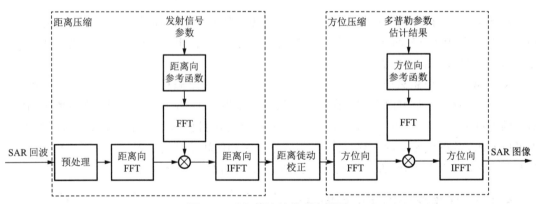

图 6-32　RD 算法的处理流程图

结果进行相乘，最终通过距离向 IFFT(inverse fast Fourier transformation，快速逆傅里叶变换)将信号变换回时域。

对方位压缩而言，首先将经距离徙动校正后的信号进行方位向 FFT，然后根据多普勒参数估计的结果生成时域的方位向参考函数(即时域匹配滤波器的冲激响应)，之后对方位向参考函数进行 FFT 并对两个 FFT 的结果进行相乘，最终通过方位向 IFFT 将信号变换回时域。

6.3.3　信号模型

SAR 成像过程中的几何模型如图 6-33 所示。坐标系的原点为平台于零时刻时在地面的投影点，x 轴指向平台运动方向，z 轴垂直向上，y 轴的定义满足右手定则。p 表示场景中的某个目标，ψ 和 δ 分别表示零时刻时平台与目标连线在地面的投影线与 x 轴正向的夹角、俯仰角，R_0 表示零时刻时平台与目标间的距离，ϕ 表示零时刻时平台和目标连线与 x 轴正向的夹角。

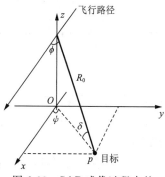

图 6-33　SAR 成像过程中的几何模型

设 η 表示慢时间，则平台随 η 变化的三维坐标为：

$$p_x = (v\eta, 0, R_0 \sin \delta) \tag{6-97}$$

式中，v 为平台飞行速度。目标 p 的三维坐标为：

$$p_t = (R_0 \cos \delta \cos \psi, R_0 \cos \delta \sin \psi, 0) \tag{6-98}$$

根据式(6-97)和式(6-98)，可得 SAR 平台与目标间的瞬时距离为：

$$R(\eta) = \sqrt{(v\eta - R_0 \cos \delta \cos \psi)^2 + (R_0 \cos \delta \sin \psi)^2 + (R_0 \sin \delta)^2} \tag{6-99}$$

经化简可得：

$$R(\eta) = \sqrt{R_0^2 - 2v\eta R_0 \cos \delta \cos \psi + (v\eta)^2} \tag{6-100}$$

根据几何关系有 $\cos \phi = \cos \delta \cos \psi$，因此可得：

$$R(\eta) = R_0 \sqrt{1 - \left[2\left(\frac{v\eta}{R_0}\right)\cos \phi - \left(\frac{v\eta}{R_0}\right)^2\right]} \tag{6-101}$$

根据如下泰勒级数：

$$\sqrt{1-x} = 1 - \frac{1}{2}x - \frac{1}{8}x^2 + \cdots \tag{6-102}$$

对式(6-101)进行展开，可得：

$$R(\eta) \approx R_0 \left\{1 - \left[\left(\frac{v\eta}{R_0}\right)\cos \phi - \frac{1}{2}\left(\frac{v\eta}{R_0}\right)^2\right] - \frac{1}{8} \cdot \left[2\left(\frac{v\eta}{R_0}\right)\cos \phi - \left(\frac{v\eta}{R_0}\right)^2\right]^2\right\} \tag{6-103}$$

对式(6-103)只保留至 η 的平方项，可得：

$$R(\eta) \approx R_0 \left[1 - \left(\frac{v\eta}{R_0}\right)\cos \phi + \frac{1}{2}\left(\frac{v\eta}{R_0}\right)^2 - \frac{4}{8}\left(\frac{v\eta}{R_0}\right)^2 \cos^2 \phi\right] \tag{6-104}$$

经化简可得：

$$R(\eta) \approx R_0 \left[1 - \left(\frac{v\eta}{R_0}\right)\cos \phi + \frac{1}{2}\left(\frac{v\eta}{R_0}\right)^2 \sin^2 \phi\right] \tag{6-105}$$

设雷达的发射信号为：

$$s(t) = \sum_{n=0}^{\infty} \text{rect}\left(\frac{t - n \cdot PRI}{T_r}\right) \cdot \exp\left[j(2\pi f_0 t + \pi k_r t^2)\right] \tag{6-106}$$

式中，t 为全时间，PRI 为脉冲重复周期，T_r 为脉冲宽度，f_0 为载波频率，k_r 为线性调频斜率。

目标的回波信号可表示为：

$$s_r(\eta, \tau) = \sigma \cdot \text{rect}\left(\frac{\eta - \eta_c}{T_{\text{int}}}\right) \cdot \text{rect}\left[\frac{\tau - 2R(\eta)/c}{T_r}\right] \cdot$$

$$\exp\left\{j\left[2\pi f_0\left[\tau - 2R(\eta)/c\right] + \pi k_r\left[\tau - 2R(\eta)/c\right]^2\right]\right\} \tag{6-107}$$

式中，η 为慢时间，τ 为快时间，σ 为目标的 RCS，η_c 为目标的合成孔径中心时刻，T_{int} 为合成孔径时间。

对回波进行解调，可得：

$$s'_r(\eta,\tau) = \sigma \cdot \left\{ \mathrm{rect}\left(\frac{\eta - \eta_c}{T_{int}}\right) \cdot \exp\left[-j4\pi R(\eta)/\lambda\right] \right\} \cdot$$
$$\left\{ \mathrm{rect}\left[\frac{\tau - 2R(\eta)/c}{T_r}\right] \cdot \exp\left[j\pi k_r (\tau - 2R(\eta)/c)^2\right] \right\} \tag{6-108}$$

式中，等号右边第一对大括号内的项为信号的方位向部分，第二对大括号内的项为信号的距离向部分。可以看出，距离向部分中也含有慢时间变量 η，因此这部分信号中距离向与方位向是耦合的。

SAR 平台与目标间的瞬时距离 $R(\eta)$ 与方位向相位 $\Phi(\eta)$ 间的关系为：

$$\Phi(\eta) = -4\pi \frac{R(\eta)}{\lambda} \tag{6-109}$$

因此，目标的瞬时多普勒频率可表示为：

$$f_d(\eta) = \frac{1}{2\pi} \cdot \frac{\mathrm{d}\Phi}{\mathrm{d}\eta} = -\frac{2R'(\eta)}{\lambda} \tag{6-110}$$

根据式(6-105)，可得：

$$f_d(\eta) = -\frac{2}{\lambda}\left(-v\cos\phi + \frac{v^2\sin^2\phi}{R_0}\eta\right) \tag{6-111}$$

经化简可得：

$$f_d(\eta) = \frac{2v\cos\phi}{\lambda} - \frac{2v^2\sin^2\phi}{\lambda R_0}\eta = f_{dc} + f_{dr}\eta \tag{6-112}$$

因此可知，SAR 系统中目标的瞬时多普勒频率也呈现线性调频信号的变化规律。需要说明的是，以上的讨论均只针对单个目标的情况。当方位向上有多个目标时，可将式(6-112)修正为：

$$f_d(\eta) = f_{dc} + f_{dr}(\eta - \eta_c) \tag{6-113}$$

式中，η_c 为某个目标的合成孔径中心时刻，其值随着目标方位向位置的不同而变化。

根据式(6-112)，可得目标的多普勒中心频率 f_{dc} 和多普勒调频斜率 f_{dr} 分别为：

$$f_{dc} = \frac{2v\cos\phi}{\lambda} \tag{6-114}$$

$$f_{dr} = -\frac{2v^2\sin^2\phi}{\lambda R_0} \tag{6-115}$$

对于机载正侧视的情况，则有：

$$f_{dc} = 0 \tag{6-116}$$

$$f_{dr} = -\frac{2v^2}{\lambda R_0} \tag{6-117}$$

6.3.4 距离向压缩

距离向压缩即距离向的脉冲压缩过程，如前所述，可采用时域压缩网络、匹配滤波器、时域自相关 3 种方式实现。其中，最常用的方法是将匹配滤波器中的时域卷积转化为频域相乘。

距离压缩沿方位线进行,每条方位线上采用相同的参考函数。参考函数的表达式为:

$$f_{r,ref}(t) = \exp\left[j2\pi\left(f_0 t - \frac{1}{2}k_r t^2\right)\right], \quad -\frac{T_r}{2} < t < \frac{T_r}{2} \tag{6-118}$$

如图 6-34 所示,图(a)可直观地表示距离向压缩后的结果为 sinc 形式的函数,图(b)给出了每条方位线上的峰值沿距离徙动曲线分布。

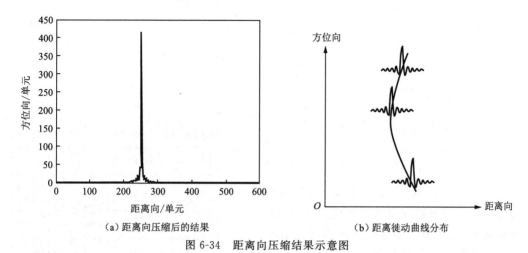

（a）距离向压缩后的结果　　　　　　（b）距离徙动曲线分布

图 6-34　距离向压缩结果示意图

6.3.5　距离徙动校正

距离徙动是指随着 SAR 平台的运动,距离压缩后的信号不在同一条距离线上,即目标轨迹出现在不同的距离单元。距离徙动结果如图 6-35 所示。

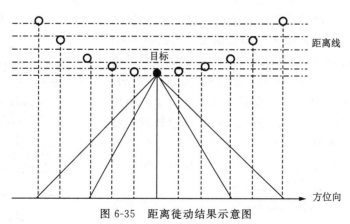

图 6-35　距离徙动结果示意图

换言之,距离压缩后的目标轨迹会出现跨距离单元的现象。这种现象的产生是由 SAR 平台与目标之间瞬时距离的变化造成的。这种目标轨迹跨距离单元的现象给方位向的处理带来了不便,因此有必要在进行方位向处理前对距离徙动现象进行校正。校正后应保证目标轨迹处在同一距离单元内。

随着慢时间的变化,SAR 平台与目标间的瞬时距离可近似表示为:

$$R(\eta) \approx R(\eta)\big|_{\eta=\eta_c} + R'(\eta)\big|_{\eta=\eta_c}(\eta - \eta_c) + \frac{1}{2}R''(\eta)\bigg|_{\eta=\eta_c}(\eta - \eta_c)^2 \tag{6-119}$$

式中，η 为慢时间，η_c 为合成孔径中心时刻。由 SAR 平台与目标间瞬时距离的变化引起的相位变化为：

$$\Phi(\eta) = -2\pi \frac{2R(\eta)}{\lambda} \tag{6-120}$$

显然，目标的多普勒中心频率 f_{dc} 和多普勒调频斜率 f_{dr} 可表示为：

$$f_{dc} = \frac{\Phi'(\eta_c)}{2\pi} = -\frac{2}{\lambda}R'(\eta_c) \tag{6-121}$$

$$f_{dr} = \frac{\Phi''(\eta_c)}{2\pi} = -\frac{2}{\lambda}R''(\eta_c) \tag{6-122}$$

因此可将式(6-119)转化为：

$$R(\eta) \approx R(\eta)\big|_{\eta=\eta_c} - \frac{\lambda f_{dc}}{2}(\eta - \eta_c) - \frac{\lambda f_{dr}}{4}(\eta - \eta_c)^2 \tag{6-123}$$

由式(6-123)可知，SAR 平台与目标间瞬时距离的变化可近似看成由 3 项组成。其中，第 1 项为基准项，第 2 项为随慢时间线性变化的项，第 3 项为随慢时间呈抛物线变化的项。为方便起见，将第 2 项定义为距离走动项，将第 3 项定义为距离弯曲项。因此，距离徙动校正的过程包括距离走动项的校正和距离弯曲项的校正。图 6-36 对距离徙动的两个分量进行了示意。

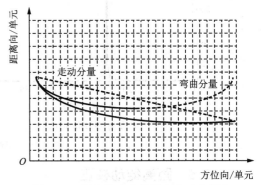

图 6-36　距离徙动中的距离走动分量和距离弯曲分量

对于机载 SAR，正侧视的情况下多普勒中心频率为 0，因此这种情况下不存在距离走动的情况。当机载 SAR 处于斜视的情况时，多普勒中心频率不为 0，此时存在距离走动的情况。对于星载 SAR，由于地球自转效应的影响，即便是在正侧视的情况下也存在着距离走动现象。距离走动量与卫星位置有关。在赤道附近时，地球自转线速度大，因而走动量大；在两极附近时，地球自转线速度小，走动量小。典型的距离走动范围可达几十至几百个距离单元。一般在距离压缩后的时域进行校正。

距离走动一般在距离压缩后的时域完成。距离走动量与多普勒中心频率 f_{dc} 成正比。因此，常将距离走动校正与多普勒中心频率的估计结合起来。图 6-37 给出了距离走动校正与多普勒中心频率估计相结合时的处理流程。首先，根据理论计算公式确定多普勒中心频率的初值 $f_{dc}(0)$；然后，根据 $f_{dc}(0)$ 进行距离走动校正；之后，对校正后的信号进行多普勒参数估计，得到第 $i(i \geqslant 1)$ 次的多普勒中心频率值 $f_{dc}(i)$；接着，比较第 i 次的多普勒中心频率值 $f_{dc}(i)$ 和第 $i-1$ 次的多普勒中心频率值 $f_{dc}(i-$

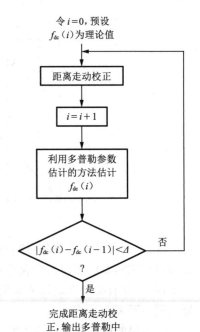

图 6-37　距离走动校正与多普勒中心频率估计相结合时的处理流程

1）。如果二者之间的偏差小于事先设定的阈值 Δ，则完成距离走动的校正，同时将 $f_{dc}(i)$ 的值输出为多普勒中心频率的估计值；如果二者之间的偏差不小于阈值 Δ，则重新根据 $f_{dc}(i)$ 的值进行距离走动校正，并令 $i=i+1$，对校正后的信号进行多普勒参数估计得 $f_{dc}(i)$。上述处理过程不断地迭代进行，直至输出最终结果。

根据式（6-123），距离走动量 R_{walk} 的表示式为：

$$R_{walk} = -\frac{\lambda f_{dc}}{2}(\eta - \eta_c) \tag{6-124}$$

因此，距离走动量的补偿量 R'_{walk} 为：

$$R'_{walk} = \frac{\lambda f_{dc}}{2}(\eta - \eta_c) \tag{6-125}$$

对应的应移动的距离门的个数 ΔN 为：

$$\Delta N = R'_{walk}/\delta_r \tag{6-126}$$

式中，δ_r 为距离门对应的宽度，通常取斜距分辨率的值。如图 6-36 所示，对于不同的方位脉冲，距离走动量是不相同的，因此，不同方位脉冲的距离走动补偿值也是不同的。多数情况下需移动的 ΔN 为非整数。在这种情况下，不能直接对信号进行平移，应利用插值运算进行处理。

sinc 插值是一种经常采用的插值方式。时域采样定理表明，满足以下条件时，可从信号 $f(x)$ 的等间隔样本中无失真地恢复出信号：

（1）$f(x)$ 是带宽有限信号。

（2）信号的采样频率满足奈奎斯特定理。

为恢复出原信号，对应的重建方程为：

$$f(x) = \sum_{i=i_{start}}^{i_{start}+n-1} f_d(iT_s) \cdot \mathrm{sinc}(iT_s - x) = \sum_{i=i_{start}}^{i_{start}+n-1} f_d(iT_s) \cdot \frac{\sin[\pi(iT_s - x)]}{\pi(iT_s - x)} \tag{6-127}$$

式中，f_d 为取样信号，i_{start} 为用于插值计算的样值起始序号，n 为插值运算的点数，T_s 为取样周期。式（6-127）表明，可以利用自变量 x 附近的 n 个样值点通过插值运算恢复出原始信号 $f(x)$。

图 6-38 对 8 点 sinc 插值的计算过程进行了示例。设 $T_s=1$，且函数 $f(x)$ 在 $x=8,9,10,11,12,13,14,15$ 时的函数已知，在上述条件下对 $f(11.7)$ 的值进行估计。图 6-38（a）为插值核，图 6-38（b）显示了插值的运算过程。将插值核的零时刻对准 $x=11.7$，然后用 $x=8,9,10,11,12,13,14,15$ 时的函数值乘以插值核在对应时刻的值，将上述 8 个乘积值相加后即得 $f(11.7)$ 的估计值。当自变量 x 的值变化时，可采用类似的过程进行计算，从而得到图 6-38（c）所示的插值后的信号。

当 ΔN 为整数时，可直接对距离压缩后的数

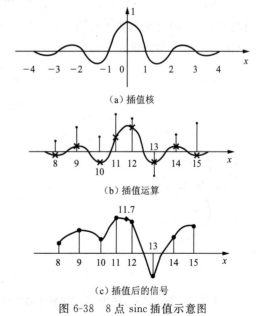

（a）插值核

（b）插值运算

（c）插值后的信号

图 6-38　8 点 sinc 插值示意图

据矩阵在距离向上进行搬移,否则需进行插值运算后再进行搬移。例如,当 $\Delta N = 3$ 时,直接对距离压缩后的数据矩阵在距离向上搬移 3 个距离单元;而当 $\Delta N = 3.1$ 时,利用插值运算得到各距离单元序号减去 0.1 后对应的信号值,然后将插值后的数据矩阵在距离向上搬移 3 个距离单元。

距离弯曲一般在距离多普勒域(即距离压缩后进行方位向 FFT)进行校正,其原因解释如下:根据式(6-115),对于不同距离的目标,它们的距离弯曲率不完全一致。另外,对于方位向上不同位置的目标,它们二维时域内距离徙动轨迹不重合。图 6-39 对上述现象进行了示意。上述特点使得在二维时域内进行距离弯曲校正非常困难。

根据式(6-123),距离弯曲量 R_{cur} 在方位时域内的表示式为:

$$R_{cur}(\eta) = -\frac{\lambda f_{dr}}{4}(\eta - \eta_c)^2 \tag{6-128}$$

式中,f_{dr} 为多普勒调频斜率。

根据式(6-113)所示的多普勒频率与方位时间的关系,可得:

$$R_{cur}(f_d) = -\frac{\lambda f_{dr}}{4}\left(\frac{f_d - f_{dc}}{f_{dr}}\right)^2 \tag{6-129}$$

式中,f_{dc} 为多普勒中心频率。化简后得:

$$R_{cur}(f_d) = -\frac{\lambda}{4 f_{dr}}(f_d - f_{dc})^2 \tag{6-130}$$

根据式(6-115),可得:

$$R_{cur}(f_d) = \frac{\lambda^2 R_0}{8 v^2 \sin^2 \phi}(f_d - f_{dc})^2 \tag{6-131}$$

式中,R_0 为合成孔径中心时刻目标与雷达平台间的距离,v 为平台速度,ϕ 为平台速度方向与平台-目标连线方向之间的夹角。

根据式(6-115)可知,在距离多普勒域内的距离弯曲轨迹与 η_c 无关,因此相同距离、不同方位的散射点距离徙动曲线在距离多普勒域相互重合。图 6-40 对上述现象进行了示意,上述特点使得距离弯曲的校正变得容易。

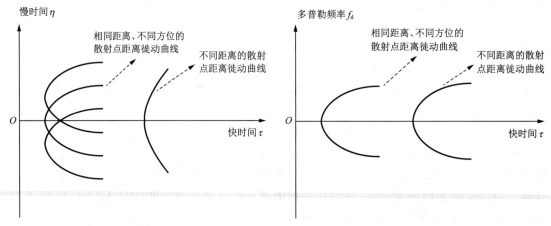

图 6-39　二维时域内目标距离徙动轨迹的特点　　图 6-40　距离多普勒域内目标距离徙动轨迹的特点

根据式(6-115),可得距离弯曲量的补偿量 R'_{cur} 为:

$$R'_{\mathrm{cur}}(f_{\mathrm{d}}) = -\frac{\lambda^2 R_0}{8v^2 \sin^2 \phi}(f_{\mathrm{d}} - f_{\mathrm{dc}})^2 \tag{6-132}$$

对应的应移动的距离门个数 ΔN 为：

$$\Delta N = R'_{\mathrm{cur}}(f_{\mathrm{d}})/\delta_{\mathrm{r}} \tag{6-133}$$

式中, δ_{r} 为斜距分辨率。

与距离走动的校正一样,当 ΔN 为整数时,可直接对数据矩阵在距离向上进行搬移,否则需进行插值运算后再进行搬移。

6.3.6　方位向压缩

距离徙动校正后,信号沿方位向的轨迹由曲线变为直线。之后,可利用匹配滤波等方法实现方位向的脉冲压缩,从而得到最终的图像。

SAR 方位向的信号 $s_{\mathrm{a}}(\eta)$ 可表示为：

$$s_{\mathrm{a}}(\eta) = \exp[-\mathrm{j}4\pi R(\eta)/\lambda], \quad -\frac{T_{\mathrm{int}}}{2} < \eta < \frac{T_{\mathrm{int}}}{2} \tag{6-134}$$

式中, λ 为波长, η 为慢时间, $R(\eta)$ 为 SAR 平台与目标的瞬时距离, T_{int} 为合成孔径时间。对应的方位向相位为：

$$\Phi(\eta) = -4\pi \frac{R(\eta)}{\lambda} \tag{6-135}$$

相应的多普勒频率可表示为：

$$f_{\mathrm{d}}(\eta) = \frac{1}{2\pi} \cdot \frac{\mathrm{d}\Phi}{\mathrm{d}\eta} = f_{\mathrm{dc}} + f_{\mathrm{dr}}\eta \tag{6-136}$$

因此,可将 SAR 方位向信号改写为：

$$s_{\mathrm{a}}(\eta) = \exp\left[\mathrm{j}2\pi\left(f_{\mathrm{dc}}\eta + \frac{1}{2}f_{\mathrm{dr}}\eta^2\right)\right], \quad -\frac{T_{\mathrm{int}}}{2} < \eta < \frac{T_{\mathrm{int}}}{2} \tag{6-137}$$

其中, f_{dc} 和 f_{dr} 的表示式分别由式(6-114)和式(6-115)给出。

根据式(6-137)和匹配滤波器的冲激响应特性,方位向压缩的参考函数为：

$$s_{\mathrm{a}}(\eta) = \exp\left[\mathrm{j}2\pi\left(f_{\mathrm{dc}}\eta + \frac{1}{2}f_{\mathrm{dr}}\eta^2\right)\right], \quad -\frac{T_{\mathrm{int}}}{2} < \eta < \frac{T_{\mathrm{int}}}{2} \tag{6-138}$$

需要说明的是,利用式(6-114)和式(6-115)计算得出的 f_{dc} 和 f_{dr} 仅是理想情况下的理论值,当 SAR 平台飞行轨迹为非理想的情况下,需通过多普勒参数估计算法得到 f_{dc} 和 f_{dr} 的实际值。

6.3.7　二次距离压缩

距离压缩后,在距离弯曲校正前,回波信号依然跨越多个距离门。为进行距离弯曲校正,需通过方位向快速傅里叶变换将信号转化到距离多普勒域。方位向 FFT 会导致未对齐的目标回波信号在距离向产生展宽,因此需对展宽信号在距离向再次进行压缩,称为二次距离压缩(secondary range compression,SRC)。

二次距离压缩的实现方式有 3 种：

(1) 在距离多普勒域中,随距离徙动校正(range cell migration correction,RCMC)插值一

同进行。

（2）通过二维频域中的相位相乘实现。

（3）在距离频率-方位时域中进行。

大作业7 合成孔径雷达成像处理算法的 Matlab GUI 仿真

要求：

（1）在所提供程序的基础上，利用 Matlab 等编程工具实现：

① 可以让用户输入载波频率、脉冲宽度、带宽、距离向采样率、平台速度、平台高度、入射角、方位向天线尺寸、距离向天线尺寸、系统损耗、接收机噪声系数、噪声等效归一化后向散射系数等参数的数值。

② 可以让用户指定存储有若干个点目标的 x 坐标、y 坐标、相对后向散射系数信息的配置文件路径和文件名。

③ 根据用户输入的参数，生成合成孔径雷达的模拟回波，对模拟回波进行距离压缩、距离徙动校正、方位压缩等处理后生成若干点目标的图像。

④ 显示模拟回波的幅度和相位、距离压缩后的图像、距离徙动校正后的图像、方位压缩后的图像。

（2）可考虑扩充如下功能：

① 显示点目标距离向和方位向的频率响应，计算出距离分辨率、方位分辨率、距离向峰值旁瓣比（peak side lobe ratio，PSLR）、方位向峰值旁瓣比、距离向积分旁瓣比（integration side lobe ratio，ISLR）、方位向积分旁瓣比等技术指标并进行显示。

② 扩充面目标的成像功能。

③ 扩充波束斜视情况下的距离走动校正功能。

④ 扩充 CS，BP，ωK 等其他成像算法，并对成像结果的指标进行比较。

大作业 7：
程序界面示例

大作业 7：
SAR 成像仿真示例

大作业 7：合成孔径
雷达成像处理算法的
Matlab GUI 仿真

6.4 逆合成孔径雷达简介

6.4.1 逆合成孔径雷达与合成孔径雷达的对比

合成孔径雷达和逆合成孔径雷达（inverse synthetic aperture radar，ISAR）都是雷达对物体进行成像的成像雷达。对比合成孔径雷达和逆合成孔径雷达，两者有相同点，也有一定的区别。合成孔径雷达的成像功能是运动平台对地（场景）成像，而逆合成孔径雷达是静止（运动）平台对动目标成像。图 6-41 为 SAR 和 ISAR 的工作示意图。

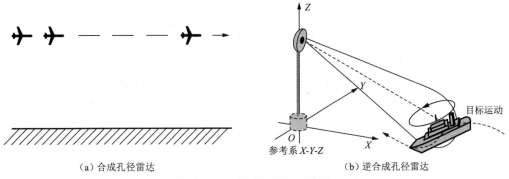

（a）合成孔径雷达　　　　　　　　　　参考系 X-Y-Z　　　（b）逆合成孔径雷达

图 6-41　SAR 和 ISAR 示意图

在距离向分辨率方面，SAR 和 ISAR 都是发射大带宽信号，并且进行脉冲压缩得到高分辨率，但是在方位向分辨率方面，SAR 利用了合成孔径技术，并且进行脉冲压缩，而 ISAR 利用了转盘成像原理。对比 SAR 和 ISAR，两者都要进行运动补偿，但是 SAR 需要补偿的是平台的非理想运动，而 ISAR 需要的是平动补偿和转动补偿。在成像算法上，SAR 的成像算法种类较多，如 RD，CS 和 ωK 算法等，而 ISAR 的成像算法种类较少。不仅如此，在成像图像方位坐标上二者也有区别，其中 SAR 的成像图像方位坐标是空间坐标，而 ISAR 的是频率坐标。另外，SAR 在工作模式上的种类也比 ISAR 的多。表 6-3 列出了 SAR 与 ISAR 的主要区别。

表 6-3　SAR 与 ISAR 的主要区别

对比项目	合成孔径雷达	逆合成孔径雷达
功　　能	运动平台对地（场景）成像	静止（运动）平台对动目标成像
距离向高分辨率	发射大带宽信号，脉冲压缩	发射大带宽信号，脉冲压缩
方位向高分辨率	合成孔径技术，脉冲压缩	转盘成像原理
运动补偿	需要，补偿平台的非理想运动	需要，包括平动补偿和转动补偿
成像算法	种类较多（RD，CS，ωK 等）	种类较少
图像方位坐标	空间坐标（单位：像元或 m）	频率坐标（单位：Hz）
工作模式	种类较多（条带、聚束、扫描等）	种类较单一

6.4.2　逆合成孔径雷达的基本原理

逆合成孔径雷达成像流程是将 ISAR 回波进行距离压缩后，在距离方向上进行对齐，之后进行平动相位补偿，最后经过方位向 FFT 进行成像，具体的流程如图 6-42 所示。

ISAR 作为一种用于成像飞行器、舰船、车辆等目标的雷达成像技术，利用目标自身的运动和雷达发射信号的相对运动，在雷达系统静止的情况下获得高分辨率的目标图像。选用合适的雷达坐标系和目标本体坐标系以及目标坐标系至关重要。具体的雷达与目标间的关系如图 6-43 所示。图中，X-Y 为雷达坐标系，x-y 为目标本体坐标系，x'-y' 为目标坐标系，Ω 为目标旋转角速度，γ 为目标旋转角加速度，θ 为目标本体坐标系与目标坐标系之间的夹角，R_P 为雷达与散射体 P 之间的距离，R 为雷达与目标中心间的距离，α 为雷达和目标中心连线方位角。R_P 随时间变化的过程可表示为：

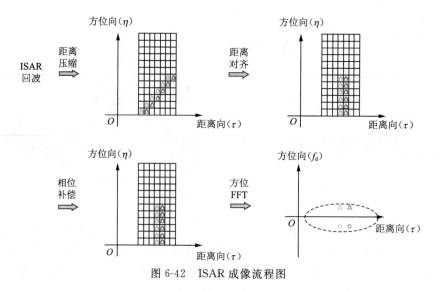

图 6-42　ISAR 成像流程图

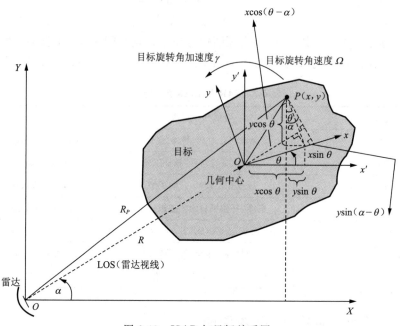

图 6-43　ISAR 与目标关系图

$$R_P(t) \approx R(t) + x\cos\left[\theta(t) - \alpha\right] - y\sin\left[\theta(t) - \alpha\right] \tag{6-139}$$

目标本体坐标系与目标坐标系的夹角 θ 随时间 t 的变化为：

$$\theta(t) = \theta_0 + \Omega t + \frac{1}{2}\gamma t^2 \tag{6-140}$$

式中，θ_0 为零时刻的初始值，Ω 为角速度，γ 为角加速度。

此时，散射点的基带回波 $s_P(t)$ 可表示为：

$$s_P(t) = \sigma(x,y) \cdot \exp\left[-\mathrm{j}2\pi f \frac{2R_P(t)}{c}\right] \tag{6-141}$$

式中，σ 为散射点的后向散射系数，x 和 y 为散射点的坐标，c 为光速，f 为距离向频率。

多普勒频率 $f_\mathrm{d}(t)$ 为：

$$f_\mathrm{d}(t) = \frac{2}{\lambda}\frac{\mathrm{d}R_P(t)}{\mathrm{d}t} \approx \frac{2}{\lambda}\{-[x\sin(\theta_0-\alpha)+y\cos(\theta_0-\alpha)]\Omega - [x\cos(\theta_0-\alpha)+y\sin(\theta_0-\alpha)]\Omega^2 t\} \tag{6-143}$$

式中，$\dfrac{\mathrm{d}R_P(t)}{\mathrm{d}t}$ 相当于径向速度。设 $y=0$，对式(6-143)求导后，对 θ 在 θ_0 附近进行一阶泰勒展开。但是，严格意义上讲，即便 Ω 为常数，散射点的多普勒频率也是时变的。

接收信号 $s_\mathrm{r}(t)$ 为：

$$s_\mathrm{r}(t) = \int_{-\infty}^{\infty}\int_{-\infty}^{\infty}\sigma(x,y)\cdot\exp\left[-\mathrm{j}2\pi f\frac{2R_P(t)}{c}\right]\mathrm{d}x\,\mathrm{d}y \tag{6-144}$$

设 $\alpha=0$，则 R_P 可表示为：

$$R_P(t) \approx R(t) + x\cos\theta(t) - y\sin\theta(t) \tag{6-145}$$

此时：

$$s_\mathrm{r}(t) = \exp\left[-\mathrm{j}4\pi f\frac{R(t)}{c}\right]\cdot\int_{-\infty}^{\infty}\int_{-\infty}^{\infty}\sigma(x,y)\cdot\exp\{-\mathrm{j}2\pi[xf_x(t)-yf_y(t)]\}\mathrm{d}x\,\mathrm{d}y \tag{6-146}$$

式中，$f_x(t)$ 及 $f_y(t)$ 可表示为：

$$\left.\begin{array}{l}f_x(t)=\dfrac{2f\cos\theta(t)}{c}\\[2mm]f_y(t)=\dfrac{2f\sin\theta(t)}{c}\end{array}\right\} \tag{6-147}$$

式(6-146)可转化为：

$$s_\mathrm{r}(t) = \exp\left[-\mathrm{j}4\pi f\frac{R(t)}{c}\right]\cdot\int_{-\infty}^{\infty}\int_{-\infty}^{\infty}\sigma(x,y)\cdot\exp[-\mathrm{j}2[xk_x(t)-yk_y(t)]]\mathrm{d}x\,\mathrm{d}y \tag{6-148}$$

式中，$k_x(t)$，$k_y(t)$ 分别为波数 k 在 x 轴和 y 轴的投影。波数 k 可表示为：

$$k=\frac{2\pi f}{c} \tag{6-149}$$

这时，$k_x(t)$ 和 $k_y(t)$ 与 θ 间的关系可分别表示为：

$$\left.\begin{array}{l}k_x(t)=\dfrac{2\pi f\cos\theta(t)}{c}\\[2mm]k_y(t)=\dfrac{2\pi f\sin\theta(t)}{c}\end{array}\right\} \tag{6-150}$$

散射点的后向散射系数 $\sigma(x,y)$ 可表示为：

$$\sigma(x,y)=IDFT\left\{s_\mathrm{r}(t)\cdot\exp\left[-\mathrm{j}4\pi f\frac{R(t)}{c}\right]\right\} \tag{6-151}$$

式中，$IDFT$ 表示逆离散傅里叶变换。

在慢时间域中，ISAR 的回波矩阵是基于目标运动引起的相对时间延迟构建的，慢时间域反映了目标在雷达观测时间内的相对运动。矩阵的每一列对应于目标在不同时刻的回波信号，这些信号的时间延迟可以用来推断目标的运动速度、加速度和轨迹。如果目标有旋转或振动运动，则慢时间域的回波矩阵可以提供目标的旋转速率、角度以及可能的旋转中心，这有助于目标物理结构信息的获取。

在快时间域中,ISAR 的回波矩阵是基于回波信号的相位变化来构建的。快时间域的回波矩阵可以通过分析回波信号的相位变化提取目标的微小细节,如散射中心、形状和边缘特征,还可以反映目标不同部位的散射特性,从而提供关于目标表面材质、形状和方向的信息。

ISAR 的回波矩阵中包含 N 个回波脉冲,每个脉冲采集 M 个距离门,如图 6-44 所示。

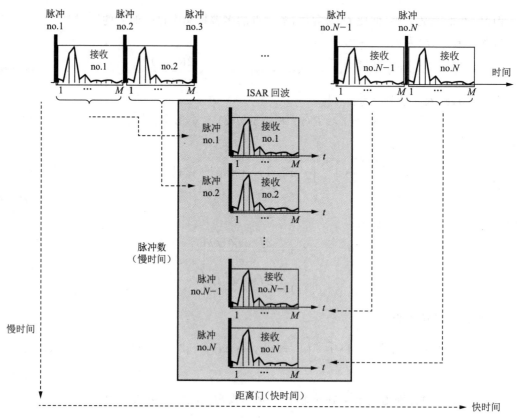

图 6-44　ISAR 回波示意图

ISAR 的处理可分为两个流程,其中图 6-45(a)为处理的基本流程一,图 6-45(b)为处理的基本流程二。

在 ISAR 的处理过程中,距离对齐的目的是让同一散射点的不同脉冲距离压缩后的回波位于同一距离门。当目标运动或者雷达平台运动引起回波信号的时间延迟时,不同时刻的回波信号在成像中会出现位置偏移。距离对齐的过程是通过将不同时刻的回波信号在距离上进行插值或调整,使它们在成像时处于相同的距离位置,从而消除位置偏移,获得准确的目标形状。距离对齐如图 6-46 所示。相位补偿的目的是让同一散射点的多普勒频率近似为常数,在成像之前,对不同时刻的回波信号的相位进行调整,使得它们在相位上对齐,从而消除运动引起的相位变化。

ISAR 图像是三维目标的二维图像,图 6-47 给出了完整的图像来进行说明。

逆合成孔径雷达成像的距离分辨率和合成孔径雷达的距离分辨率相同,而其方位向分辨率为:

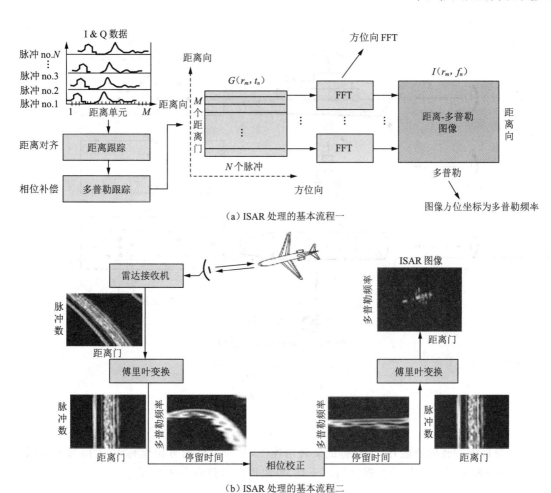

（a）ISAR 处理的基本流程一

（b）ISAR 处理的基本流程二

I & Q—同相支路 & 正交支路；r_m—第 m 个距离单元对应的距离；r_n—第 n 个方位向脉冲对应的时刻。

图 6-45　ISAR 处理基本流程图

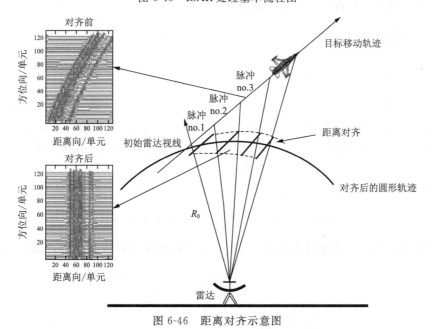

图 6-46　距离对齐示意图

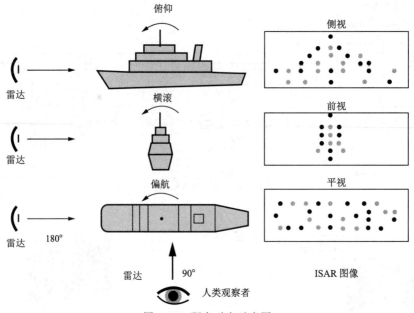

图 6-47　距离对齐示意图

$$f_d = \frac{2v}{\lambda} = \frac{2\Omega y}{\lambda}$$

$$\delta f_d = \frac{1}{T_{int}} \tag{6-152}$$

式中，v 为目标的径向速度，Ω 为目标的旋转角速度，y 为目标的方位坐标，λ 为信号的波长，δ 为多普勒分辨率，T_{int} 为相干处理时间。于是，可以得出方位向分辨率 ρ_a 为：

$$\rho_a = \frac{\lambda}{2\Omega T_{int}} = \frac{\lambda}{2\Psi} \tag{6-153}$$

式中，Ψ 为目标在相干处理时间内转过的角度。

6.4.3　ISAR 常用信号

6.4.3.1　线性调频信号

线性调频信号(linear frequency modulated signal，LFM 信号)是一种在时间域内频率连续变化的信号，通常用于雷达、通信和信号处理等领域。LFM 信号的特点是在发送信号时，频率会以线性的方式进行调制，即频率随时间呈线性变化。它在 ISAR 成像中常用于生成脉冲压缩信号，以获得高距离分辨率的目标图像。

线性调频信号的复数表达式为：

$$s(t) = \text{rect}\left(\frac{t}{T_r}\right) \exp\left[\text{j}(2\pi f_0 t + \pi k_r t^2)\right] \tag{6-154}$$

式中，f_0 为初始载频，T_r 为脉冲宽度，k_r 为发射线性调频信号的调频斜率。线性调频斜率可表示为：

$$|k_r| = \frac{B}{T_r} \tag{6-155}$$

式中，B 为信号带宽。时间带宽积可表示为：

$$BT_r = B \bigg/ \frac{1}{T_r} \tag{6-156}$$

在 ISAR 信号模型中，方位向信号通常包括多个线性调频信号成分，定义其信号如下：

$$s(t) = \sum_{n=0}^{N-1} \mathrm{rect}\left(\frac{t - n \cdot PRI}{T_r}\right) \cdot \exp\{\mathrm{j}[2\pi f_0(t - n \cdot PRI) + \pi k_r(t - n \cdot PRI)^2]\}$$

$$\tag{6-157}$$

式中，N 为发射脉冲个数，PRI 为脉冲重复周期。

在脉宽内对频率进行线性扫描，向上为上变频，向下为下变频，其与时间的关系如图 6-48 所示，其中图（a）为上变频，图（b）为下变频。

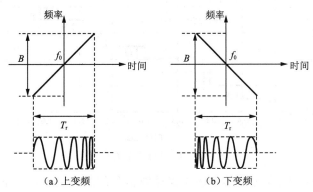

图 6-48　时间与频率关系图

6.4.3.2　步进频率连续波信号

步进频率连续波信号也是雷达的常用信号形式之一，是一种在给定频率范围内频率以一定步长逐渐变化的连续波信号。它具有较强的抗干扰能力和扩展带宽的能力，因此在雷达和通信系统中得到广泛应用。研究 ISAR 回波建模和成像时，可使用调频步进波，建立连续运动目标多散射点的回波模型，实现连续运动目标的逆合成孔径成像，通过多个散射点组，得到不同程度下的目标图像。

步进频率连续波信号的表达式为：

$$s(t) = \sum_{n=0}^{N-1} \mathrm{rect}\left(\frac{t - n \cdot PRI}{PRI}\right) \cdot \exp[\mathrm{j}2\pi(f_0 + n\Delta f)t] \tag{6-158}$$

全部脉冲串的带宽 B 与频率步进（频率分辨率）Δf 的关系为：

$$B = N\Delta f \tag{6-159}$$

距离分辨率可表示为：

$$\rho_r = \frac{c}{2B} \tag{6-160}$$

步进频率连续波信号的瞬时频率随时间变化的关系如图 6-49 所示。

步进频率连续波信号通过逆傅里叶变换完成脉冲压缩，在穿墙研究中应用最为广泛。它的优势包括：可以利用窄的瞬时带宽来实现大的系统带宽，接收机结构更简单；相比于大时宽的线性调频信号，最小探测距离对步进频率的限制较小。

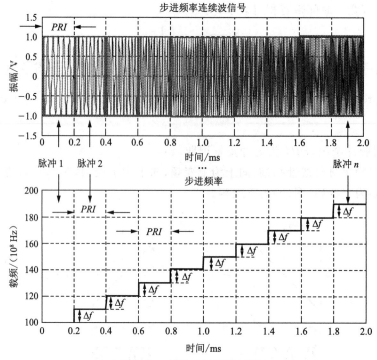

图 6-49　时间与频率关系图

相比较而言,线性调频信号比步进频率连续波信号的应用更普遍。下面仅讨论发射线性调频信号 ISAR 的距离对齐、相位补偿、成像处理等。

6.4.4　距离对齐

距离对齐是逆合成孔径雷达的关键技术。在高速瓣窄发射脉冲的情况下,因为逆合成孔径雷达成像经常需要几百甚至上千次的回波,相干积累的时间经常以 s 为单位计算,在此期间包络时间延迟的变化常比目标长度大很多,所以相邻回波距离像的时间延迟变化不能被忽略,必须在成像过程中进行包络对齐。

ISAR 的几何结构如图 6-50 所示。

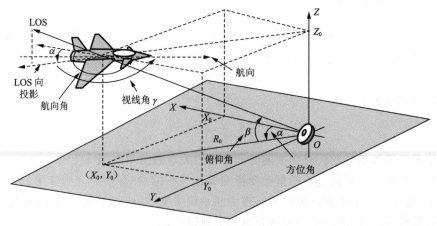

图 6-50　ISAR 的几何结构图

由图 6-50 可知,目标方位角的计算公式为:

$$\alpha = \arctan\left(\frac{Y_0}{X_0}\right) \tag{6-161}$$

目标俯仰角的计算公式为:

$$\beta = \arctan\left(\frac{Z_0}{r_0}\right) \tag{6-162}$$

视线角的计算公式为:

$$\gamma = \theta - \alpha \tag{6-163}$$

由此可知,视线角 γ 为航向角 θ 与方位角 α 的差值。

ISAR 与目标的初始距离 R_0 为:

$$R_0 = (X_0^2 + Y_0^2)^{1/2} \tag{6-164}$$

式中,X_0,Y_0 为目标在 XOY 平面的初始坐标。

为了便于理解,图 6-51 给出了目标视线角取值为 $45°$,$-45°$,$-135°$ 的示意图,其中机头指向为航向,LOS(line of sight)为雷达视线方向。

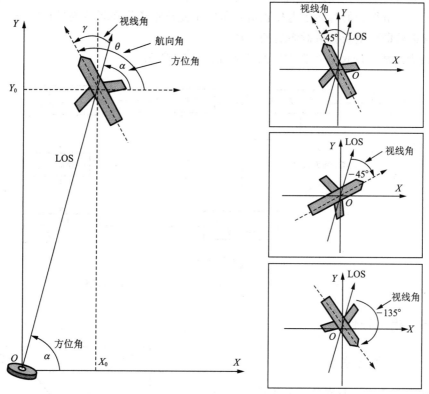

图 6-51 目标视线角举例示意图

利用最大互相关法可实现距离对齐。最大互相关法的前提是处在雷达观测的过程中相邻脉冲的信号具有较好的相干性。因为在逆合成孔径雷达的成像过程中对于目标回波中的每个脉冲信号在距离向上都有相似的距离像包络,所以只能通过雷达和目标之间不断变化的距离所引起的时间轴上的平移进行区别。对相邻距离像进行相关运算,通过估计相关运算峰的位置可以估计目标在雷达视线方向上的平移情况,实现包络对齐。基于最大互相关的包络对齐方法基本上在距离域中实现,具体步骤如下:

(1) 假设距离像一共有 M 个,选取第一个距离像 $A_1(t)$ 作为参考距离像。

(2) 其余的距离像 $A_i(t)(1 < i \leqslant M)$ 与参考距离像做互相关。这里仅用距离像的幅度做相关运算。相关函数公式为:

$$R_i(\tau) = \int A_1(t) A_i^*(t-\tau) \mathrm{d}t \tag{6-165}$$

式中,$R_i(\tau)$ 为 $A_1(t)$ 与 $A_i(t)$ 相关运算的结果。

(3) 通过式(6-165)寻找最大互相关函数的峰值,将其表示为所选距离像与参考距离像之间的距离走动值,并将该时间延迟值存入数组 $\{\Delta t_i, i=1,2,\cdots,M\}$,即有:

$$\Delta t_i = \max_\tau R_i(\tau) \tag{6-166}$$

式中,Δt_i 为 $R_i(\tau)$ 中最大值对应的延迟时间。

(4) 将该数组组成一个序列,通过拟合形成一个低阶多项式将其进行平滑:

$$\Delta t_i = a_0 + a_1 i \tag{6-167}$$

式中,a_0 和 a_1 为多项式中的待定常数和一次项系数。

(5) 利用平滑得到的时间延迟校正值对每一个复数距离像在频域内进行校正。

(6) 校正后即可重新获取对齐后的距离像。

基于最大互相关的包络对齐方法的流程如图 6-52 所示。

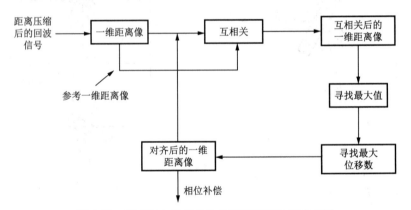

图 6-52 基于最大互相关的包络对齐方法的流程图

6.4.5 相位补偿

6.4.5.1 *特显点法*

虽然包络对齐可以对回波信号中的一维距离像在距离方向上的错位进行纠正,但是回波信号的相位仍然会受目标平动的影响,使得各距离单元的相位谱呈非线性,如图 6-53 所示。可以说,包络对齐的作用是使目标的回波信号实现运动补偿粗对齐。相位补偿的目的是使补

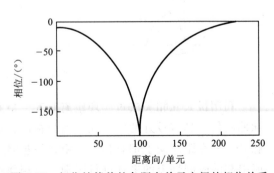

图 6-53 相位补偿前的各距离单元之间的相位关系

偿后的相位为线性相位,以实现精对齐。由此可以看出,相位补偿对于精度的要求更高,是逆合成孔径雷达信号处理中的难点。常使用基于特显点的相位补偿方法进行相位补偿。为了保证逆合成孔径雷达图像处理的质量,通常当某个距离单元的归一化幅度起伏在 0.12 以下时,就将其视为特显点。

假设在目标回波的 N 个距离单元中存在着一个距离单元,它只有一个孤立的散射点,那么它的幅值是恒定的,但是该距离单元的回波相位是混乱的。如果令其相邻的回波之间的相位差为零,就相当于将该距离单元的孤立散射点作为目标的旋转中心,就可以将平动和系统带来的相位误差补偿掉。

在实际的逆合成孔径雷达成像应用中,很难真正存在理想的孤立散射点。但是,在一个距离单元中只有一个特显点是经常存在的,并且伴随着较弱的分布散射点。因此,可以将这种距离单元看作理想化的孤立散射点。

6.4.5.2 图像对比度自聚焦法

图像对比度自聚焦法(image contrast-based autofocus,ICBA)是一种用于图像聚焦和增强的技术。图像的对比度是指图像中不同区域之间灰度值的差异程度。通常应用于模糊或低对比度的图像,通过优化图像的对比度来实现聚焦。当对比度存在差异时,图像的变化也较为明显,如图 6-54 所示。

(a) 对比度大　　　　　　　　　(b) 对比度小

图 6-54　不同对比度示意图

对比度 IC 的计算公式为:

$$IC = \frac{\sqrt{\mathrm{avg}\{[I(m,n) - \mathrm{avg}[I(m,n)]]^2\}}}{\mathrm{avg}[I(m,n)]} \qquad (6\text{-}168)$$

式中,m 和 n 分别为图像某像素的行、列序号,$I(m,n)$ 为图像某像素强度,avg 为求平均值函数。

ICBA 法的特点如下:

(1) 该方法为参数化方法,将目标的平动参数(速度和加速度)作为未知参数,通过 IC(image contrast,图像对比度)最大化进行求取。

(2) 将距离对齐和相位补偿合二为一。

以对比度作为衡量图像聚焦程度的标准,该方法从图像域出发,通过在距离压缩相位历史域引入相位误差模型,从而改变聚焦直至图像对比度最大,完成相位误差的校正。

引入雷达与目标旋转中心间的距离：

$$R(t) \approx \widetilde{R}(t) = \sum_{n=0}^{N} \frac{\alpha_n}{n!} t^n = \alpha_0 + \alpha_1 t + \frac{\alpha_2}{2} t^2 + \cdots \tag{6-169}$$

式中，α_0 对应常数相位，无须补偿，关键是参数 α_1 和 α_2 的估计，它们分别代表目标平动速度和目标平动加速度。估计过程分为两步：第一步为粗估计，第二步为精估计。

α_1 的粗估计是在距离像上利用 Radon 变换估算斜率，估计过程为：

$$R(k \cdot PRI) \approx R(0) + \alpha_1(k \cdot PRI) \tag{6-170}$$

$$\hat{\theta} = \underset{\theta}{\operatorname{argmax}}\left[RT_{sr}(\rho,\theta)\right] - \frac{\pi}{2} \tag{6-171}$$

$$\hat{\alpha}_1^{(in)} = \tan\hat{\theta} \tag{6-172}$$

式中，k 为方位向时间对应的整数，θ 为图像中某方向与横轴的夹角，$\hat{\theta}$ 为 θ 的最优估计值，ρ 为图像中某方向上某条线段的长度，argmax 为求使某函数取最大值时对应自变量值的函数，$\hat{\alpha}_1$ 为 $\hat{\theta}$ 对应的斜率。

图 6-55(a)为距离像数据及对其进行第一次 Radon 变换后的图像，可以看出很多区域都较亮。图 6-55(b)为设置门限后的距离像数据及对其进行第二次 Radon 变换后的图像，此时取 Radon 变换结果最亮处对应的 θ 为粗估计值 $\hat{\alpha}_1$。

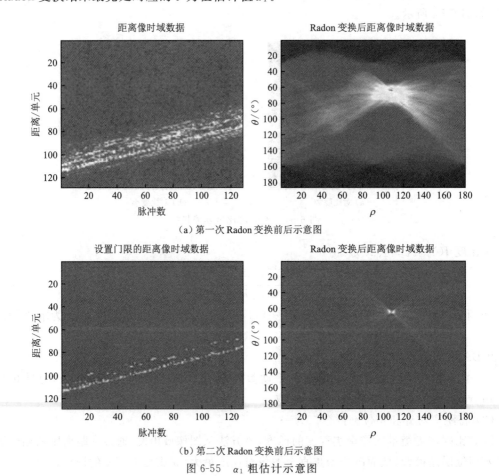

(a) 第一次 Radon 变换前后示意图

(b) 第二次 Radon 变换前后示意图

图 6-55　α_1 粗估计示意图

若图像的强像素集中在某个方向上,则 Radon 变换的结果在该方向的值明显大于其他方向的值。

α_2 的粗估计过程为:

$$IC(\alpha_1,\alpha_2) = \frac{\sqrt{\text{avg}\{[I(m,n;\alpha_1,\alpha_2) - \text{avg}[I(m,n;\alpha_1,\alpha_2)]]^2\}}}{\text{avg}[I(m,n;\alpha_1,\alpha_2)]} \tag{6-173}$$

$$(\hat{\alpha}_1,\hat{\alpha}_2) = \underset{\alpha_1,\alpha_2}{\text{argmax}}[IC(\alpha_1,\alpha_2)] \tag{6-174}$$

$$\hat{\alpha}_2^{(\text{in})} = \underset{\alpha_2}{\text{argmax}}[IC(\hat{\alpha}_1^{(\text{in})},\alpha_2)] \tag{6-175}$$

式中,$\hat{\alpha}_2^{(\text{in})}$ 为 α_2 估计值的初始值,$\hat{\alpha}_1^{(\text{in})}$ 为 α_1 估计值的初始值。

参数 α_1 和 α_2 的精估计过程如图 6-56 所示。

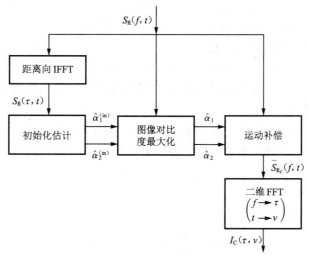

$S_R(f,t)$—距离向频域-方位向时域的回波信号;$S_R(\tau,t)$—距离向时域-方位向时域的回波信号;f—距离向频率;

τ—距离向时间;t—方位向时间;$\tilde{S}_{RC}(f,t)$—运动补偿后的回波信号;$I_C(\tau,v)$—雷达图像;v—目标径向速度。

图 6-56　α_1 和 α_2 精估计示意图

6.4.6　转动补偿

在 ISAR 系统中,转动相位补偿技术被广泛应用于提高系统的成像质量和稳定性。逆合成孔径雷达中广泛采用的是转动相位补偿技术。该技术通过在自旋转过程中对回波信号进行相位调节,使得重建的图像具有更高的空间分辨率和稳定性。实现转动相位补偿技术通常需要采用特殊的信号处理算法和硬件设备,以保证系统能够快速、准确地对回波信号进行相位调节。经过平动相位补偿后,目标回波中仅包含转动分量。虽然对于逆合成孔径雷达成像过程中的目标转动所造成的雷达视线的转动是成像的必要条件,但是在成像中目标转动会使散射点跨距离单元并且会产生方位向二次相位误差,从而导致多普勒频率时变,造成图像散焦等问题。综上所述,逆合成孔径雷达中的转动相位补偿技术是提高 ISAR 成像质量和稳定性的关键之一,也是未来 ISAR 技术发展的方向之一。

如图 6-57 所示,雷达与目标之间的距离在经过平动相位补偿后可以表示为:

$$R(t) = R_0 + x\cos\theta(t) - y\sin\theta(t) \tag{6-176}$$

式中,$R(t)$ 为散射点与雷达间的瞬时距离,R_0 为散射点与雷达间的初始距离,x 和 y 分别为散

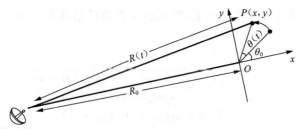

图 6-57　ISAR 成像示意图

射点的距离向坐标、方位向坐标,$\theta(t)$ 为散射点转动的角度。一般情况下 $\theta(t)$ 非常小,所以可以进行下面的化简:

$$\begin{cases} \sin\theta(t) \approx \theta(t) \\ \cos\theta(t) \approx 1 - 0.5\theta^2(t) \end{cases} \tag{6-177}$$

将式(6-177)代入式(6-176),可得:

$$R(t) \approx R_0 + x - y\theta(t) \tag{6-178}$$

由于一般情况下 $\theta(t)$ 小于 $10°$,式(6-178)右边的第三项相对于第四项可以忽略不计,所以可以将式(6-178)简化为:

$$R(t) \approx R_0 + x - y\theta(t) \tag{6-179}$$

散射点在距离向上的徙动在目标转动的影响下为:

$$\Delta x \approx -y\theta(t) \tag{6-180}$$

式中,Δx 为距离向上的徙动量。

散射点的方位向回波相位为:

$$\varphi(t) = -\frac{4\pi}{\lambda}R(t) = -\frac{4\pi}{\lambda}\big[R_0 + x - y\theta(t) - 0.5x\theta^2(t)\big] \tag{6-181}$$

值得注意的是,式(6-181)中括号内的第三项所引起的相位变化是不可以忽略不计的。

设 p 表示方位向上分辨率单元的索引,ρ_a 表示方位向分辨率,m 表示脉冲号,δ_θ 表示脉冲在一个脉冲重复周期内转过的角度,则有:

$$\Delta x \approx -p\rho_a m\delta_\theta \tag{6-182}$$

设目标的旋转角速度为 ω,脉冲总数为 M,则有:

$$\delta_\theta = \omega \cdot PRI \tag{6-183}$$

$$\rho_a = \frac{\lambda}{2M\delta_\theta} \tag{6-184}$$

将式(6-183)和式(6-184)代入式(6-182)可得:

$$\Delta x = -p\rho_a m\delta_\theta = -pm\frac{\lambda}{2M} \tag{6-185}$$

根据以上分析可知,距离徙动与目标转动角度 δ_θ 无关,只与方位单元、脉冲号相关,因此,对距离徙动进行补偿可以从这两个方面入手。

根据式(6-181)可知,在目标转动的影响下,在方位向所引起的相位误差为:

$$\Delta\varphi(t) = \frac{4\pi}{\lambda}\big[y\theta(t) + 0.5x\theta^2(t)\big] \tag{6-186}$$

将观察的时间 t 离散化,得到第 m 次观测相位差为:

$$\Delta\varphi_m = \frac{4\pi}{\lambda}\left[ym\delta_\theta + 0.5xm^2\delta_\theta^2\right] \tag{6-187}$$

第 $m+1$ 次观测和第 m 次观测间相位差为：

$$\Delta\psi_m = \Delta\varphi_{m+1} - \Delta\varphi_m = \frac{4\pi}{\lambda}\left[y\delta_\theta + (0.5+m)x\delta_\theta^2\right] \tag{6-188}$$

在第 m 次观测下，第 n 个距离单元上的散射点对应的多普勒徙动为：

$$\Delta\psi_{m,n} = \Delta\psi_m - \Delta\psi_0 = \frac{4\pi}{\lambda}(\rho_r n)\delta_\theta^2 m \tag{6-189}$$

根据式(6-189)可知，进行转动补偿前需要预先知道 δ_θ。但在实际的工作中，该参数通常是未知的。一般可以对范围 $[\delta_{\theta min}, \delta_{\theta max}]$ 内的值进行量化，然后对所有可能的值进行遍历，采用成像效果最佳的值作为估计值 $\hat{\delta}_\theta$。

ISAR 技术的聚焦是通过调整输入信号的时频属性实现的。当成像达到理想的聚焦状态时，目标的细节特征被最大化地展现出来。因此，可以基于锐度在方位向进行相位补偿。β-2 指数函数、熵函数以及对比度函数是常用的衡量图像锐度的方法。

β-2 指数函数 S 的定义为：

$$S = \sum_{m=1}^{M}\sum_{n=1}^{N}\left|I(m,n)\right|^2 \tag{6-190}$$

熵函数 E 的定义为：

$$E = \sum_{m=1}^{M}\sum_{n=1}^{N}\left|I(m,n)\right|^2\ln\left|I(m,n)\right|^2 \tag{6-191}$$

对比度函数 C 的定义为：

$$C = \frac{\sigma(\left|I(m,n)\right|^2)}{\left|I(m,n)\right|^2} \tag{6-192}$$

在衡量图像锐度时，可根据以上 3 种指标的变化曲线选择最尖锐的作为评测指标。

6.4.7　逆合成孔径雷达的经典成像算法

本小节基于逆合成孔径雷达成像原理对逆合成孔径雷达的工作过程进行仿真实现，实验中所设置的船只结构如图 6-58 所示。ISAR 成像算法处理过程如图 6-59 所示，其中图(a)为距

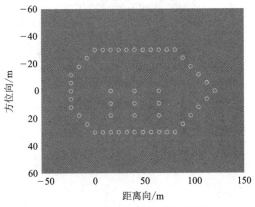

图 6-58　实验设置船只结构图

离压缩后的图像,图(b)为距离对齐后的距离压缩图像,图(c)是相位补偿后、转动补偿前的图像,图(d)是距离徙动补偿后、转动补偿过程中、方位向相位补偿前的图像,图(e)是最终的聚焦图像。

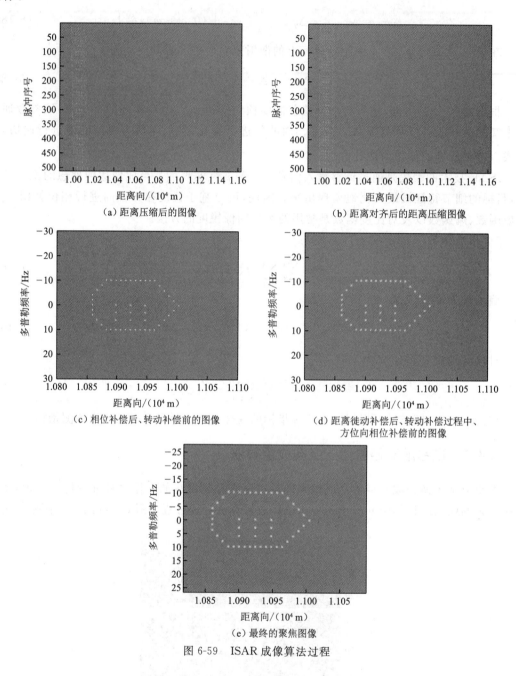

（a）距离压缩后的图像

（b）距离对齐后的距离压缩图像

（c）相位补偿后、转动补偿前的图像

（d）距离徙动补偿后、转动补偿过程中、方位向相位补偿前的图像

（e）最终的聚焦图像

图 6-59　ISAR 成像算法过程

本章教学视频

合成孔径雷达
简介（上）

合成孔径雷达
简介（中）

合成孔径雷达
简介（下）

合成孔径雷达的
主要技术指标
（上）

合成孔径雷达的
主要技术指标
（中）

合成孔径雷达的
主要技术指标
（下）

合成孔径雷达的
信号模型

驻定相位原理

脉冲压缩技术

距离多普勒算法概述

距离多普勒
算法原理

逆合成孔径
雷达简介

第 7 章
非成像遥感器基础

7.1 星载高度计技术基础

7.1.1 星载高度计系统简介

7.1.1.1 星载高度计系统的功能

星载高度计是主动式工作的微波遥感器,通过向星下点发射线性调频信号并跟踪接收海面回波,可测得瞬时距离、后向散射系数、回波波形等数据,再通过回波波形数据反演提取得到海面高度、有效波高、海面风速等海洋信息。星载高度计的各项海洋信息的典型测量精度为:在有效波高为 20 m 的情况下,其典型测高精度为 4 cm;而在有效波高为 4 m 的情况下,其典型测高精度为 2 cm。星载高度计的有效波高测量典型精度值为 0.5 m 或 10%,二者取其中较大者作为有效波高的测量精度;典型风速测量精度为 2 m/s,典型覆盖周期为 10 d,典型波束足印直径为 3~7 km。

如图 7-1 所示,星载高度计测量的海面高度 h_s 是卫星轨道高度 h_o 与高度计测量值 h_a 的差值。卫星轨道高度是指卫星与参考椭球面间的垂直距离,其值可由卫星定位与跟踪系统进行测量。参考椭球面的概念与水准面、大地水准面等概念相关。

水准面是指静止的水面。当液体处于静止状态时,其表面各处的切线必定与重力方向正交,否则液体就要流动。水准面是处处与重力方向垂直的连续曲面,也是重力场的等位面。不同高度的点都有一个水准面,所以水准面有无穷多个。图 7-1 中的大地水准面是指将静止的

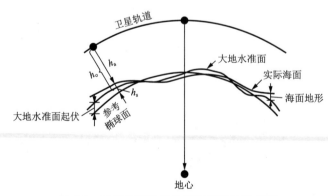

图 7-1 星载高度计测量海面高度的示意图

166

表层平均海水面扩展到陆地部分,形成包围整个地球的封闭水准面。由于地球表面起伏不平和地球内部质量分布不均匀,所以大地水准面是一个略有起伏的不规则曲面。为了方便在数学上进行描述,常以大地水准面为基准,寻找一个与其最接近的椭球面,称为参考椭球面。另外,海面与大地水准面之间的高度差称为海面地形,大地水准面与参考椭球面之间的高度差称为大地水准面起伏。

7.1.1.2　星载高度计数据产品简介

星载高度计所采集的数据经过一系列精细处理,形成一级级的标准产品,以满足海洋监测、气象预测等领域的需求。数据处理过程分为预处理、数据反演和统计平均 3 个阶段,旨在提取海洋信息并为科学研究和应用提供有价值的数据支持。

1) 预处理阶段:形成 1A 级和 1B 级标准产品

预处理阶段是数据处理的起始点,通过时间标识和地理定位等步骤对采集的原始数据进行校准和定位,以确保数据的准确性和可靠性。经过时间标识和地理定位后,数据转化为 1A 级标准产品,可为后续处理奠定基础。1B 级标准产品是在 1A 级产品的基础上经过分轨、FFT、高度跟踪等处理步骤后的产物。这些处理步骤不仅提升了数据质量,还为后续数据反演提供了更好的输入。

2) 数据反演阶段:形成 2 级标准产品

在数据反演阶段,通过数学统计和模型反演等方法,将 1B 级标准产品转化为高度计沿轨有效波高、海面高度和海面风速等数据产品。这些产品在海洋科学研究中具有重要意义,可为海洋环境变化的监测和分析提供关键参数。数据反演的过程需要充分考虑传感器特性和环境背景,以确保反演结果的准确性和可靠性。

3) 统计平均阶段:形成 3 级标准产品

统计平均阶段是生成高度计全球有效波高和海面风速等平均产品的关键步骤。通过对多次测量数据进行统计平均,可以降低随机误差的影响,提高产品的稳定性和可比性。求统计平均后形成的产品在气候研究、海洋气象预测等领域具有广泛的应用价值,可以揭示长期趋势和变化。

7.1.2　星载高度计测量的基本机理

7.1.2.1　系统频率的选择

适用于卫星测高的电磁波频率一般为 2~18 GHz,包括 S,C,X 和 Ku 波段。因为频率高于 18 GHz 时大气衰减严重,而频率低于 2 GHz 时易受地面通信、导航、雷达等系统的干扰,所以在轨卫星多采用 Ku 波段的 13.5~13.9 GHz。表 7-1 列举了部分在轨卫星的系统频率。为校正电离层效应,部分高度计采用双频体制。例如,增加 C 波段的 5.3 GHz(Topex,JASON-1)和 S 波段的 3.2 GHz(ENVISAT-1)。

表 7-1　部分在轨卫星的系统频率

系统频率	卫　星
13.9 GHz	Skylabs-193,GEOS-C
13.8 GHz	ERS-1/2

系统频率	卫　星
13.6 GHz	Topex/Poseidon,JASON-1
13.5 GHz	Seasat-A,GEOSAT,ENVISAT-1

7.1.2.2　星载高度计的几何关系

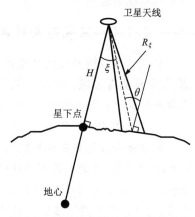

图 7-2　星载高度计几何关系示意图

　　星载高度计采用下视工作,天线指向星下点,其几何关系如图 7-2 所示。图中,本地入射角 θ 为信号传播直线与信号入射点处法线间的夹角;ξ 为雷达与星下点连线和雷达视轴方向间的夹角,即天线指向角,由于卫星姿态和波束指向控制误差的影响,$\xi \neq 0$;H 为卫星到海面的距离。需注意的是,由于海面的起伏,θ 和 ξ 并不相等。受 $\xi \neq 0$ 的影响,H 和 R_ξ 也不相等。这里的 R_ξ 是卫星与波束在海面投影点间的斜距。当本地入射角 θ 小于 1°、海面起伏小(不超过分米级)时,可认为 θ 和 ξ 与 H 和 R_ξ 间的夹角近似相等。

7.1.2.3　星载高度计的雷达方程

　　设星载高度计的发射功率 P_t、波长 λ、天线增益 G 已知,在雷达天线足迹内,从距卫星 R 处的微分面元 $\text{d}A$ 反射回的后向散射功率 $\text{d}P_\text{r}$ 为:

$$\text{d}P_\text{r} = t_\lambda^2 \frac{G^2 \lambda^2 P_\text{t}}{(4\pi)^3 R^4} \sigma \tag{7-1}$$

式中,t_λ 为大气透射比,σ 为微分面元的后向散射系数。设 σ^0 表示归一化后向散射系数,显然有:

$$\text{d}P_\text{r} = t_\lambda^2 \frac{G^2 \lambda^2 P_\text{t}}{(4\pi)^3 R^4} (\sigma^0 \text{d}A) \tag{7-2}$$

　　对波束覆盖面积内每个微分面元的功率进行积分,可得总功率 P_r 为:

$$P_\text{r} \approx t_\lambda^2 \frac{\lambda^2 P_\text{t}}{(4\pi)^3 R^4} \int_{A_\text{f}} G^2 \sigma^0 \text{d}A \tag{7-3}$$

式中,A_f 为波束覆盖范围。对式(7-3)做近似处理,得:

$$P_\text{r} \approx t_\lambda^2 \frac{\lambda^2 P_\text{t} G_0^2 \overline{\sigma^0} A_\text{eff}}{(4\pi)^3 R^4} \tag{7-4}$$

式中,G_0 为波束中心的增益,$\overline{\sigma^0}$ 为平均后向散射系数即波束覆盖范围内 σ^0 的平均值,A_eff 为有效足迹面积。A_eff 与其相关量之间的关系为:

$$A_\text{eff} = \frac{\int_{A_\text{f}} G^2 \text{d}A}{G_0^2} \tag{7-5}$$

　　对式(7-4)变形后,可得平均后向散射系数为:

$$\overline{\sigma^0} = \frac{(4\pi)^3 R^4 P_{\mathrm{r}}}{t_\lambda^2 \lambda^2 P_{\mathrm{t}} G_0^2 A_{\mathrm{eff}}} \tag{7-6}$$

根据式(7-6),当测得高度计的回波功率 P_{r} 后,在其他相关参数均已知的情况下,即可计算出波束覆盖范围内的 $\overline{\sigma^0}$ 值。

在小入射角的条件下,海面后向散射系数与风速呈单调递减关系。利用该特性,根据计算得出的 $\overline{\sigma^0}$ 值,即可进行风速的测量。

7.1.2.4　星载高度计的工作方式

星载高度计的工作方式主要有波束有限方式和脉冲有限方式,其中在卫星测高方面,脉冲有限方式的应用更为广泛。下面先介绍波束有限方式及其缺陷,再重点介绍脉冲有限方式。

如图 7-3 所示,设雷达波长为 λ,雷达天线照射面的直径为 D,则波束宽度 γ 可表示为:

$$\gamma \approx \frac{D}{H} \tag{7-7}$$

在波束有限方式条件下,按照 T/P(Topex 卫星/Poseidon 高度计)的雷达参数,即轨道高度为 1 336 km,波长为 0.022 m,假设波束足印直径为 5 km,则需要的天线尺寸约为 5.2 m,这对星载天线的设计来讲是偏大的。

为解决波束有限方式对卫星天线尺寸的要求偏大(如 5~7 m)的问题,人们设想出采用较宽的波束(如 $1°\sim2°$)来发射,对高度计常用的 13.6 GHz 的频率而言,天线长度小于 1 m。但是同时考虑到宽波束会使分辨率变差,因而采用(等效)持续时间非常短的脉冲来发射以满足分辨率的要求,这就是脉冲有限方式。宽波束可保证卫星天线尺寸较小,采用(等效)持续时间非常短的脉冲可保证较高的分辨率(类似于脉冲压缩的思想)。脉冲有限方式的足迹如图 7-4 所示。

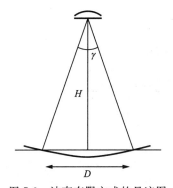

图 7-3　波束有限方式的足迹图

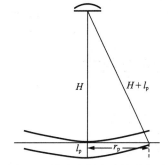

图 7-4　脉冲有限方式的足迹图

假设测量过程中海面完全平坦。设卫星至星下点的高度为 H,t_{p} 为等效脉冲宽度,l_{p} 为等效脉冲宽度 t_{p} 对应的单程传输距离,r_{p} 为海面有效足印长度。假设 $0\sim t_{\mathrm{p}}$ 为脉冲发射时间段,则在 H/c(c 为光速)时刻,脉冲前沿到达星下点;在 $H/c\sim H/c+t_{\mathrm{p}}$ 时间段内,脉冲前沿逐渐到达海面更远处,脉冲内部各处陆续到达星下点;在 $H/c+t_{\mathrm{p}}$ 时刻,脉冲后沿到达星下点,此时波束照射区域饱和,且脉冲前沿到达海面上距离星下点 r_{p} 处,斜距为 $H+l_{\mathrm{p}}$。在这种方式下,根据几何关系,有:

$$H^2 + r_p^2 = (H + l_p)^2 = H^2 + 2Hl_p + l_p^2 \tag{7-8}$$

式中，l_p 的典型值为 0.9 m，所以 $l_p^2 \ll 2Hl_p$，于是可得：

$$r_p = \sqrt{2Hct_p} \tag{7-9}$$

假设卫星高度 H 为 800 km，代入式(7-9)中可得 r_p 为 1.2 km，即海面有效照射区域直径为 2.4 km，可以满足典型分辨率的要求。

对于 HY-2 卫星，其卫星高度为 965 km，等效脉冲持续时间 t_p 为 3 ns，根据式(7-9)得到海面有效足印半径为 1.32 km，面积为 5.47 km²。假设卫星指向角存在偏差 $\xi = 0.1°$，雷达信号视轴在海面入射点离卫星星下点的距离 $dr = H\tan\xi$，于是计算得到 $dr = 1.69$ km，此时星下点已经在海面有效照射区域以外。

假设 0 时刻发射信号脉冲，则电磁波传输到星下点的时刻为 $t_0 = \dfrac{H}{c}$。在 $t = t_0 + t'(0 \leqslant t' \leqslant t_p)$ 时刻，脉冲前沿向海面的更远处传播，脉冲内部某处到达星下点，海面上的足迹为一个圆盘。随着时间的增加，足印面积会越来越大，脉冲与海面的作用如图 7-5(a)所示，对应的足印半径 r 为：

$$r^2 = (H + ct')^2 - H^2 \tag{7-10}$$

由于 $(ct')^2 \ll 2Hct'$，所以有：

$$r \approx \sqrt{2Hct'} \tag{7-11}$$

$$A \approx 2\pi Hct' \tag{7-12}$$

式中，A 表示足印面积。

在 $t = t_0 + t'(t' > t_p)$ 时刻，脉冲前沿继续向更远处传播，同时脉冲后沿也继续向更远处传播。海面上的足迹构成一个圆环，且随着时间的增加，面积将保持不变，脉冲与海面的作用如图 7-5(b)所示，对应的外圈(脉冲前沿)和内圈(脉冲后沿)的足印半径、面积分别为：

$$r_2 \approx \sqrt{2Hct'} \tag{7-13}$$

$$r_1 \approx \sqrt{2Hc(t' - t_p)} \tag{7-14}$$

$$A = \pi r_2^2 - \pi r_1^2 \approx 2\pi Hct_p \tag{7-15}$$

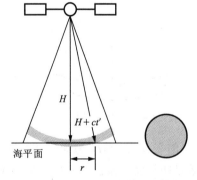
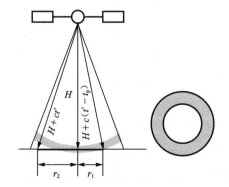

(a) $t = t_0 + t'(0 \leqslant t' \leqslant t_p)$ 时刻海面照射面积　　(b) $t = t_0 + t'(t' > t_p)$ 时刻海面照射面积

图 7-5　脉冲与海面作用示意图

7.1.2.5　星载高度计回波的典型波形以及参数测量基本原理

在平静的海面上测高时,高度计收到回波脉冲的起始时刻为 $2t_0 = \dfrac{2H}{c}$,高度计回波脉冲上升段的终止时刻为 $2t_0 + t_p = \dfrac{2H}{c} + t_p$。而在有海浪的情况下,高度计收到回波的起始时刻以及回波脉冲上升段的终止时刻都会发生变化,此时高度计收到回波脉冲的起始时刻为 $\dfrac{2H - H_{1/3}}{c}$,高度计回波脉冲上升段的终止时刻为 $\dfrac{2H + H_{1/3}}{c} + t_p$,其中 $H_{1/3}$ 表示有效波高。基于以上分析,高度计回波的典型波形如图 7-6 所示,图中包括回波信号的前沿上升区、平顶区及后沿衰减区。

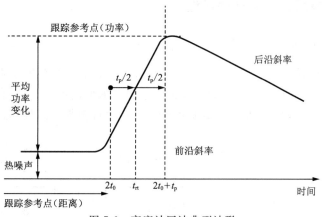

图 7-6　高度计回波典型波形

海面高度、有效波高和海面风速是卫星高度计测量的 3 个基本参数,下面将介绍采用卫星高度计测量这些值的原理。

高度计测量的海面高度为卫星轨道高度与高度计测量值之差。其中,卫星轨道高度由卫星精密测轨设备提供。半功率点 t_{rt} 为噪声区平均功率与平稳区平均功率的平均值对应的时刻。由图 7-6 可知 $2t_0 = t_{rt} - t_p/2$,则高度计测量值 $H = c \cdot 2t_0$,得到精确的高度计测量值即可得到准确的海面高度。

相比于平静海面,在有浪的情况下回波波形上升段的斜率会变小。因此,根据回波波形上升段的斜率可以反演有效波高。有浪与无浪情况下的回波波形如图 7-7 所示。

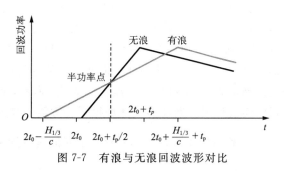

图 7-7　有浪与无浪回波波形对比

海面在风的作用下产生波浪,从而引起海面粗糙度(海面均方斜率)的变化。根据微波散射理论,在镜面散射条件下,雷达的归一化后向散射系数 σ^0 与一维海面的均方斜率 $\overline{S^2}$ 具有如下关系:

$$\sigma^0 = \frac{|R(0)|^2}{2\cos^4\theta \cdot \sqrt{\overline{S^2}}} \exp\left(-\frac{\tan^2\theta}{2\,\overline{S^2}}\right) \tag{7-16}$$

式中, $|R(0)|^2$ 为菲涅尔反射系数, θ 为雷达波束入射角。海面均方斜率 $\overline{S^2}$ 与海面风速 U 近似满足线性关系:

$$\overline{S^2} \propto U \tag{7-17}$$

这就是说,当高度计入射角 $\theta = 0°$ 时,后向散射系数和海面风速之间存在一种反比关系。

7.1.3　星载高度计数据处理流程

7.1.3.1　数据处理流程概述

星载高度计通过发射线性调频信号并跟踪接收海面回波,可测得瞬时距离、后向散射系数、回波波形等数据,再通过回波波形数据反演提取得到海面高度、有效波高、海面风速等海洋信息,其中在处理数据过程中会形成多级标准产品。高度计数据产品处理过程如图 7-8 所示。

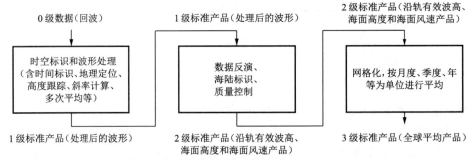

图 7-8　高度计数据产品处理过程示意图

7.1.3.2　波形重跟踪算法简介

1) 重跟踪算法的基本概念

在接收到回波之后,星上处理器会对多个脉冲的回波波形进行平均,并将平均后的波形与预先设置的阈值进行比较,从而得到卫星距星下点的高度。由于星上处理器所得高度测量值的精度通常不高,所以需在地面重新进行跟踪处理。地面重跟踪采用给定的回波模型对实际的回波波形进行拟合,进而从回波波形中提取出所需的海面参数。其中,回波模型和参数估计方法是重跟踪算法的关键。另外,对于有效波高和后向散射系数等的估计,地面重跟踪算法也能改善精度。以海面高度的测量为例,高度计回波波形如图 7-9 所示,星上跟踪阈值即预先设定的功率门限和地面重跟踪阈值可根据回波能量计算得到。重跟踪校正前后高度计测量值相差 $\Delta H = \frac{1}{2}c(t_{rt} - t_{set})$,其中 t_{rt} 表示经重跟踪运算后得到的时间延迟测量值, t_{set} 表示事先设置的初始值。上述两个时刻的回波功率值分别等于地面重跟踪阈值、星上跟踪阈值。

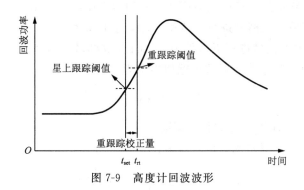

图 7-9　高度计回波波形

2）回波模型

设平坦海面脉冲响应函数为 $P_{FS}(\tau)$，海面镜面反射体高度的概率密度函数为 $Q_S(\tau)$，雷达系统点目标响应函数为 $PTR(\tau)$，它们都是与时间 τ 有关的函数。高度计海面回波的平均功率 $W(\tau)$ 可表示为如下三项卷积模型：

$$W(\tau)=P_{FS}(\tau)*Q_S(\tau)*PTR(\tau) \tag{7-18}$$

其中，理想的雷达系统的点目标频率响应函数 $PTR(\tau)$ 为：

$$PTR(\tau)=P_r\left|\frac{\sin(\pi B\tau)}{\pi B\tau}\right|^2 \tag{7-19}$$

式中，P_r 为由高度计系统决定的常数，B 为信号带宽。实际的点目标频率响应可通过内定标（接收机直接接收发射机信号）获得。

根据已有研究，海面镜面反射体高度的概率密度函数 $Q_S(\tau)$ 可表示为不对称高斯函数：

$$Q_S(\tau)=\frac{1}{\sqrt{2\pi}\sigma_s}\cdot\exp\left(-\frac{\tau^2}{2\sigma_s^2}\right)\cdot\left[1+\frac{\lambda_s}{6}H_3\left(\frac{\tau}{\sigma_s}\right)\right] \tag{7-20}$$

式中，σ_s 为海面镜面反射体的均方根高度；λ_s 为海面的偏斜度系数，它是反映实际分布偏离高斯分布程度的特征量；$H_3(z)=z^3-3z$。

平坦海面脉冲响应函数可表示为：

$$P_{FS}(\tau)=A_0\cdot\exp\left(-\frac{4}{\gamma}\sin^2\xi\right)\cdot\exp\left(-\frac{4c\tau}{\gamma H}\cos 2\xi\right)\cdot I_0\left(\frac{4}{\gamma}\sqrt{\frac{c\tau}{H}}\sin 2\xi\right)\cdot\varepsilon(\tau)$$

$$\tag{7-21}$$

其中：

$$A_0=\frac{G_0^2\lambda^2c\sigma^0}{4(4\pi)^2L_pH^3} \tag{7-22}$$

$$\gamma=\frac{2}{\ln 2}\sin^2\left(\frac{\theta_w}{2}\right) \tag{7-23}$$

$$I_0(\beta)=\frac{1}{2\pi}\int_0^{2\pi}\exp(\beta\cos\varphi)\mathrm{d}\varphi \tag{7-24}$$

式中，L_p 为系统损耗，H 为卫星到海面的距离，θ_w 为天线波束宽度，$I_0(\beta)$ 为第一类修正的零阶贝塞尔函数。

3）回波模型的近似表示

精确的回波模型存在以下不足：

（1）平坦海面脉冲响应函数中包含第一类修正的零阶贝塞尔函数；

（2）通过内定标获得的点目标响应函数无法用数学函数式表示；

（3）直接利用三项卷积模型进行数值积分计算量非常大。

因此，有必要对回波模型进行近似处理，从而提高数据处理效率。

雷达系统的点目标频率响应函数可近似表示为：

$$PTR(\tau) \approx \exp\left(-\frac{\tau^2}{2\sigma_p^2}\right) \tag{7-25}$$

式中，$\sigma_p \approx 0.425 t_p$，$t_p$ 为压缩后等效脉冲宽度。

第一类修正的零阶贝塞尔函数可表示为：

$$I_0(z) = \sum_{n=0}^{\infty} \left(\frac{z^2}{4}\right)^n \cdot \left(\frac{1}{n!}\right)^2 \tag{7-26}$$

当天线误指向角 ξ 较小时，取式（7-26）的一阶近似：

$$I_0(\beta\sqrt{\tau}) \approx 1 + \frac{\beta^2 \tau}{4} \approx \exp\left(\frac{\beta^2 \tau}{4}\right) \tag{7-27}$$

从而平坦海面脉冲响应函数可表示为：

$$P_{FS}(\tau) \approx A_0 \cdot \exp\left[-\left(\delta - \frac{\beta^2}{4}\right)\tau\right] \cdot \varepsilon(\tau) \tag{7-28}$$

其中：

$$\beta = \frac{4}{\gamma}\sqrt{\frac{c}{H}}\sin 2\xi \tag{7-29}$$

$$\delta = \frac{4c}{\gamma H}\cos 2\xi \tag{7-30}$$

对相关公式进行运算后，可得：

$$W(\tau) \approx A_0 \cdot \exp\left(-\frac{4}{\gamma}\sin^2\xi\right) \cdot \exp\left[-D\left(U + \frac{D}{2}\right)\right] \cdot$$
$$\left[\frac{1 + \text{erf}\left(\frac{U}{\sqrt{2}}\right)}{2}\left(1 + \frac{\lambda'}{6}D^3\right) - \frac{1}{\sqrt{2\pi}}\frac{\lambda'}{6}\exp\left(-\frac{U}{2}\right) \cdot (U^2 + 3DU + 3D - 1)\right] \tag{7-31}$$

其中：

$$D = \alpha\sigma_c \tag{7-32}$$

$$\alpha = \delta - \frac{\beta^2}{4} \tag{7-33}$$

$$\sigma_c = \sqrt{\sigma_p^2 + \sigma_s^2} \tag{7-34}$$

$$U = \frac{\tau}{\sigma_c} - D \tag{7-35}$$

$$\lambda' = \lambda_s \left(\frac{\sigma_s}{\sigma_c}\right)^3 \tag{7-36}$$

$$\text{erf}(z) = \frac{2}{\sqrt{\pi}}\int_0^z \exp(-v^2)\mathrm{d}v \tag{7-37}$$

4）最小二乘估计法

回波重跟踪是雷达高度计数据处理中的关键步骤，常采用最大似然算法和最小二乘算法，这里以最小二乘算法为例进行介绍。

假设 $l_1,l_2,\cdots,l_n$ 为高度计实际回波的 n 个距离门采样值，$x_1,x_2,\cdots,x_k$ 为回波模型的 k 个未知参数，$\hat{x}_1,\hat{x}_2,\cdots,\hat{x}_k$ 为回波模型参数的估计量，$y_1,y_2,\cdots,y_n$ 为由回波模型得到的 n 个距离门采样值，则最小二乘算法模型可表示为：

$$\begin{cases} y_1=f_1(x_1,x_2,\cdots,x_k) \\ y_2=f_2(x_1,x_2,\cdots,x_k) \\ \quad\vdots \\ y_n=f_n(x_1,x_2,\cdots,x_k) \end{cases} \tag{7-38}$$

$$\begin{cases} \hat{y}_1=f_1(\hat{x}_1,\hat{x}_2,\cdots,\hat{x}_k) \\ \hat{y}_2=f_2(\hat{x}_1,\hat{x}_2,\cdots,\hat{x}_k) \\ \quad\vdots \\ \hat{y}_n=f_n(\hat{x}_1,\hat{x}_2,\cdots,\hat{x}_k) \end{cases} \tag{7-39}$$

$$\begin{cases} v_1=l_1-\hat{y}_1=l_1-f_1(\hat{x}_1,\hat{x}_2,\cdots,\hat{x}_k) \\ v_2=l_2-\hat{y}_2=l_2-f_2(\hat{x}_1,\hat{x}_2,\cdots,\hat{x}_k) \\ \quad\vdots \\ v_n=l_n-\hat{y}_n=l_n-f_n(\hat{x}_1,\hat{x}_2,\cdots,\hat{x}_k) \end{cases} \tag{7-40}$$

式中，v_i 表示第 i 个距离门的采样值 l_i 与对应回波模型采样值的估计值 $\hat{y}_i$ 间的偏差，一般称为残差。

设高度计第 i 个距离门采样值 l_i 服从零均值、标准差为 σ_i 的高斯分布，则采样值落在其真实值附近 $\mathrm{d}\delta_i$ 区间的概率 P_i 为：

$$P_i=\frac{1}{\sqrt{2\pi}\sigma_i}\mathrm{e}^{-\frac{\delta_i^2}{2\sigma_i^2}}\mathrm{d}\delta_i \tag{7-41}$$

设高度计各距离门采样值相互独立，则 $l_1,l_2,\cdots,l_n$ 同时落在各自真实值附近 $\mathrm{d}\delta_1\mathrm{d}\delta_2\cdots\mathrm{d}\delta_n$ 的概率为：

$$P=P_1P_2\cdots P_n=\frac{1}{(\sqrt{2\pi})^n\sigma_1\sigma_2\cdots\sigma_n}\mathrm{e}^{-\left(\frac{\delta_1^2}{2\sigma_1^2}+\frac{\delta_2^2}{2\sigma_2^2}+\cdots+\frac{\delta_n^2}{2\sigma_n^2}\right)}\mathrm{d}\delta_1\mathrm{d}\delta_2\cdots\mathrm{d}\delta_n \tag{7-42}$$

最小二乘估计需要使得 P 最大，即

$$Q(v_1,v_2,\cdots,v_n)=\frac{v_1^2}{\sigma_1^2}+\frac{v_2^2}{\sigma_2^2}+\cdots+\frac{v_n^2}{\sigma_n^2} \tag{7-43}$$

取最小值。令各距离门采样值的权值为相应标准差平方的倒数，即

$$p_1=\frac{1}{\sigma_1^2},p_2=\frac{1}{\sigma_2^2},\cdots,p_n=\frac{1}{\sigma_n^2} \tag{7-44}$$

则最小二乘估计式(7-45)最小时取得 $v_1,v_2,\cdots,v_n$ 的最优解：

$$Q(v_1,v_2,\cdots,v_n)=p_1v_1^2+p_2v_2^2+\cdots+p_nv_n^2 \tag{7-45}$$

以 MLE4 算法为例，回波模型中包含回波时延 τ、回波幅度 P_u、有效波高 h_v、波束误指向角 ξ 共 4 个未知参数。回波模型可表示为：

$$y_i=f_i(\tau,P_u,h_v,\xi) \tag{7-46}$$

设置一组初始值 $(\tau_0,P_{u0},h_{v0},\xi_0)$，$y_{0i}=f_i(\tau_0,P_{u0},h_{v0},\xi_0)$，将回波模型在初始值 y_{0i} 处进行泰勒展开并省略高阶项，可得：

$$y_i = y_{0i} + f'_{i\tau}\Delta\tau + f'_{iP_u}\Delta P_u + f'_{ih_v}\Delta h_v + f'_{i\xi}\Delta\xi \tag{7-47}$$

式中，$\Delta\tau$，ΔP_u，Δh_v，$\Delta\xi$ 分别表示回波时延、回波幅度、有效波高、波束误指向角估计值与初始值之间的误差，且有：

$$f'_{i\tau} = \left.\frac{\partial f_i}{\partial\tau}\right|_{\tau_0,P_{u0},h_{v0},\xi_0} \tag{7-48}$$

$$f'_{iP_u} = \left.\frac{\partial f_i}{\partial P_u}\right|_{\tau_0,P_{u0},h_{v0},\xi_0} \tag{7-49}$$

$$f'_{ih_v} = \left.\frac{\partial f_i}{\partial h_v}\right|_{\tau_0,P_{u0},h_{v0},\xi_0} \tag{7-50}$$

$$f'_{i\xi} = \left.\frac{\partial f_i}{\partial\xi}\right|_{\tau_0,P_{u0},h_{v0},\xi_0} \tag{7-51}$$

残差为：

$$v_i = l_i - \left[y_{0i} + (f'_{i\tau}\Delta\tau + f'_{iP_u}\Delta P_u + f'_{ih_v}\Delta h_v + f'_{i\xi}\Delta\xi)\right] \tag{7-52}$$

最小二乘估计需要使 Q 的结果最小。Q 为：

$$Q = \frac{v_1^2}{\sigma_1^2} + \frac{v_2^2}{\sigma_2^2} + \cdots + \frac{v_n^2}{\sigma_n^2} = \sum_{i=1}^{n}\frac{v_i^2}{\sigma_i^2} = \sum_{i=1}^{n}\frac{\left[l_i - y_{0i} - (f'_{i\tau}\Delta\tau + f'_{iP_u}\Delta P_u + f'_{ih_v}\Delta h_v + f'_{i\xi}\Delta\xi)\right]^2}{\sigma_i^2} \tag{7-53}$$

若使 Q 最小，则需使如下 4 个偏导数为 0，即

$$\frac{\partial Q}{\partial\Delta\tau} = \frac{\partial Q}{\partial\Delta P_u} = \frac{\partial Q}{\partial\Delta h_v} = \frac{\partial Q}{\partial\Delta\xi} = 0 \tag{7-54}$$

转化为矩阵形式，可得：

$$\boldsymbol{B}^{\mathrm{T}}\boldsymbol{P}\boldsymbol{B}\hat{\boldsymbol{X}} = \boldsymbol{B}^{\mathrm{T}}\boldsymbol{P}\boldsymbol{V} \tag{7-55}$$

其中：

$$\boldsymbol{B} = \begin{pmatrix} f'_{1\tau} & f'_{1P_u} & f'_{1h_v} & f'_{1\xi} \\ f'_{2\tau} & f'_{2P_u} & f'_{2h_v} & f'_{2\xi} \\ \vdots & \vdots & \vdots & \vdots \\ f'_{n\tau} & f'_{nP_u} & f'_{nh_v} & f'_{n\xi} \end{pmatrix}_{n\times4} \tag{7-56}$$

$$\boldsymbol{P} = \begin{pmatrix} 1/\sigma_1^2 & & & \\ & 1/\sigma_2^2 & & \\ & & \ddots & \\ & & & 1/\sigma_n^2 \end{pmatrix}_{n\times n} \tag{7-57}$$

$$\boldsymbol{V} = \begin{pmatrix} v_1 \\ v_2 \\ \vdots \\ v_n \end{pmatrix}_{n\times1} \tag{7-58}$$

$$\hat{\boldsymbol{X}} = \begin{pmatrix} \Delta\tau \\ \Delta P_u \\ \Delta h_v \\ \Delta\xi \end{pmatrix}_{4\times1} \tag{7-59}$$

7.1.4　海面风速反演方法简介

根据重跟踪算法的分析结果可得回波幅度 $\hat{P}_u$，平方后可得最大接收功率 P_r。根据高度计雷达方程，利用最大接收功率 P_r，可得归一化后向散射系数估计值 $\overline{\sigma^0}$。利用归一化后向散射系数估计值 $\overline{\sigma^0}$，根据高度计海面风速反演用的模式函数 $\overline{U} = f(\overline{\sigma^0})$，即可估计出风速 $\overline{U}$。

目前主流的海面风速反演模式函数有十几种，见表 7-2。

表 7-2　主流海面风速反演模式函数表

序号-代号	作者(年份)	导出方式	测量风速的高度/m	风速适用范围/(m·s^{-1})	匹配方式	匹配数据/对	RMS 误差/(m·s^{-1})
1-BR	Brown,et al. (1981)	统计回归	10	1~18	GEOS-3/浮标	184	1.74
2-SB	Brown,et al. (1981)	对 BR 进行平滑处理	10	1~18	—	—	1.84
3-CM	Chelton & McCabe(1985)	统计回归	19.5/10	4~14	Seasat ALT/SCAT	1 947	2.37
4-GD	Goldhinsh & Dobson(1995)	对 BR 进行平滑处理	10	2~18	—	—	1.82
5-CW	Chelton & Wentz(1986)	加权迭代	19.5/10	0~20	Seasat ALT/SCAT	241 000	2.20
6-WC	Witter & Chelton(1991)	对 CW 进行风速概率匹配	19.5/10	0~20	Seasat/Geosat	Seasat 卫星：1 360 808 Geosat 卫星：2 974 973	1.90
7-CC	Carter,et al. (1992)	统计回归	10	未限定	Geosat/浮标	164	1.46
8-WU	Wu(1992)	散射理论	10	未限定	—	—	1.92
9-GG	Glanan & Greysukh(1993)	统计回归	10	未限定	Geosat/浮标	865	1.63
10-YG	Young (1993)	统计回归	10	20~40	Geosat/预报模式	192	对风速=27 m/s,95%,置信区间为 20~35 m/s
11-FD	Freilich & Dunbar(1993)	加权迭代	19.5/10	1~20	Geosat/预报模式	>9×10^4	风速=10 m/s 时,RMS=2.3;风速=20 m/s 时,RMS=3.9
12-LB	Lefevre,et al. (1994)	统计回归	10	未限定	TOPEX/预报模式	17 094	1.75
13-FC	Freilich & Challenor(1994)	概率理论	19.5/10	1.5~20	Geosat/浮标/预报模式	—	1.69
14-HT	Hwang,et al. (1998)	散射理论	10	未限定	—	—	1.49

7.2 星载散射计技术基础

7.2.1 星载散射计系统简介

7.2.1.1 星载散射计系统的主要功能

星载散射计的主要功能是获取全球海面风场,同时被广泛用于气象研究、植被观测、海冰监测等,特别是风场和灾害性海况的监测与预报需要其提供海面实时风场信息。海面风场作为海洋学的重要物理参数,是引起海浪、大气环流等海洋环境过程的主要驱动力之一,在气象学中,它是行星边界层下界面的边界条件之一,因此在气候学中占据重要地位。星载散射计提供的长期、连续、系统的风观测资料对全球气候研究具有重要意义。

7.2.1.2 星载散射计数据产品简介

星载散射计数据产品大致分为 1 级标准产品(后向散射系数产品)、2 级标准产品(散射计沿轨风场产品)、3 级标准产品(散射计全球风场产品)和 4 级融合产品(多源融合全球风场产品)。图 7-10 给出了散射计 1 级标准产品生成过程示意图。首先在 0 级数据的基础上进行定位和定标处理;然后根据轨道、姿态角、扫描角、入射角(内外波束不同、近距和远距不同)等数据生成足印和条带观测点的几何定位数据;最后经过噪声定标、内定标(接收机直接接收发射机信号)、多普勒频率偏移校正(用于距离向压缩过程)等信号处理生成后向散射系数产品。

图 7-11 给出了散射计 2 级标准产品生成过程示意图。在 1 级标准产品的基础上,进行面元配准(同一面元多次测量间的配准)、海陆和冰海标识、风矢量反演(可能产生多个模糊解)、模糊解消除、降雨标识等处理,生成沿轨海面风场产品。

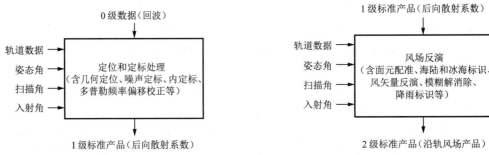

图 7-10 散射计 1 级标准产品生成过程示意图   图 7-11 散射计 2 级标准产品生成过程示意图

图 7-12 给出了散射计 3 级标准产品生成过程示意图。在 2 级标准产品的基础上,经过标准网格化、升降轨分离、降雨检测等处理,制作卫星每天、3 d、7 d,以及月、季和年平均的全球网格化海面风场产品和专题图。

图 7-13 给出了散射计 4 级融合产品生成过程示意图。对中法海洋卫星、中国"海洋二号"卫星、国外卫星的多种散射计、辐射计风场产品进行融合处理,制作日、周、月、季、年的全球海面风场产品和专题图,以及南、北极海面风场和专题图。

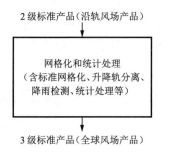

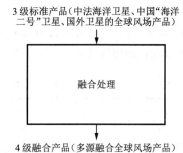

图 7-12　散射计 3 级标准产品生成过程示意图　　　图 7-13　散射计 4 级融合产品生成过程示意图

7.2.2　星载散射计测量的基本机理

7.2.2.1　星载散射计的常用工作体制

1）几何示意

常见的星载散射计工作体制主要为固定扇形波束体制、笔形波束旋转扫描体制与扇形波束旋转扫描体制。图 7-14 给出了散射计常用工作体制几何示意图。

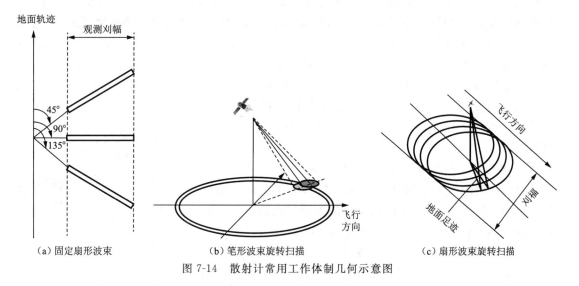

图 7-14　散射计常用工作体制几何示意图

　　固定扇形波束体制散射计利用不同角度的固定棒状天线并通过不同的入射角和极化方式探测海面，这种散射计具有较大的地面足迹，但其天线设备比较庞大，安装操作比较困难。

　　笔形波束旋转扫描体制散射计使用可旋转的碟形抛物面天线，可以发射内、外两种波束来进行海面探测。这种天线容易安装，并且通过其圆锥扫描方式可以获得更大的观测刈幅和多个方位角的测量结果。

　　扇形波束旋转扫描体制散射计出现得较晚，是一种新体制散射计，它既具有固定扇形波束体制散射计所具备的地面足迹大的特点，又具备笔形波束旋转扫描体制旋转扫描的特性，增加了对海面风矢量单元的测量次数，能够获取大量的测量信息。中法海洋卫星 CFOSAT 搭载的微波散射计是国际上首次采用的扇形波束旋转扫描体制散射计。

2）3 种体制的比较

表 7-3 给出了星载散射计常用体制的特点比较,分别从天线特点、扫描速度、信噪比、独立样本数、刈幅、刈幅连续性、数据处理复杂度等方面对 3 种体制进行了较全面的比较。

表 7-3　星载散射计 3 种常用体制的特点比较

比较项	固定扇形波束	笔形波束旋转扫描	扇形波束旋转扫描
天线特点	多 个	尺寸较大	尺寸较小
扫描速度	不扫描	快	慢
信噪比	较 低	高	较 低
独立样本数	多(波束足迹大)	较 少	较多(波束足迹大)
刈 幅	较 小	大	大
刈幅连续性	星下有间隙	连 续	连 续
数据处理复杂度	较复杂	较容易	较复杂

对于固定扇形波束体制,星下点附近区域是数据采集盲区,因而导致这种体制的空间覆盖率较低,在现代的散射计系统中已很少使用。相比于笔形波束旋转扫描体制,扇形波束旋转扫描体制的天线尺寸较小、重量较轻,因而传统的观点认为扇形波束旋转扫描体制更适用于小卫星平台。但随着天线技术的进步,二维轻质相控阵天线已逐渐开始应用于散射计等微波遥感器。由于减少了笨重的天线伺服机构,将笔形波束旋转扫描体制应用于小卫星平台变得可能。笔形波束旋转扫描体制下的散射计数据处理相对更容易,其原因是该体制下方位向和距离向的波束均较窄。另外,笔形波束旋转扫描体制下天线的增益高,因而可获得较高的信噪比,有利于低风速下的反演。

3）笔形波束旋转扫描体制的多次测量

目前在轨的微波散射计大多采用笔形波束旋转扫描体制。例如,"海洋二号"卫星搭载笔形波束旋转扫描体制的微波散射计,采用 VV 和 HH 两种极化的波束,内波束入射角为 35°,外波束入射角为 40.5°。该散射计通过天线的圆锥扫描和平台的运动,在刈幅范围内可对同一分辨单元内外波束前视和后视各观测一次,从而得到 4 个海面后向散射系数测量值。在内波束以外、外波束覆盖区域,只有 2 次照射。图 7-15 给出了笔形波束旋转扫描体制散射计在海面的测量示意图。

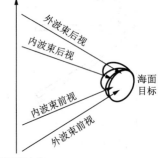

图 7-15　笔形波束旋转体制散射计在海面的测量示意图

7.2.2.2　海面后向散射系数与风向和风速的关系(地球物理模型函数)

在利用散射计的观测数据进行海面风场反演的研究中,逐步建立起雷达后向散射系数与风向、风速、雷达入射角、极化方式、载波频率、海面温度等影响因子之间的关系,这种函数关系称为地球物理模型函数(geophysical model function,GMF)。GMF 的一般形式可表示为:

$$\sigma^0 = M(U, \phi - \phi_v, \theta, p, f_c, L) \tag{7-60}$$

式中,σ^0 为利用模型计算出的海面后向散射系数,U 为海面风速,ϕ 为风向角,ϕ_v 为雷达视线的方位角，θ 为入射角，p 为极化方式，f_c 为载波频率，L 为其他次要的影响因子。

XMOD2 地球物理模型是目前用于 X 波段观测数据的最新模型，它的函数形式为：

$$\sigma^0 = A + B\cos(\phi - \phi_v) + C\cos[2(\phi - \phi_v)] \tag{7-61}$$

式中，A，B，C 为与海面风速和入射角等因素有关的函数。图 7-16 和图 7-17 给出了 XMOD2 模型中海面归一化后向散射系数与海面风速、相对风向关系的示例图。

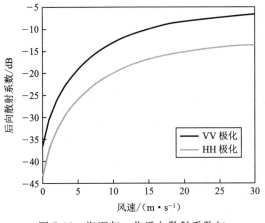

图 7-16　海面归一化后向散射系数与
海面风速的关系图

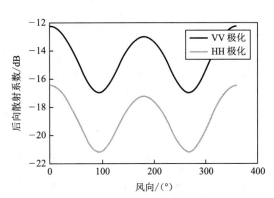

图 7-17　海面归一化后向散射系数与
相对风向的关系图

7.2.2.3　星载散射计雷达方程

假设雷达天线为全向天线，则有：

$$P_d = \frac{P_t}{4\pi R^2} \tag{7-62}$$

式中，P_d 为空中某点的峰值功率密度，P_t 为发射脉冲的峰值功率，R 为雷达和目标之间的距离。

然而实际雷达天线通常为有向天线，因此有：

$$A_e = \frac{G\lambda^2}{4\pi} \tag{7-63}$$

$$A_e = \rho A \tag{7-64}$$

$$P_d = \frac{P_t G}{4\pi R^2} \tag{7-65}$$

式中，A_e 为天线孔径的有效面积，ρ 为孔径效率，A 为天线孔径物理面积，G 为天线在某方向上的增益。

在实际情况下，雷达接收机收到的信号功率 P_r 为：

$$P_r = \frac{P_d \sigma}{4\pi R^2} A_e = \frac{\dfrac{P_t G}{4\pi R^2}\sigma}{4\pi R^2} A_e = \frac{P_t G \sigma}{(4\pi R^2)^2} A_e \tag{7-66}$$

根据 A_e 和 G 间的关系，同时考虑各种损耗因子，可得：

$$P_r = \frac{P_t G \sigma}{(4\pi R^2)^2 L} \cdot \frac{G\lambda^2}{4\pi} = \frac{P_t G^2 \lambda^2 \sigma}{(4\pi)^3 R^4 L} \tag{7-67}$$

式中,L 为系统损耗。

图 7-18 给出了海面后向散射系数与散射计主要系统参数的关联图。对星载散射计来说,其足印面积可达上百平方千米,照射面元包含着大量的、面积从几平方厘米到几平方米的独立散射体,各散射体的后向散射系数很可能是不同的,散射计同时接收照射面元内所有独立散射体的后向散射能量,因此有:

$$P_r = \frac{P_t \lambda^2}{(4\pi)^3 L} \cdot \iint \frac{G_t(x,y) \cdot G_r(x,y)}{R^4(x,y)} \mathrm{d}x\,\mathrm{d}y \cdot \sigma^0 \tag{7-68}$$

$$\sigma^0 = \frac{P_r}{P_t} \cdot \frac{(4\pi)^3}{\lambda^2 L \cdot \iint \dfrac{G_t(x,y) \cdot G_r(x,y)}{R^4(x,y)} \mathrm{d}x\,\mathrm{d}y} = \frac{P_r}{P_t} X \tag{7-69}$$

式中,σ^0 表示归一化后向散射系数,G_t 和 G_r 分别是发射、接收天线增益,X 是定标因数。

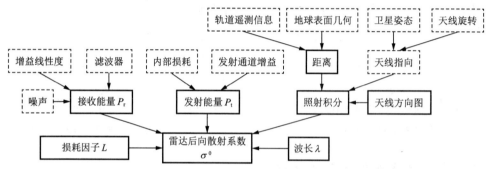

图 7-18 海面后向散射系数与散射计主要系统参数的关联图

7.2.2.4 星载散射计的定标

雷达方程是星载散射计测量的理论基础。在星载散射计测量系统中,为了尽可能提高测量精度,减少雷达方程中涉及的相关变量的误差影响,一般需要对其进行定标,而定标可以分为内定标和外定标。

内定标主要是对星载散射计收发功率及各种系统损耗进行校准,一般在设计时都会设置内部回路来实现内定标。图 7-19 给出了星载散射计环路内定标电路的组成示意图。根据接收机接收信号可以得到回波功率与内定标通道接收功率。内定标包括分别定标和比例定标两种方法。分别定标法就是对诸多星载散射计的参数进行分别测量,借助雷达方程计算得到后向散射系数的值,这就需要精确的仪器和测量技术,以确保各参数的准确性。比例定标法则是通过直接测得星载散射计接收功率和发射功率的比值来获得后向散射系数。相对于分别定标法,比例定标法更为简便,不必对其他参数进行测量。

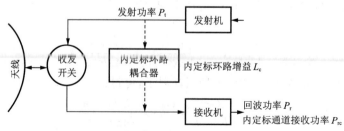

图 7-19 星载散射计环路内定标电路的组成示意图

外定标可以消除雷达方程中的各因子误差,同时可以估计星载散射计空间状态误差。外定标也有两种方法,分别是点目标定标方法与均匀目标定标方法。点目标定标方法要求散射计有较大的功率增益,难度较大,它通过测量散射计在点目标上的反射信号来校准仪器的响应特性,从而减小雷达方程中的系统误差。均匀目标定标方法采用沙漠等散射特性均匀的地面目标实现定标,使用较为广泛。

7.2.2.5　星载散射计的典型工作时序

星载散射计常采用脉冲体制的雷达系统。在天线扫描一周范围内,雷达分别工作在风测量模式、内定标模式以及噪声测量模式。需要注意的是,在噪声测量模式下,雷达不发射信号,可以测得噪声功率,然后从回波功率中减去噪声功率,即可以获得信号功率。图 7-20 给出了"海洋二号"卫星搭载的散射计的分时工作示意图。

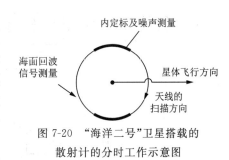

图 7-20　"海洋二号"卫星搭载的散射计的分时工作示意图

以"海洋二号"卫星为例,在风测量模式下,雷达信号的脉冲宽度为 1.5 ms,脉冲重复频率 PRF 为 185 Hz(对应的 PRI 为 5.4 ms)。图 7-21 给出了"海洋二号"卫星风测量模式下的典型工作时序。

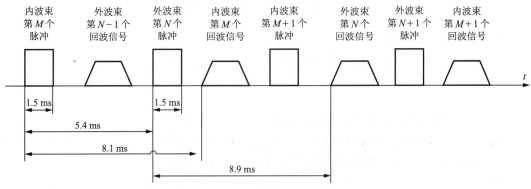

图 7-21　"海洋二号"卫星风测量模式下的典型工作时序

7.2.3　星载散射计数据处理流程简介

7.2.3.1　在轨数据处理简介

星载散射计数据处理主要包含两类:在轨数据处理与地面数据处理。图 7-22 给出了在轨数据处理组成框图,包括产生多模式(海面测量、内定标、噪声测量等)发射信号、多普勒频率补偿(保证中频固定)、中频信号采集、双通道数字信号处理(正交解调)、系统复杂时序控制和异常工作状态自修复。

图 7-23 给出了不同模式对应的发射信号形式。回波测量模式是仪器的主要工作模式,当仪器工作于海面观测、内定标的时间段时,一般发射线性调频信号;当仪器工作于噪声测量的时间段时,一般发射单频信号。连续内定标模式是指仪器较长时间工作于内定标模式,主要用于仪器测试阶段。

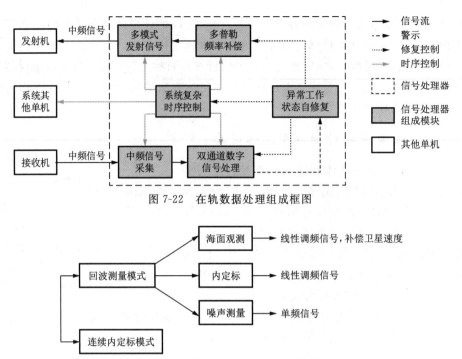

图 7-22　在轨数据处理组成框图

图 7-23　不同模式对应的发射信号形式

卫星运动以及地球自转会产生多普勒频移。对于脉冲压缩体制的星载散射计,一般需在预处理阶段进行多普勒频率补偿。星载散射计的多普勒频率公式为:

$$f_d = \frac{2V_{sc}}{\lambda} \sin\gamma\cos\alpha \tag{7-70}$$

式中,V_{sc} 表示卫星轨道速度,λ 表示波长,γ 表示波束中心视角,α 表示扫描方位角。

与高度计类似,星载散射计的接收机一般也采用模拟 De-chirp 方式完成回波去调频处理,得到中频窄带信号。针对中频窄带信号,依据带通采样定理,并根据时序要求进行中频采样,将模拟信号转换为高精度的数字信号。再将经带通采样的数字信号经数字下变频处理后,形成 I 和 Q 两路信号,求模平方后进行累加,计算出回波功率。图 7-24 给出了双通道数字信号处理框图。

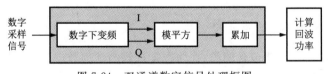

图 7-24　双通道数字信号处理框图

综合考虑散射计工作模式、卫星轨道参数、星地几何关系、天线转速等因素,完成系统时序设计,保证发射信号与回波信号、星下点回波信号不混叠。图 7-25 给出了"海洋二号"卫星散射计系统时序示意图。

由于在轨信号处理常常应用集成度高的数字器件,单粒子翻转等辐射效应影响空间载荷的应用,所以单粒子翻转防护便成了重点考虑的问题。一般在系统设计过程中,通过设计异常工作状态报警机制,由定时刷新、复位、重载等方法来减少单粒子翻转的影响。

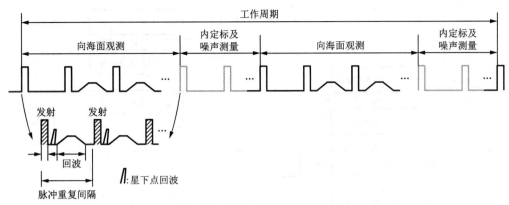

图 7-25　散射计系统时序示意图

7.2.3.2　地面数据处理流程简介

地面数据处理一般包括 L1A 级数据处理、L1B 级数据处理、L2A 级数据处理、L2B 级数据处理与 L3 级数据处理。L1A 级数据处理主要利用星历与姿态数据,对卫星下传数据进行帧时间标识、姿态参数插值计算、天线方位角计算等处理生成 L1A 级数据产品。图 7-26 给出了惯性地心坐标系下卫星轨道根数(6 个)示意图。图 7-27 给出了 L1A 级数据处理的流程框图。

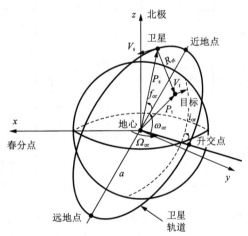

Ω_{or}—升交点赤经;ω_{or}—近地点幅角;i_{or}—轨道倾角;f_{or}—真近心角;a—半长轴。

图 7-26　惯性地心坐标系下卫星轨道根数(6 个)示意图

图 7-28 给出了 L1B 级数据处理的流程框图。先对 L1A 级数据进行波束投影区域计算,然后将波束投影区域划分为若干单元,计算各单元的 σ^0 并取平均,最后进行辐射精度估计等处理生成 L1B 级产品并输出存档。

图 7-29 给出了 L2A 级数据处理的流程框图。对 L1B 级数据进行内、外波束面元配准,海陆和冰海标识,大气衰减(影响 σ^0 的计算精度)校正等处理生成 L2A 级产品并输出存档。

图 7-30 给出了 L2B 级数据处理的流程框图。对 L2A 级数据进行 σ^0 重新计算(考虑面元不能完全匹配)、风矢量反演、降雨标识(降雨影响数据质量)、模糊解消除(利用 NWP 天线预报数据辅助)等处理,生成 L2B 级产品并输出存档。

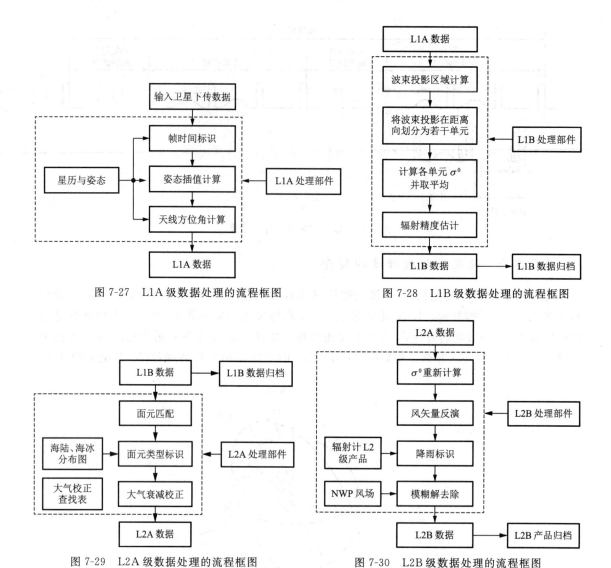

图 7-27　L1A 级数据处理的流程框图　　　　图 7-28　L1B 级数据处理的流程框图

图 7-29　L2A 级数据处理的流程框图　　　　图 7-30　L2B 级数据处理的流程框图

图 7-31 给出了 L3 级数据处理的主要流程。L3 级数据处理包括对每个圈次的升轨和降轨数据进行分离，对数据进行矩形网格化，以及完成不同尺度时间（日、周、月、季、年）和空间（不同分辨率）上的数据统计等。

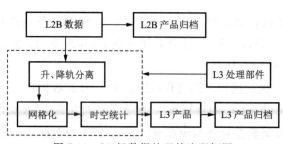

图 7-31　L3 级数据处理的流程框图

7.2.4　海面风速和风向反演方法简介

微波散射计是一种经过校准的真实孔径雷达,用来测量面扩展目标的后向散射系数 σ^0。为了测量雷达后向散射系数,雷达发射射频脉冲并测量后向散射的功率,根据雷达距离方程,通过地面处理可以得到 σ^0。目前海洋是散射计的主要应用领域,散射计可以用于海面风矢量场的测量,即根据星载散射计测量得到的各单元后向散射系数来反演海面风矢量。由于存在测量误差、定位误差等,所以只能通过统计的方法进行估计;由于反演后会产生多个模糊解,所以后续需通过模糊消除算法去除模糊解。

图 7-32 给出了星载散射计反演风场的大致流程图,其核心技术为求解模糊解与消除模糊解,最常用的方法为最大似然估计法与圆中数滤波法。

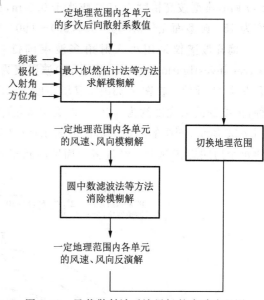

图 7-32　星载散射计反演风场的大致流程图

目前,业务化运行的散射计系统主要采用最大似然估计法。最大似然估计法的目标函数如下:

$$J_{\mathrm{MLE}}(U,\varphi) = -\sum_{i=1}^{4}\left[\sigma_{\mathrm{r}i}^{0} - \sigma_{\mathrm{m}i}^{0}(U,\varphi - \varphi_{\mathrm{v}i})\right]^2 \tag{7-71}$$

式中,$\sigma_{\mathrm{r}i}^{0}$ 为当前单元归一化后向散射系数的第 i 个测量值,$\varphi_{\mathrm{v}i}$ 为当前单元第 i 个测量值对应的雷达视线方位角,$\sigma_{\mathrm{m}i}^{0}$ 为当前单元归一化后向散射系数的第 i 个模型值,U 表示风速。

在利用散射计数据反演风场的过程中,通常会出现多个模糊解。这些模糊解对应的风向角常近似为 90° 和 180°。业务化运行的散射计系统常采用圆中数滤波法滤除模糊的风场解,得到最终的风矢量解。散射计消除模糊解用到的圆中数滤波法的主要步骤如下:

(1)利用天气预报等数据作为初始风场。

(2)设置场景内窗口的尺寸。

(3)对于窗口正中间的单元,计算窗口内所有单元的圆中数,取最接近圆中数的模糊解作为反演值。

(4)在场景内移动窗口,完成当前次的迭代。

(5)当前后两次迭代的反演风场保持不变或到达迭代次数上限时,结束迭代。

7.3　星载波谱仪技术基础

7.3.1　星载波谱仪系统简介

7.3.1.1　星载波谱仪系统的主要功能

波谱仪是一种新型主动微波遥感雷达。星载波谱仪系统的主要功能为探测全球海洋海浪谱,提取出主波长、主波向、有效波高等有效信息。星载波谱仪系统所能探测到的典型幅宽为 180 km,典型波高精度为 10% 或优于 0.5 m,典型可探测波长范围为 70～500 m,典型波向精度为 15°,典型面元分辨率为 (50×50)～(90×90) km²。

海洋波谱仪采用小入射角多波束圆锥扫描体制对海面进行观测。以 SWIM(surface waves investigation and monitoring)波谱仪为例,其几何示意图及波束覆盖示意图如图 7-33 和图 7-34 所示。在图 7-33 中,卫星高度为 519 km,波束入射角包括 0°、2°、4°、6°、8°、10° 共 6 种,天线的波束宽度约为 2°×2°,地面波束足印的覆盖区域约为 (18×18) km²。面元分辨率如图 7-35 所示,图中的灰色方形区域表示在 (70×70) km² 的分辨率范围内,相同入射角的波束的每个周期旋转约 15°,经过多个周期后涵盖 0～180° 内的方向。

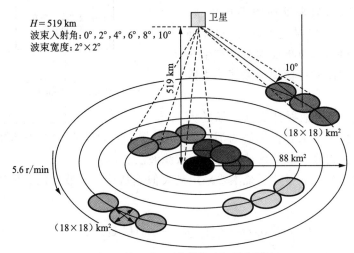

图 7-33 SWIM 波谱仪几何示意图

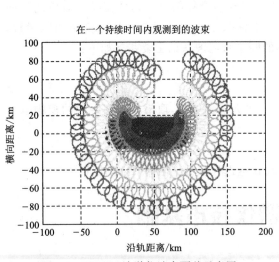

图 7-34 SWIM 波谱仪波束覆盖示意图

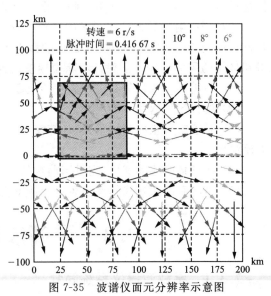

图 7-35 波谱仪面元分辨率示意图

7.3.1.2　星载波谱仪数据产品简介

星载波谱仪数据产品主要分为四级：1 级标准产品为波谱仪后向散射系数产品；2 级标准产品为波谱仪沿轨海浪谱产品；3 级标准产品为波谱仪全球海浪谱产品；4 级融合产品为多源融合全球有效波高产品。

1) 1 级标准产品——后向散射系数产品

1 级标准产品是在 0 级数据的基础上进行定标和定位处理，根据轨道、姿态角、扫描角等数据生成波谱仪 6 个固定波束的几何定位数据，经过信号处理生成 6 个波束的后向散射系数。波谱仪 1 级标准产品生成过程如图 7-36 所示。

2) 2 级标准产品——沿轨海浪谱产品

2 级标准产品是在 1 级标准产品的基础上进行海陆和冰海标识、降雨标识、波浪谱反演等处理，生成沿轨海浪谱产品，包括星下点波束产品和 2°～10°波束产品，参数包括有效波高、波长和波向等。波谱仪 2 级标准产品生成过程如图 7-37 所示。

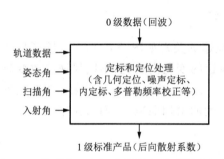

图 7-36　波谱仪 1 级标准产品生成过程示意图

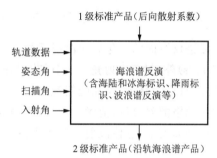

图 7-37　波谱仪 2 级标准产品生成过程示意图

3) 3 级标准产品——全球海浪谱产品

3 级标准产品是在 2 级标准产品的基础上，经过投影变换、单天升降轨分离等处理，制作单星每天、3 d、7 d、月、季和年平均的全球网格化海浪参数产品和专题图。波谱仪 3 级标准产品生成过程如图 7-38 所示。

4) 4 级融合产品——多源融合全球有效波高产品

4 级融合产品是对中法海洋卫星波谱仪、中国"海洋二号"卫星和国外卫星高度计产品进行融合处理，制作日、周、月、季、年的全球有效波高产品和专题图。波谱仪 4 级融合产品生成过程如图 7-39 所示。

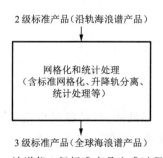

图 7-38　波谱仪 3 级标准产品生成过程示意图

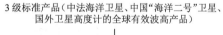

图 7-39　波谱仪 4 级融合产品生成过程示意图

7.3.2 星载波谱仪测量的基本机理

7.3.2.1 弥补SAR图像反演海浪谱的不足

目前各国已开展多项关于利用雷达技术反演海浪谱的研究。SAR作为目前较常用的海浪谱反演技术,由于其自身的局限性,一直未能广泛地应用于海洋研究。这些局限性主要表现在以下3个方面:

(1)大入射角下,形成海浪回波的调制过程较为复杂。在反演过程中,调制函数难以正确估计,给反演带来误差。

(2)在SAR成像过程中,方位向高波数海浪信息丢失,需要补偿。

(3)需提供初猜谱。

利用星载波谱仪来实现海浪谱的测量,一方面保留了微波雷达探测的优势,另一方面消除了类似SAR海浪方向谱测量的诸多限制。

7.3.2.2 波谱仪采用小入射角测量的原因

波谱仪海面归一化后向散射系数 σ^0 与入射角和风速的关系如图7-40所示。除了低风速(<3 m/s)外,对于入射角 $6°\sim10°$ 范围,σ^0 基本不随风速的变化而变化;不同风速会改变海面粗糙度,且风速越大,海面越粗糙,使 σ^0 发生变化;在 $6°\sim10°$ 入射角范围内,散射分量包括准镜面和布拉格散射分量,前者占主导;准镜面散射随粗糙度的增加而减少,而布拉格散射随粗糙度的增加而增加,总体散射量基本不变。

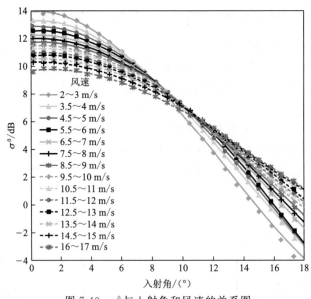

图7-40 σ^0 与入射角和风速的关系图

水动力调制通过长波对微尺度波进行调制,引起辐聚、辐散效应,使粗糙度发生变化;在 $6°\sim10°$ 入射角范围内,由于 σ^0 随粗糙度的变化较小,因此水动力调制的影响较小。

总体而言,在 $6°\sim10°$ 入射角范围内,风速和水动力调制的影响较小,倾斜调制起主要调制作用,这是波谱仪使用小入射角测量海浪谱的主要原因。以 CFOSAT 为例,其共有入射角为 $0°,2°,4°,6°,8°,10°$ 的 6 个波束,其中后 3 个波束可以直接测量,前 3 个波束由于风速对 σ^0 有影响,需对风速进行补偿。

7.3.2.3 波谱仪海面微波散射模型

在波谱仪的常规入射角范围($6°\sim10°$)内,海面归一化后向散射系数 σ^0 可用准镜面散射模型表示为:

$$\sigma^0(\theta,\varphi) = |R(0)|^2 \pi \frac{P(z_x, z_y)}{\cos^4\theta} \tag{7-72}$$

式中,θ 为入射角,φ 为方位角(风向与雷达视线方向的夹角),$R(0)$ 表示菲涅尔反射系数(与频率、极化、海水温度和盐度等有关),z_x 为距离向分量,z_y 为方位向分量,$P(z_x, z_y)$ 为海面斜率的联合概率密度函数。

海面斜率的联合概率密度函数可近似简化表示为:

$$P = \frac{1}{2\pi\sigma_u\sigma_c} \cdot \exp\left[-\frac{1}{2}(\xi^2 + \eta^2)\right] \tag{7-73}$$

式中,σ_u 为迎风方向海面斜率标准差,σ_c 为侧风方向海面斜率标准差,ξ 为海面斜率迎风方向分量标准化后的变量,η 为海面斜率顺风方向分量标准化后的变量。其中:

$$\xi = \frac{z_x}{\sigma_u} = \frac{\tan\theta \cdot \cos\varphi}{\sigma_u} \tag{7-74}$$

$$\eta = \frac{z_y}{\sigma_c} = \frac{\tan\theta \cdot \sin\varphi}{\sigma_c} \tag{7-75}$$

将式(7-73)、式(7-74)与式(7-75)代入式(7-72),可以化简得到海面归一化后向散射系数 σ^0:

$$\sigma^0(\theta,\varphi) = \frac{|R(0)|^2}{2\sigma_u\sigma_c\cos^4\theta} \cdot \exp\left\{-\frac{\tan^2\theta}{2}\left[\left(\frac{\cos\varphi}{\sigma_u}\right)^2 + \left(\frac{\sin\varphi}{\sigma_c}\right)^2\right]\right\} \tag{7-76}$$

7.3.2.4 倾斜调制作用的定性分析

波谱仪一般工作于 $0°\sim10°$ 入射角范围内,准镜面散射是主要的散射分量;海面可以看作是由长波和短波叠加构成的,海面散射模型如图 7-41 所示;雷达接收的回波信号主要由波长为电磁波波长 $3\sim5$ 倍的短波分量所贡献;长波分量对短波分量起倾斜调制作用,可改变局地入射角。海面后向散射截面的变化反映了海面斜率的变化。

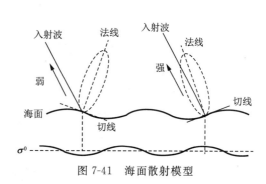

图 7-41 海面散射模型

7.3.2.5 海面后向散射截面的变化

为简化起见,设式(7-76)中风向与雷达视线方向(距离向)的夹角 φ 为 $0°$,则有:

$$\sigma^0(\theta,\varphi) = |R(0)|^2 \pi \frac{P(\tan\theta, 0)}{\cos^4\theta} \tag{7-77}$$

$$\frac{\partial \sigma^0}{\sigma^0} = \frac{\partial P(\tan \theta,0)}{P(\tan \theta,0)} - \frac{\partial(\cos^4 \theta)}{\cos^4 \theta} \tag{7-78}$$

由于

$$-\frac{\partial(\cos^4 \theta)}{\cos^4 \theta} = -\frac{4\cos^3 \theta \cdot \partial(\cos \theta)}{\cos^4 \theta} = -\frac{4\partial(\cos \theta)}{\cos \theta} = \frac{4\sin \theta \cdot \partial \theta}{\cos \theta} = 4\tan \theta \cdot \partial \theta \tag{7-79}$$

$$\frac{\partial P(\tan \theta,0)}{P(\tan \theta,0)} = \frac{\dfrac{\partial P(\tan \theta,0)}{\partial \tan \theta} \dfrac{1}{\cos^2 \theta} \partial \theta}{P(\tan \theta,0)} = \frac{1}{\cos^2 \theta} \frac{\partial \ln P(\tan \theta,0)}{\partial \tan \theta} \partial \theta \tag{7-80}$$

把式(7-79)和式(7-80)的结果代入式(7-78),可得:

$$\frac{\partial \sigma^0}{\sigma^0} = \left[4\tan \theta + \frac{1}{\cos^2 \theta} \frac{\partial \ln P(\tan \theta,0)}{\partial \tan \theta}\right]\partial \theta \tag{7-81}$$

图 7-42 为波谱仪入射角的几何模型。

由图 7-42 可知,入射角 θ、局地入射角 θ_{loc} 可能不在一个平面上,因此可得:

$$\cos \theta_{loc} = \cos \theta \cdot \cos \beta \tag{7-82}$$

若海表面倾斜角 $\beta \ll \theta$,则有:

$$\theta_{loc} \approx \theta - \beta \cos \alpha = \theta - \frac{\partial \xi}{\partial x} \tag{7-83}$$

$$\partial \theta = \theta_{loc} - \theta = -\frac{\partial \xi}{\partial x} \tag{7-84}$$

面元面积为距离向长度和方位向长度的乘积在倾斜波面上的投影,即

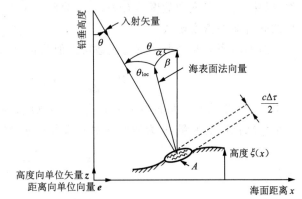

图 7-42　波谱仪入射角几何模型

$$A = c\frac{\Delta \tau}{2}\frac{\Delta y}{\sin \theta} = B/\sin \theta \tag{7-85}$$

可得:

$$\partial A = -\frac{B}{\sin^2 \theta}\cos \theta \cdot \partial \theta \tag{7-86}$$

$$\frac{\partial A}{A} = -\frac{B}{\sin^2 \theta}\cos \theta \cdot \partial \theta \frac{\sin \theta}{B} = -\cot \theta \cdot \partial \theta = \cot \theta \frac{\partial \xi}{\partial x} \tag{7-87}$$

$$\sigma = \sigma^0 A \tag{7-88}$$

将式(7-86)、式(7-87)以及式(7-81)代入式(7-88),得:

$$\frac{\partial \sigma}{\sigma} = \frac{\partial \sigma^0}{\sigma^0} + \frac{\partial A}{A} = \left(\cot \theta - 4\tan \theta - \frac{1}{\cos^2 \theta}\frac{\partial \ln P}{\partial \tan \theta}\right)\frac{\partial \xi}{\partial x} \tag{7-89}$$

令

$$\alpha = \cot \theta - 4\tan \theta - \frac{1}{\cos^2 \theta}\frac{\partial \ln P}{\partial \tan \theta} \tag{7-90}$$

将式(7-90)代入式(7-89),得:

$$\frac{\partial \sigma}{\sigma} = \alpha\frac{\partial \xi}{\partial x} \tag{7-91}$$

由式(7-91)可以得出结论:局地雷达散射截面的相对变化与局地斜率成正比,某时刻大尺度空间上一系列的雷达散射截面相对变化组成海浪斜率谱(未标定的波数谱)。

7.3.2.6　信号调制谱与海浪谱的关系

波谱仪天线波束方位向宽度比海浪波长大很多,方位向足迹宽度大于该方向海浪表面相关长度,实际雷达信号调制是方位向的加权平均。

设图 7-43 中方位向天线的增益形式为 $G(\varphi)$,则 (x,φ) 处分辨单元的雷达信号为:

$$m(x,\varphi) = \frac{\int G^2(\varphi)\dfrac{\partial\sigma}{\sigma}(x,\varphi)\mathrm{d}\varphi}{\int G^2(\varphi)\mathrm{d}\varphi} \quad (7\text{-}92)$$

式中,$\int G^2(\varphi)\mathrm{d}\varphi$ 为归一化加权平均。将式(7-91)代入式(7-92),可得:

$$m(x,\varphi) = \frac{\int G^2(\varphi)\alpha \cdot \dfrac{\partial\xi}{\partial x}(x,\varphi)\mathrm{d}\varphi}{\int G^2(\varphi)\mathrm{d}\varphi}$$

$$(7\text{-}93)$$

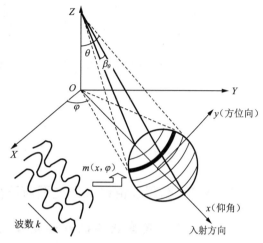

图 7-43　波谱仪天线几何模型

将式(7-93)的自相关的傅里叶变换记作信号调制谱 $P_m(k,\varphi)$,即

$$P_m(k,\varphi) = \frac{1}{2\pi}\int <m(x,\varphi),m(x+\zeta,\varphi)> \cdot \exp(-\mathrm{j}k\zeta)\mathrm{d}\zeta \quad (7\text{-}94)$$

$m(x,\varphi)$ 的表达式与海浪斜率直接相关,只要满足 $kL_y \gg 1 (\lambda \ll L_y)$,则 $m(x,\varphi)$ 自相关的傅里叶变换就可表示为:

$$\frac{\sqrt{2\pi}}{L_y}\alpha^2 k^2 \cdot F(k,\varphi) \quad (7\text{-}95)$$

记式(7-95)为波高谱(方向波数谱),即

$$P_m(k,\varphi) = \frac{\sqrt{2\pi}}{L_y}\alpha^2 k^2 \cdot F(k,\varphi) \quad (7\text{-}96)$$

则在某一特定入射角和方位向上有:

$$P_m(k,\varphi) \propto k^2 \cdot F(k,\varphi) \quad (7\text{-}97)$$

式中,$k^2 \cdot F(k,\varphi)$ 为波浪斜率谱。海面斜率是海面高度随空间变化的导数。根据傅里叶变换的性质,在空域对海面高度求微分,则海面斜率的功率谱应为海面高度对应的功率谱乘以空间频率的平方。式(7-97)满足上述特点。

对于空间上随距离变化的海面面元,其后向散射系数也相应变化。对后向散射系数的相对变化求功率谱,即调制谱。对调制谱而言,其本质是某一方向上未定标的波浪斜率谱。经过定标计算获得定标因子后,可得到某一方向上的波浪斜率谱。随着天线波束的不断旋转,可不断获得各个方向上的波浪斜率谱。

7.3.2.7　定标因子的计算

定标因子记作 D,即式(7-96)中的 $\dfrac{\sqrt{2\pi}}{L_y}\alpha^2$。依据第 1 章中由海浪谱推算海面几何特征的

相关公式,可得:

$$4\sqrt{\iint \frac{P_m(k,\varphi)}{Dk^2} k\,dk\,d\varphi} = H_{1/3} \qquad (7\text{-}98)$$

式中,$H_{1/3}$ 为有效波高,可由天底点波束获得。由式(7-98)表示出定标因子 D:

$$D = \frac{16}{H_{1/3}^2} \iint \frac{P_m(k,\varphi)}{k^2} k\,dk\,d\varphi \qquad (7\text{-}99)$$

在式(7-96)中,用 D 替换 $\frac{\sqrt{2\pi}}{L_y}\alpha^2$,可得斜率谱式(7-100)和波高谱式(7-101)。

$$k^2 \cdot F(k,\varphi) = \frac{P_m(k,\varphi)}{D} \qquad (7\text{-}100)$$

$$F(k,\varphi) = \frac{P_m(k,\varphi)}{Dk^2} \qquad (7\text{-}101)$$

7.3.3 星载波谱仪数据处理流程简介

7.3.3.1 星载波谱仪数据处理的功能

星载波谱仪数据处理主要分为两个方面:在轨数据处理和地面数据处理。其中,在轨数据处理分为常规的距离门采样、数字化距离压缩和距离徙动校正 3 个步骤。地面数据处理包括 L1A 级数据处理、L1B 级数据处理以及 L2 级数据处理 3 个步骤。

7.3.3.2 地面数据处理流程简介

1) L1A 级数据处理

L1A 级数据处理的功能主要有两个方面:一是提供多波束(中法海洋卫星,6 个)经校准后的归一化后向散射系数;二是提供所有距离门的地理坐标。要想达到这两个目的,就需要从定标部件中不断地获取辐射和几何定标参数。

L1A 级数据处理的步骤如下:

(1) 从定标部件获取热噪声平均功率;

(2) 计算归一化接收功率;

(3) 计算每个距离门的定位数据(包括与雷达的距离、距离向坐标、高度、入射角、经纬度等);

(4) 通过雷达方程计算归一化后向散射系数。

2) L1B 级数据处理

L1B 级数据处理的功能是提供用于反演海浪谱波束(入射角为 $6°,8°,10°$)的中间产品,即从后向散射系数到海浪谱之间的中间产品。

L1B 级数据处理的步骤如下:

(1) 利用多项式拟合,计算 σ^0 的平均值及其变化趋势;

(2) 计算归一化后向散射系数的相对变化函数 $\delta\sigma^0(r) = \delta\sigma/\bar{\sigma}$;

(3) 对(2)中的函数进行重采样,得到斜距海面投影方向对应的函数;

(4) 计算(3)对应的频谱,从而得到调制谱。

3）L2 级数据处理

L2 级数据处理的功能是输出约 70 km×90 km 范围的海浪谱,方位角范围为 0°～180°。在生成海浪谱时,既可以根据单个波束的数据生成,也可以根据多个波束的组合生成。

L2 级数据处理的步骤如下:

(1) 针对 L1A 级产品,每隔 0.5°入射角和 15°方位角对 σ^0 进行平均;

(2) 针对 L1B 级产品,对调制谱进行平均;

(3) 将倾斜调制传输函数应用于调制谱,估计斜率谱和波高谱;

(4) 应用分割算法检测二维极坐标频谱中的至多 3 个波数分量;

(5) 计算二维海浪谱对应的主要参数(总能量、主波向、主波长等)。

7.3.4　海面波浪参数反演方法简介

7.3.4.1　星载波谱仪海浪谱反演任务及其特点

星载波谱仪海浪谱反演任务就是根据星载波谱仪测量得到的各单元后向散射系数反演海浪谱。它的特点主要体现在以下两个方面:

(1) 在海浪谱反演过程中,需要天底点波束获取的有效波高等信息;

(2) 对于海浪斜率概率密度函数,需要进行多入射角联合探测以提高精度。

7.3.4.2　星载波谱仪反演海浪谱的流程

星载波谱仪反演海浪谱的具体流程分为 7 个步骤(图 7-44):

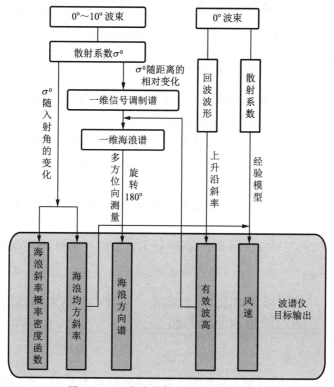

图 7-44　星载波谱仪反演海浪谱流程图

（1）对于某一个方位向 φ，用准镜面散射理论模型拟合 σ^0 与入射角的关系，得到 σ^0 的均值 $\overline{\sigma^0}$ 随入射角的变化。

（2）对于方位向 φ，计算 σ^0 随入射角 θ 的相对波动 $m(\theta,\varphi)=(\sigma^0-\overline{\sigma^0})/\overline{\sigma^0}$。

（3）将 $m(\theta,\varphi)$ 投影到海面，得海面调制函数 $m(x,\varphi)$。

（4）通过谱估计的方法计算方位向 φ 的一维调制谱。

（5）继续下一个方位向，并对相邻 15° 以内的多个方位向取平均。

（6）将多个方位向的一维调制谱合成二维调制谱。

（7）利用天底点波束获得的有效波高进行定标，得斜率谱和波高谱。

图 7-45 为波谱仪一维调制谱的生成过程，根据后向散射系数随入射角的变化，可计算出后向散射系数随入射角的相对波动，投影到海面后得到海面调制函数，进一步形成一维调制谱。

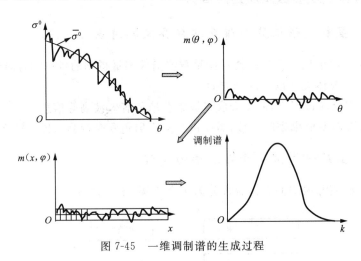

图 7-45　一维调制谱的生成过程

7.3.4.3　反演过程中的平均处理

为了提高精度，在反演过程中要多次进行平均处理。这样做的优点是降低了噪声的影响，缺点是分辨率也会降低。进行的平均处理包括：

（1）求调制谱之前，对多个距离门求平均（一方面降低了斑点噪声；另一方面降低了距离分辨率，使得波长分辨率降低）；方位向积分时间内求考虑天线增益随方位向变化的积分，其本质是对不同方向求平均。

（2）求调制谱时，对频域若干个波数求平均（降低了波数分辨率，从而降低了波长分辨率）。

（3）求调制谱后，对相邻方位向求平均（降低了方位向分辨率，但必须满足方位向分辨率 $<15°$ 的指标要求）。

大作业8　雷达技术和微波遥感某一专题（需换为具体题目）国内外研究现状调研

要求：

（1）通过从互联网搜索、从图书馆的电子数据库（IEEE 和 CNKI 等）搜索等途径广泛查阅资料,针对某一专题总结相关的应用与发展趋势。

(2)按模板撰写大作业。其中,封面、目录和参考文献(按规定格式)采用电子版进行编辑,正文部分手写(字数不少于5 000字,页码手写)。

建议从如下题目中选择:

(1)雷达卫星组网技术的国内外研究现状调研。

(2)合成孔径雷达船只目标检测的国内外研究现状调研。

(3)机器学习技术应用于合成孔径雷达领域的国内外研究现状调研。

(4)合成孔径雷达三维成像技术的国内外研究现状调研。

(5)合成孔径雷达动目标成像技术的国内外研究现状调研。

(6)小卫星合成孔径雷达的国内外研究现状调研。

(7)合成孔径雷达高度计的国内外研究现状调研。

(8)极化散射计的国内外研究现状调研。

(9)星载波谱仪数据处理技术的国内外研究现状调研。

(10)其他自选题目。

大作业8示例:合成孔径雷达
海面风场反演的国内外研究
现状调研示例

大作业8:雷达技术和
微波遥感某一专题
国内外研究现状调研

本章教学视频

星载高度计
技术基础(上)

星载高度计
技术基础(中)

星载高度计
技术基础(下)

星载散射计
技术基础(上)

星载散射计
技术基础(下)

星载波谱仪
技术基础(上)

星载波谱仪
技术基础(下)

常用专业英语词汇

英　文	中　文	英　文	中　文
radar	雷　达	detection	检　测
tracking	跟　踪	ranging	测　距
imaging radar	成像雷达	pulsed radar	脉冲雷达
transmitter	发射机	antenna	天　线
receiver	接收机	signal processor	信号处理器
display	显示器	frequency band	波　段
carrier frequency	载　频	range resolution	距离分辨率
azimuth resolution	方位分辨率	angular resolution	角度分辨率
ground range resolution	地距分辨率	slant range resolution	斜距分辨率
false alarm probability	虚警概率	detection probability	检测概率
threshold	门　限	range gate, range bin	距离门
minimum detection range	最小可检测距离	range ambiguity	距离模糊
maximum unambiguous range	最大不模糊距离	velocity ambiguity	速度模糊
Doppler frequency	多普勒频率	radial velocity	径向速度
antenna gain	天线增益	main lobe	主　瓣
side lobe	副瓣,旁瓣	directional antenna	定向性天线
isotropic antenna	全向性天线	fan beam	扇形波束
antenna radiation pattern	天线方向图	needle-shaped beam	针状波束
single-trip antenna pattern function	单程天线方向图	round-trip antenna pattern function	双程天线方向图
amplitude antenna radiation pattern	电压天线方向图	power antenna radiation pattern	功率天线方向图
circular scanning	圆周扫描	helical scanning	螺旋扫描
raster scanning	光栅扫描	conical scanning	圆锥扫描
beam width	波束宽度	mechanical antenna	机械天线
phased array antenna	相控阵天线	wavelength	波　长
mechanical scanning	机械性扫描	electronic scanning	电扫描
digital beam formation(DBF)	数字波束形成	electric field	电　场
quadrature demodulation	正交解调	magnetic field	磁　场
electromagnetic field	电磁场	electromagnetic wave	电磁波

续表

英 文	中 文	英 文	中 文
horizontal polarization	水平极化	vertical polarization	垂直极化
circular polarization	圆极化	elliptical polarization	椭圆极化
single polarization	单极化	dual polarization	双极化
full polarization	全极化	coherent integration	相干积累
non-coherent integration	非相干积累	envelope detector	包络检波器
sensitivity time control	近程增益控制	white Gaussian noise	高斯白噪声
automatic gain control	自动增益控制	noise temperature	噪声温度
automatic frequency control	自动频率控制	noise bandwidth	噪声带宽
thermal noise	热噪声	sensitivity	灵敏度
local oscillator	本振	dynamic range	动态范围
receiver noise figure	接收机噪声系数	matched filter	匹配滤波器
power spectrum density	功率谱密度	power spectrum	功率谱
low noise amplifier	低噪声放大器	high gain amplifier	高增益放大器
plan position indicator	平面显示器	mixer	混频器
radar signal processing	雷达信号处理	ground clutter	地杂波
radar data processing	雷达数据处理	sea clutter	海杂波
search radar	搜索雷达	tracking radar	跟踪雷达
pulse repetition frequency	脉冲重复频率	ambiguity function	模糊函数
pulse repetition interval	脉冲重复间隔	radar signal design	雷达信号设计
pulse repetition period	脉冲重复周期	complex envelope	复包络
range ambiguity resolving	解距离模糊	velocity resolution	速度分辨率
linear frequency modulation signal	线性调频信号	phase-coded signal	相位编码信号
stepped-frequency signal	步进频率信号	primary radar	一次雷达
secondary radar	二次雷达	bi-static radar	双基地雷达
multi-static radar	多基地雷达	Gaussian distribution	高斯分布
constant false alarm rate	恒虚警率	integration loss	积累损失
integration improvement factor	积累改善因子	airborne radar	机载雷达
spaceborne radar	星载雷达	ground-based radar	地基雷达
ship-borne radar	舰载雷达	phased array radar	相控阵雷达
inverse synthetic aperture Radar	逆合成孔径雷达	fire control radar	火控雷达
synthetic aperture radar	合成孔径雷达	early warning radar	预警雷达
pulse width	脉冲宽度	duty ratio	占空比
peak power	峰值功率	average power	平均功率
radar equation	雷达方程	Kalman filtering	卡尔曼滤波

英　文	中　文	英　文	中　文
active jamming	有源干扰	passive jamming	无源干扰
moving Target Indicator	动目标显示	likelihood function	似然函数
moving Target Detection	动目标检测	radar cross section	后向散射系数
false dismissal probability	漏检概率	pulse integration	脉冲积累
coherence	相干性	false alarm time	虚警时间
continuous wave radar	连续波雷达	blind velocity	盲　速
microwave frequency band	微波频段	single target tracking	单目标跟踪
maximum detection range	最大作用距离	multiple target tracking	多目标跟踪
pulsed Doppler radar	脉冲多普勒雷达	millimeter-wave radar	毫米波雷达
laser radar(lidar)	激光雷达	roughness	粗糙度
pulse compression	脉冲压缩	radar system analysis	雷达系统分析
radar system design	雷达系统设计	peak side lobe ratio	峰值旁瓣比
integrated side lobe ratio	积分旁瓣比	optical imaging	光学成像
synthetic aperture time	合成孔径时间	spaceborne SAR	星载 SAR
range migration correction	距离徙动校正	airborne SAR	机载 SAR
range Doppler algorithm	距离多普勒算法	polarimetric SAR(POLSAR)	极化 SAR
geosynchronous SAR	同步轨道 SAR	interferometric SAR(INSAR)	干涉 SAR
automatic identification system	(船舶)自动识别系统	strip-map mode	条带模式
global positioning system	全球定位系统	spotlight mode	聚束模式
sliding spotlight mode	滑动聚束模式	scan mode	扫描模式
real beam mapping	实波束成像	Doppler beam sharpening	多普勒波束锐化
Doppler bandwidth	多普勒带宽	speckle noise	相干斑噪声
range ambiguity to signal ratio	距离模糊比	fast time	快时间
azimuth ambiguity to signal ratio	方位模糊比	slow time	慢时间
stop-go-stop assumption	停-走-停假设	Hamming windowing	汉明窗
time bandwidth product	时间带宽积	Kaiser windowing	凯撒窗
stationary phase principle	驻定相位原理	Hanning windowing	汉宁窗
range reference function	距离向参考函数	range compression	距离压缩
azimuth reference function	方位向参考函数	azimuth compression	方位压缩
convolution operation	卷积运算	correlation operation	相关运算
target space	目标空间	signal space	信号空间
image space	图像空间	impulse response	冲激响应
signal model	信号模型	motion compensation	运动补偿
linear frequency modulation rate	线性调频斜率	operation mode	工作模式

英　文	中　文	英　文	中　文
amplitude modulation	幅度调制	image interpretation	图像解译
Doppler frequency rate	多普勒调频斜率	swath	测绘带，刈幅
signal to noise ratio	信噪比	tomographic SAR	层析 SAR
range curvature	距离弯曲	three-dimensional imaging	三维成像
range alignment	距离对齐	temporal-spatial matching	时空匹配
rotation compensation	转动补偿	phase modulation	相位调制
Doppler resolution	多普勒分辨率	Doppler centroid	多普勒中心
moving target imaging	动目标成像	range walk	距离走动
yaw angle	偏航角	interpolation	插　值
probability density function	概率密度函数	phase compensation	相位补偿
Hilbert transformation	希尔伯特变换	echo matrix	回波矩阵
multiplicative noise	乘性噪声	image contrast	图像对比度
ocean remote sensing	海洋遥感	range profile	距离像
scatterometer	散射计	pitch angle	俯仰角
microwave remote sensing	微波遥感	roll angle	横滚角
National Aeronautics and Space Administration	美国宇航局	additive noise	加性噪声
European Space Agency	欧洲空间局	ocean color satellite	海洋水色卫星
Jet Propulsion Laboratory	喷气推进实验室	altimeter	高度计
Naval Research Laboratory	(美)海军实验室	spectrometer	波谱仪
National Oceanic and Atmospheric Administration	(美)国家海洋与大气管理局	radiometer	辐射计
Ministry of Natural Resources of the People's Republic of China	中华人民共和国自然资源部	sea surface wind field	海面风场
National Satellite Ocean Application Service	(中)国家卫星海洋应用中心	sea surface temperature field	海面温度场
European Centre for Medium-range Weather Forecasts	欧洲中期天气预报中心	seawater salinity	海水盐度
marine dynamic environment satellite	海洋动力环境卫星	sea current	海　流
sea wave	海　浪	oceanography	海洋学
internal wave	海洋内波	satellite orbit	卫星轨道
active remote sensing	有源微波遥感	raw data	原始数据
passive remote sensing	无源微波遥感	geometric correction	几何校正
radiometric correction	辐射校正	footprint area	足印面积

英　文	中　文	英　文	中　文
scatterer	散射体	reference ellipsoid	参考椭球面
circular SAR	圆迹 SAR	geocentric	地球质心
wave spectrum	海浪谱	geophysical model function	地球物理模型函数
wave period	波周期	wave direction	波　向
solar synchronous orbit	太阳同步轨道	data fusion	数据融合
significant wave height	有效波高	ship detection	船只检测
satellite networking	卫星组网	imaging altimeter	成像高度计
temporal resolution	时间分辨率	Bragg scattering	布拉格散射
polarization scatterometer	极化散射计	velocity bunching	速度聚束
tilt modulation	倾斜调制	oil spill detection	溢油检测
hydrodynamic modulation	水动力学调制	image classification	图像分类
sea ice detection	海冰检测	machine learning	机器学习
multispectral remote sensing	多光谱遥感	deep learning	深度学习
hyperspectral remote sensing	高光谱遥感	nadir	星下点
pattern recognition	模式识别	ionosphere	电离层
underwater topography	水下地形	pencil beam	笔形波束
digital elevation model	数字高程模型	joint inversion	联合反演
synchronous observation	同步观测	buoy	浮　标
real aperture radar	真实孔径雷达	trough	波　谷
crest	波　峰	big data	大数据
solar array	太阳能电池板	artificial intelligence	人工智能
along track inSAR	顺轨干涉 SAR	Global Positioning System	全球定位系统
cross track inSAR	交轨干涉 SAR	specular reflection	镜面反射
geoid	大地水准面	wind retrieval	风场反演

参考文献

[1] 丁鹭飞,耿富录,陈建春.雷达原理[M].4 版.北京:电子工业出版社,2009.

[2] 陈伯孝,等.现代雷达系统分析与设计[M].西安:西安电子科技大学出版社,2012.

[3] MAHAFZA B R, ELSHERBENI A Z. Radar Systems Analysis and Design Using MATLAB [M]. New York:CRC Press,2000.

[4] 皮亦鸣,杨建宇,付毓生,等.合成孔径雷达成像原理[M].成都:电子科技大学出版社,2007.

[5] 刘永坦.雷达成像技术[M].哈尔滨:哈尔滨工业大学出版社,2014.

[6] 张杰,马毅,孟俊敏.海洋遥感探测技术与应用[M].武汉:武汉大学出版社,2017.

[7] 舒宁.微波遥感原理[M].武汉:武汉大学出版社,2000.

[8] WOODHOUSE I H.微波遥感导论[M].董晓龙,徐星欧,徐曦煜,译.北京:科学出版社,2016.

[9] ULABY F T.微波遥感(第一卷) 微波遥感基础和辐射测量学[M].侯世昌,马锡冠,等译.北京:科学出版社,1988.

[10] ULABY F T.黄微波遥感(第二卷) 雷达遥感和面目标的散射、辐射理论[M].黄培康,汪一飞,译.北京:科学出版社,1987.

[11] CUMMING I G, WONG F H.合成孔径雷达成像——算法与实现[M].洪文,胡东辉,韩冰,等译.北京:电子工业出版社,2007.

[12] CHEN V C, MARTORELLA M. Inverse Synthetic Aperture Radar Imaging Principles, Algorithms and Applications[M]. Raleigh:SciTech Publishing,2014.

[13] 王雪松,李盾,王伟,等.雷达技术与系统[M].2 版.北京:电子工业出版社,2014.

[14] 张明友,汪学刚.雷达系统[M].4 版.北京:电子工业出版社,2013.

[15] 许小剑,黄培康.雷达系统及其信息处理[M].北京:电子工业出版社,2010.

[16] 保铮,邢孟道,王彤.雷达成像技术[M].北京:电子工业出版社,2005.

[17] CURLANDER.合成孔径雷达——系统与信号处理[M].韩传钊,等译.北京:电子工业出版社,2006.

[18] SKOLNIK.南京电子技术研究所译.雷达手册[M].3 版.北京:电子工业出版社,2010.

[19] STIMSON G W.机载雷达导论[M].2 版.吴汉平,等译.北京:电子工业出版社,2005.

[20] SKOLNIK.雷达系统导论[M].3 版.左群声,徐国良,马林,等译.北京:电子工业出版社,2014.

[21] 袁孝康.星载合成孔径雷达导论[M].北京:国防工业出版社,2003.

[22] 魏钟铨,等.合成孔径雷达卫星[M].北京:科学出版社,2001.

[23] SCHLEHER D C.动目标显示与脉冲多普勒雷达(MATLAB 程序设计)[M].戴幻尧,申绪涧,赵晶,等译.北京:国防工业出版社,2016.

[24] 吴顺君,梅晓春,等.雷达信号处理和数据处理技术[M].北京:电子工业出版社,2008.

[25] 李源.逆合成孔径雷达理论与对抗[M].北京:国防工业出版社,2013.

[26] 冯士筰,李凤岐,李少菁,等.海洋科学导论[M].北京:高等教育出版社,2019.